U0049353

喚醒你的英文語感！

Get a Feel for English !

喚醒你的英文語感！

Get a Feel for English !

EMBA

Executive Master of Business Administration

EMBA 通識英文

原文書名 / NHK CD BOOK 英語で学ぶMBA ベーシックス

作者 / 藤井正嗣、Richard Sheehan　審訂・推薦 / 何明城 MBA 名師

投資自己成為企業需要的人才

近年來，台灣不但在政治、經濟、社會情勢方面變遷快速，勞力密集產業外移、服務業產值與從業人員比重超過製造業，也在在顯示產業結構已然改變。而在就業市場轉變的情況下，文憑不再是工作的保證，能否順利就業其實是取決於市場的供需法則。

那麼，到底怎樣的人力才符合企業的需求呢？毫無疑問的，能創新、具國際移動力（英語力）、能跨領域整合的人才是企業普遍追求的。而從國內近來嚴重的人力供需失衡現象看來，終身學習、進修以多方面增進自己的通識能力，對所有職場人士來說，實在是維持競爭力的必要投資。MBA、EMBA 的課程內容正是以培育這些企業所需的「全能型人才」為目標，也因此成為在職進修中最受矚目、也最為企業重視的熱門選擇。

難得的商務英文工具書

然而並非每個有心進修的人都有時間、機緣去實際參與企管相關進修課程，也不是每個擁有企管知識的人都同時擁有良好的英文能力，此時一本架構完善、內容充實的學習書籍，或許可成為您一窺堂奧的終南捷徑。《EMBA 通識英文》即是這樣一本精心製作的參考用書。本書是以日本 NHK 教育台所製播的「英語商務世界」為核心，透過完整的學習架構來增進**溝通能力**（商務英語）、**MBA 的基礎知識**（商務人士必須具備的系統化觀念與架構）以及**問題分析與解決能力**（領導者的決策與行動能力）。全

書設計五個章節和兩個附錄，讓讀者用英文來學習 MBA 基礎關鍵知識與 MBA 解決問題的方法論及技巧。若您對於企管知識已有深刻的理解，那麼本書能幫助您在實務運作及英語溝通方面更得心應手；反之，若您的專業是在其他方面，那麼本書更是培養您成為具全球化視野、英語力及跨領域知識之企業通才入門寶典。

以下先帶大家概略瀏覽一下各章學習重點：

Chapter 1　行銷

管理大師曾說過：「企業的唯一有效定義就是創造顧客。」而「行銷」正是實現上述定義之關鍵「企業功能」(business function)。本章中除了說明「行銷的定義」外，更提出了「策略行銷」(strategic marketing) 的架構，即「3Cs 市場分析」、「目標行銷」(target marketing；STP) 與大家熟悉的「行銷組合—4Ps」的商務英語環境模擬。

Chapter 2　會計與財務

企業管理脫離不了「財務資源的取得與創造」，因此會計與財務觀念是每一位 MBA 或是外派經理人必須習得的根本知識。本章的重點即為三大報表──「損益表」、「資產負債表」與「現金流量表」的內容探討及這三者的關係。此外在投資決策的重要關鍵「資本預算」(capital budgeting) 方面，介紹了「資金的時間價值」這個主題。

Chapter 3　人力資源與組織

眾所周知企業最重要的資產是人。本章介紹了現代人力資源的四大議題，即「企業文化」、「績效導向制度」、「職場歧視」與「企業倫理」。作者以宏觀的角度介紹了如何從事「人員管理」(managing people)，以及

良好的職場環境應如何營造之觀念和作法。這些主題對於身處國際企業經營環境的現代經理人至關重要。

Chapter 4　策略

　　策略代表組織重點的選擇，同時也是達到目標的手段及對整體資源配置、處分的方式。「如何制定策略來與外在快速變動的經營環境保持良善的互動交流，進而達成成長的目標」是管理者每天都必須深思的課題。本章將介紹「競爭策略」、「成長策略」與「國際化」等策略類型與選項以提供讀者從事更宏觀的整題思考。

Chapter 5　願景

　　Walt Disney 曾說：「有夢就有圓夢的可能！」一個組織未來希望變成什麼樣子？這就是「願景」。面對層出不窮的食品安全事件及企業舞弊案例，一個從事國際企業管理工作的經理人應如何面對和調適，以實現企業與社會的永續發展？如何用英文來討論甚或是辯論這些涉及道德與價值觀的管理課題？這些問題的討論原本就存在一定的難度，更別說是用英文了！本章即是站在這些視角，希望與讀者共同用英文來學習「公司治理」、「資訊科技與商務」等正夯的管理焦點。

　　商務英文的教材和學習在日本與台灣皆呈現嚴重的供需失調。商務英文學習的需求一向殷切，*毋庸置疑*，但供給卻嚴重短缺。依據筆者於外商服務的經驗來看，要將商場管理、溝通所需的專業英文做系統化的教授有三大困難：第一，這位老師必須對行銷、財務與會計、策略、組織與人資、商業環境等主題有一定的掌握（可能必須受過完整的 MBA 教育）；第二則是，他（她）必須擁有優異的英文實力（外文系畢業或是長期關注英文學習）；最後這個人選還必須是一位表達能力好又富有耐心的老師（具

有同理心，了解學生的困難並能進一步透過教材與講解來為學子解惑）。這樣的人選實在是屈指可數，即使這麼難得的老師可以被我們尋獲，他（她）一定相當搶手與忙碌，也可能由於他事業有成，因此在時間與機會成本的考量下，未必會投入商務英文教材的編撰或教學。不過好消息是，日本 NHK 幫我們請到了兼具上述所有條件的師資：藤井先生！

了解日本企業國際化與外派人員的經驗

本書作者藤井先生外派至世界各國多年，有極豐富的國際企業管理經驗，這些管理模式雖未必能直接套用於華人企業之管理，但是身處異地、適應當地文化、並作為當地子公司與母公司之橋樑角色的藤井先生，其心得相當值得我們參考學習。畢竟他山之石可以攻錯！

另外藤井先生也曾負笈美國哈佛商學院攻讀管理課程，與哈佛商學院松下幸之助領導學講座榮譽教授 John Kotter 、Michael Porter 等知名學者學習頗有心得。他也將這些學習到的觀念、理論、架構和自己在世界各地的管理經驗結合，讓讀者得以用英文來建構自己的知識體系與決策模式。

日本是我們非常重要的貿易夥伴與鄰國，不論從地緣政治或交易夥伴的角度來看，我們都必須了解這個國家中的國際化企業，他們的思維模式與行為準則是如何。本書在這個部分提供了極具價值的觀察與心得，非常值得我們作為借鏡。吾人可以在書中了解到一位日本的外派人員是如何以英文來和世界打交道，在不同的國家中應對的「眉角」與結合資源的藝術，以及快速融入當地文化的關鍵。我相信了解一個他國的「國際企業大使」是如何完成其任務並接受挑戰，對我們自我的提升以及與之成為事業夥伴是非常有意義的。

一舉數得

　　我們都知道，日本人的英語程度在亞洲是末段班，英語學習的風氣相當盛行。在努力提升英文實力這個課題上，出版社與媒體都不遺餘力。本書為 NHK 教育台所製播的節目，其教材的豐富性與嚴謹度、作者的專業度皆首屈一指，不知道何時台灣才能有這樣的節目出現，更遑論將其集結成有系統的專業商務英文書籍了。貝塔出版社能與 NHK 合作引進此書，對有心把商務英文、系統化企管知識學好以成為優秀的雙語人才和外派人員的讀者來說，實在是一舉數得！

何明城

2013 年 11 月

21 世紀商界領袖的必備條件

「21 世紀商界領袖的必備條件」有哪些呢？我認為有以下這幾項基本條件。

1. **發現問題與解決問題的能力**
   （發現問題、面對現實並加以分析、能夠採取行動以解決問題）
2. **MBA 的基礎知識**
   （商界人士不容忽視的觀點與技能）
3. **溝通能力**
   （英語是基本語言，須具備能充分傳達意圖的雙向溝通力）

那麼究竟要學習哪些東西、又該如何學習，才能培養自己成為具備以上三項要件的商務菁英？這個極為重要且深具挑戰性的課題，其解答之一，就是本書！

本書的設計，是用英語將 MBA 課程所教授的基礎科目之精髓，以簡潔易懂的方式統整起來。首先在 Initial Dialogue 部分發現問題，接著於 MBA Lecture 部分學習 MBA 的基礎知識，最後在 Application Dialogue 部分解決問題。當然，只要將 Dialogue 中實際常用於商務環境的各種英語表達方式學起來，便能提高實務上的溝通能力。也就是說，對於想成為 21 世紀商界領袖的你而言，這正是必不可少的一冊寶典。

MBA 課程中所教授的，都是以真實商務情境中所發生的事件為基礎，因此在隨本書學習的同時，最好能思考一下「我自己的產業是怎樣的？」、「若是我，會下怎樣的決定，又會採取怎樣的行動？」等問題。能以這樣的方式熟習 MBA 的基礎知識及架構，可說是最理想不過的了。

　　此外，本書是以 NHK 教育台所製播的「英語商務世界」為核心，而編寫本書時，筆者獲得了該節目製作人員的諸多協助。特此致謝。

藤井正嗣

關於本書的增訂、改版

　　本書首度出版是在 2002 年。而自初版至今的 10 年內，全球商務環境歷經了各種變化，包括電子商務的興盛、震撼世界經濟的金融危機、金磚四國 (BRICs) 等新興市場的大躍進等。

　　因此對世界有著巨大影響力、以培育領袖及經理人為任務且被期待能持續提供價值的 MBA 教育，在這全球變遷的漩渦中，也理所當然地該有適切的改變。

　　在我曾經就讀的哈佛商學院，單就數量來看，外籍教授的人數就增加不少，其中又以來自印度的教授占了大多數。現任院長尼丁・諾瑞亞 (Nitin Nohria) 教授也來自印度。這位院長為了能替遽變的世界培育出具差異化及價值的人才，提出了以下 5 個 i (the five i's) 做為新的優先目標。

1. 創新 (innovation)
2. 智識上的野心 (intellectual ambition)
3. 國際化 (internationalization)
4. 包容 (inclusion)
5. 整合 (integration)

　　有鑒於此，我認為本書亦應修改內容以反映世界的大幅變動，於是因應時勢變化，將 Dialogue、MBA Lecture、Application 等部分做了增補修正。此外為了能更進一步呈現出這些修正，並讓各位讀者能聽到更清晰的語音，我們還重新錄製了 MP3。

此次改版的最大特色在於增加了「全球經理人手冊」，幫助必須外派至世界各地的企業人士，在出發前就能先有效掌握當地市場資訊。此部分內容是以 BRICs 中的金磚四國為主，並商請實際曾外派於這些國家的經理人合力編寫而成。

　　而此增訂版能夠問世，要感謝許多人，包括了充分理解本書旨趣，並在百忙中仍爽快允諾協助的「全球管理研究會」核心成員──以內藤彰信先生（實踐學園的常任理事、全球教育負責人）為首的多位三菱商事現任員工，以及從企劃階段至出版都幫了我不少忙的中野毅先生（NHK 出版）。

2012 年 7 月　藤井正嗣

用英文學 MBA 的基本功

很難相信，本書初版至今已經有 10 年了。當時網路泡沫的首波熱潮退燒讓人體認到，不分科技或媒體，企業還是必須想辦法為顧客創造價值，並為業主掌握價值（獲利）。

時至今日，世界經濟比以往更加的相互依賴。我們看到了世界上單一地方的水災或其他天然災害會如何造成產業供應鏈的瓶頸，並帶來巨大的影響。我們也親眼見識到，一家投資銀行倒閉會如何在整個全球的金融市場上引起廣泛的連鎖效應。這就是眾人同舟一命的鐵證。

21 世紀的商界人士如果要成功，就必須秉持著這種相繫相依的理念。這不僅適用於外在環境，也適用於組織的內部運作。不分職位或職責，各個和每個人員都必須更加了解，企業的不同環節是如何一起運作。例如成功的行銷策略就是公司願景及策略清楚明白的副產品，也可能是（拜人資所賜）把適當的人擺在適當位置上的結果，並反映在亮眼的財報數字上。

這基本上就是本書想要做到的事，也就是向各位說明企業的各個環節如何協力運作，就像一塊塊的拼圖拼湊在一起。希望看完本書後，各位能更加了解及認識成功企業組織中的不同要素，這將能在這個日益相繫相依的世界裡助各位一臂之力。

Richard Sheehan

2012 年 7 月

Learning MBA Basics in English

It's hard to believe that it's been ten years since the original "Learning MBA Basics in English" was released. Back then the initial euphoria of the dot.com bubble gave way to the realization that no matter the technology or medium, companies still must find a way to create value for their customers and capture value (profits) for their owners.

Nowadays, the world's economy is more interdependent than ever. We have seen how a flood or other natural disaster in one part of the world can have a profound impact by creating bottlenecks in an industry's supply chain. And we have learned firsthand how the demise of a single investment bank can have a major ripple effect across the entire global financial market. It's simply an inescapable fact that all our fates are intertwined.

It is this philosophy of interconnectedness that business people of the 21st century must embrace in order to be successful. This applies not only to the external environment but also to the internal workings of an organization. No matter the position or responsibility, each and every person must have a better understanding of how the different parts of a business work together. For example, a successful marketing strategy is the byproduct of having a clear, well-defined corporate vision and strategy, and is also likely the result of having the right people in the right positions (thanks to HR), and is reflected in solid financial results.

That is essentially what this book is trying to do, showing you how each part of a business works in concert, like pieces of a puzzle that fit together. Hopefully, after reading this book you will have a much better understanding and appreciation of the different elements of a successful business organization, which will help you in this increasingly interconnected world.

Richard Sheehan

July 2012

ꞮCONTENTS

本書架構說明

Initial Dialogue ▷ **What's the issue?**

CASE 1 What Is Marketing?

以對話形式呈現發生在商務環境中的典型管理課題。是什麼樣的問題？該如何解決？

MBA Lecture

針對 Initial Dialogue 中發生的問題，以英文（附中譯）進行 MBA 角度的思考、處理教學。

Lecturer's Tips

補充說明 MBA Lecture 的理論

Application Dialogue ▷ **Let's solve it!**

CASE 1 What Is Marketing?

事件主角已在 MBA Lecture 中學到了 MBA 的基礎理論。在此則帶出以 MBA 理論處理 Initial Dialogue 中所發生問題的解決方案。

Application

由 Sheehan 以英文解說（附中譯）實際發生於商務環境的變化與現象，接著再由藤井總結內容重點。

「Initial Dialogue（問題發生）」與「Application Dialogue（解決問題）」這兩部分是為了培養「發現並解決問題的能力」。而 Dialogue 中還加入了「簡報」及「談判協商」等元素，故請善用這些 Dialogue 來培養你的英語溝通能力。

關於 ⊙ MP3

Initial Dialogue、MBA Lecture、Application Dialogue 的英語部分均由專業錄音員錄製 MP3。反覆聆聽將有助於提升工作上的英語會話力及聽力。MP3 請至「貝塔英語知識館」免費下載。

Chapter 1

Marketing

行銷

為了銷售而建立之機制

Chapter 1　行銷

　　在 MBA 基礎知識中，第一個要介紹的是「行銷」。那麼，所謂的「行銷」是指什麼？

　　雖然對於這個詞彙大家耳熟能詳，但被問到「何謂行銷？」這個問題時，大部分人好像都說不出個所以然來。

　　所謂行銷是指販賣物品或服務嗎？還是指廣告、宣傳、公關活動？很多公司裡即使有「行銷部門」，其工作內容多半也只是製作廣告、傳單，以及統整問卷調查和與商品銷售狀況有關的各項報告罷了。實際上，各家企業的行銷工作都不盡相同。

　　當然，因為每間公司的工作內容本來就不一樣，想法自然就有所差異。但多數東方國家對於「行銷」領域的了解似乎是相當模糊的。許多觀念，例如「必須有長年累積的直覺，才會知道什麼東西能賣得好」、「只要能做出好產品，就一定能賣得出去」、「萬事都要靠技術與研究開發」、「行銷是種藝術，不是科學」等等，這些雖然也有對的部分，但都只是直覺、情緒化的態度。像這樣以商品及服務為中心的思考方式，事實上稍微偏離了「顧客中心主義」的原則。

　　本章將介紹商學院如何教授「行銷」課程。許多商學院都收集、分析大量的具體事例，並將獲得之精髓整理成極為明確的形式，再進行教學。雖然為商業領域，稱不上是 100% 精密的科學，但是由於採取了相當嚴謹的分析方法，因此是非常系統化的。而這種做法的好處在於能透過個案討論的方式模擬各式各樣的實例，藉此讓架構清晰地留在腦海中，之後在真正的商務環境裡遇到特定狀況時，便能確實採取「無遺漏也無重複」的有效解決方案。

　　接著就讓我們從行銷開始，跨出學習 MBA 課程的第一步。

Session 1

What Is Marketing?

何謂行銷？

行銷到底是什麼？

行銷和銷售是一樣的嗎？

又或者所謂的行銷就是指廣告、宣傳？

肯恩是個年輕且衝勁十足的優秀業務員。

湯姆則擁有美國大學的 MBA 學位，

是肯恩公司裡的前輩，

常常提供肯恩許多好建議。

讓我們來聽聽他們兩人的對話吧！

CASE 1　What Is Marketing?

MP3 01

Ken and Tom are having a friendly chat at a nearby pub after work.
Ken is not quite drunk yet but pumped up.

Ken: Tom, since you are still new to Japan, let me tell you a little bit about the way business is done in this country.

Tom: Ken, that's very kind of you. Shoot!

Ken: Well, before you try to do business, you have to establish a good "human" relationship with your customers.

Tom: I couldn't agree with you more.

Ken: In order to do that, you have to know your customers and be known by your customers.

Tom: OK. What would you do after that?

Ken: Sell! Sell! Sell!

Tom: I appreciate that selling is important.

Ken: It's everything! Remember who puts rice on your table! We also say, "Customers are God!"

Tom: I am not sure if I would go that far. But the importance of customers is a universal truth. Now let me talk about "marketing."

Ken: You mean PR, advertisement and the like?

Tom: Marketing does include that.

Ken: Ah, selling!

Tom: Selling and marketing are different.

Ken: (Puzzled) Oh?

🔧 Key Words

☐ **be pumped up** 心情很 high；情緒亢奮

☐ **Shoot!** 表示「請開始」、「請……」之意，是較不正式的講法

☐ **I couldn't agree with you more.** 我完全認同。

　　cf. I couldn't disagree with you more. 我完全不認同。

問題發生！　何謂行銷？

肯恩和湯姆下班後在附近的酒吧裡放鬆閒聊。
肯恩還沒有很醉，但情緒卻很亢奮。

肯恩：湯姆，既然你對日本還不太熟，那我稍微跟你說一下這個國家做生意的方式。

湯姆：肯恩，你人真好。說吧！

肯恩：嗯，在你想要做生意之前，你必須跟顧客打好「人際」關係。

湯姆：我完全認同。

肯恩：為了做到這點，你必須去認識顧客，並讓顧客認識你。

湯姆：好。那接下來要做什麼？

肯恩：銷售！銷售！銷售！

湯姆：我了解銷售重要性。

肯恩：它就是一切！別忘了是誰讓你有飯吃的！我們還有種說法是：「顧客就是上帝！」

湯姆：這一點我可能要有所保留。但顧客的重要性是放諸四海皆準的真理。現在換我來談談「行銷」吧！

肯恩：你是說公關和廣告之類的嗎？

湯姆：行銷的確包含了那些。

肯恩：啊，銷售！

湯姆：銷售和行銷不一樣。

肯恩：（一頭霧水）喔？

🔧 Key Words

☐ **appreciate** [əˋpriʃɪˏet] *v.* 明白、深知（to be fully conscious of 的意思）

☐ **Remember who puts rice on your table!** 別忘了是誰讓你有飯吃的！（rice 是一種變化應用，通常都用 food。也有 put meat on the table 這種講法）

☐ **I am not sure if I would go that far.**（我知道客戶很重要，但把客戶說成是神似乎又有點太過頭了……）這點我持保留態度。

　　cf. The success of the company will go far toward proving his qualification as a leader.
　　　公司的成功將足以證明他有資格當領導人。

☐ **a universal truth** 放諸四海皆準的真理

☐ **... and the like** ……之類的

 MP3 02

Marketing is the process of discovering unmet needs in the market and creating products to meet those needs.

Based on this definition you can see that products are created only after a need for them has been established. Unfortunately, many companies tend to do just the opposite, creating products first, and then searching for customers to purchase them. This approach tends to lead to inconsistent results.

One of the keys to understanding marketing is to observe the information flow between a company and the market it serves. As you can see in the diagram below, information flows two ways in a simple marketing system.

First, a company collects information on the market. This process is known as **Market Research**. This information usually concerns customer buying habits and patterns. Through this process, a company can determine if there are any needs which are not currently being satisfied through existing products. With this information, new products can be developed to meet those unmet needs.

Once products have been developed, the market needs to be made aware of them. This process involves **Sales Promotion** and **Advertising** activities that focus on building product awareness and highlighting product benefits.

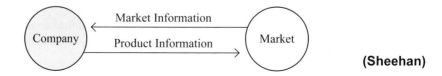

(Sheehan)

行銷是發掘市場中未被滿足的需求，並創造產品來滿足這些需求的過程。

根據這個定義你可以了解，產品是在需求建立後才創造出來的。遺憾的是，有很多企業往往是反其道而行，先創造產品，再找顧客來買。這麼做往往會導致矛盾的結果。

了解行銷的關鍵之一就在於，要觀察企業和其市場之間的資訊流動。在下圖中你可以看到，在簡單的行銷體系裡，資訊是雙向流動的。

首先，企業要蒐集市場的資訊。這個過程就是所謂的「**市場研究**」。這些資訊通常是跟顧客的購買習慣和模式有關。經由這個過程，企業可以判斷出有沒有任何的需求目前並未被現有的產品所滿足。有了這些資訊，就能開發新產品來迎合這些未獲滿足的需求。

把產品開發出來後，就要讓市場知道產品資訊。這個過程牽涉到**銷售宣傳**和**廣告**活動，其目的就在於建立產品的知名度，並凸顯出產品的優點。

🔧 Key Words

- ☐ **unmet needs** 未獲滿足的需求
- ☐ **purchase** [`pɝtʃəs] v. 購買
- ☐ **observe** [əb`zɝv] v. 觀察
- ☐ **make aware of ...** 使知道……
- ☐ **build product awareness** 建立產品的知名度
- ☐ **product benefits** 產品的優點
- ☐ **definition** [ˌdɛfə`nɪʃən] n. 定義
- ☐ **inconsistent** [ˌɪnkən`sɪstənt] adj. 矛盾的
- ☐ **existing products** 現有的產品
- ☐ **sales promotion** 銷售宣傳；促銷

所謂的行銷，就是發掘需求，
並開發出能滿足該需求的產品的過程

- ☐ 正如 Sheehan 所指出的，所謂行銷就是「發掘市場中尚未被滿足的需求，然後製造出能滿足這些需求的產品、服務的過程」。也就是說，要先找出需求，再製作產品。

- ☐ 然而多數公司都剛好相反，亦即，許多公司是「先開發產品，再尋找想購買該產品的顧客」。這種做法的問題在於，有時能成功有時卻會失敗，也就是無法獲得穩定的結果。

- ☐ 像日本這樣能傲視全世界製造業的國家，在品質管理部分，毫無疑問也是世界一流的。但若只因為在製造和品質管理上的優秀能力，就以為「只要能做出好產品，就能賣得出去」、「先做出好東西，再教育顧客，或讓他們醒悟就好了」的話，那可就完全搞錯方向了。

- ☐ 行銷不是要「創造出」顧客的需求。行銷只是找出尚未被滿足之需求，並提供可滿足這些需求的產品及服務。

- ☐ 對企業來說什麼是最重要的？員工和製造設備固然很重要，但從顧客能為企業帶來銷量和利潤的這層意義來看，顧客或許才是最重要的。

- ☐ 日式組織的特色是將製造、研究開發及業務銷售等分開，亦即依功能分類的組織型態，很多日本企業都採取這種形式。有個叫做「功能性壁壘」（英語為 functional silos）的詞彙，就是用來指稱這種依功能分類之組織型態的弊病。像這樣垂直分割的組織，理所當然會產生把分內工作完成並做到最好的觀念，但如此一來，對於與自己領域無關的工作便會毫不在意，甚至在發生問題時不願意一同解決問題，反而互相指責，更糟的是還會容易忘了顧客才是最重要的。

❏ 行銷必須立足於「顧客至上」的觀點。隸屬於企業組織的所有人都具備「顧客是最重要的」這種「行銷意識」，可說是企業邁向成功的第一步。

❏ 決定商品及服務價值的是消費者，不是供給者。所以不該用供給者的邏輯來思考，而該以消費者的角度做思考。在創造出消費者所認同之價值的同時，透過價格制定，使供給者能享受到部分的價值──這正是行銷的基本概念、手法。

❏ 要理解行銷，還有一個重點須注意，那就是「企業與市場的資訊流動是雙向的」。

❏ 企業首先透過市場研究 (market research) 來收集市場資訊、顧客平常的習慣及行為特徵等資料。藉由此程序，便可研究是否存在目前之產品及服務無法滿足的需求。然後再以此研究為基礎，開發出可滿足此未被滿足之需求的產品。

❏ 接著再透過廣告及宣傳活動，努力將開發出的新產品推向市場，並讓大家認知到該產品所能帶來的好處。接下來各節將逐一解說「市場分析方法 (Market Analysis)」、「市場區隔、鎖定目標市場、產品定位 (Segmentation, Targeting, Positioning)」，以及將這些全都統整起來的「行銷組合 (Marketing Mix)」。

（藤井）

CASE 1　What Is Marketing?

🎧 MP3 03

The next morning, Ken walks over to Tom's desk to continue their last night's conversation. Ken is carrying coffee with him.

Ken: Tom, you know, I have been thinking about what you said about marketing.

Tom: (Puzzled) Yes?

Ken: I think our company ought to have a marketing department.

Tom: I'm listening.

Ken: We do have a PR department. They do promote our products and the company for that matter. They use advertising agencies to create cute product brochures and smart TV commercials.

Tom: Go on.

Ken: Here I am in the sales department, working my tail off trying to sell our products day in and day out. When we occasionally have "hit" products, I am a hero. But the reality is that we have had just as many flops in the past. No matter how hard I try, I get nowhere. I feel like a miserable loser.

Tom: I see.

Ken: You know, it's like a hit-or-miss. It seems there is no consistency in our approach to the market. We all say, at least on the surface, that customers are important. But do we really know what our customers want? Does everyone in the organization work toward the same goal of meeting our customers' desires?

(Continued on page 12)

| 解決問題！ | 何謂行銷？ |

隔天早上，肯恩走到湯姆的辦公桌前，繼續昨天晚上的話題。
肯恩還帶著咖啡過去。

肯恩：湯姆，你知道嗎，我一直在思考你所說的行銷。

湯姆：（一頭霧水）是嗎？

肯恩：我想我們公司應該要有個行銷部門。

湯姆：我洗耳恭聽。

肯恩：我們的確有個公關部門。他們確實有在替我們的產品和公司宣傳。他們找了
　　　廣告公司來製作精美的產品簡介手冊和吸睛的電視廣告。

湯姆：請繼續說。

肯恩：我待的是業務部門，日復一日地賣力工作，就是想要把產品賣出去。當我們
　　　偶爾賣到「一炮而紅」的產品時，我就成了英雄。但實際上，我們過去也同
　　　樣慘敗過。無論我多努力嘗試，都沒有用。我覺得像個扶不起的阿斗。

湯姆：我了解。

肯恩：你知道嗎，這就像在賭運氣。我們的市場方針似乎缺乏一致性。大家都說，
　　　起碼在表面上如此，顧客是很重要的。可是我們真的知道顧客要什麼嗎？公
　　　司裡每一個人所努力的目標都同樣是為了滿足顧客的慾望嗎？

（下接第 13 頁）

✂ Key Words

☐ **I'm listening.** 我洗耳恭聽。
☐ **promote** [prə`mot] *v.* 宣傳（促進產品的銷售）
☐ **Go on.** 繼續說。
☐ **work one's tail off** 賣力工作
☐ **day in and day out** 日復一日
☐ **flop** [flɑp] *n.* 挫敗
☐ **get nowhere** 沒有任何進展
☐ **hit-or-miss** 碰運氣
☐ **organization** [ˌɔrgənə`zeʃən] *n.* 組織（在此是指公司）
☐ **meet one's desire** 滿足某人的慾望

(Continued from page 10)

Tom: Ken, I think you are on the right track thinking that way.

Ken: When things are great, nobody complains. When things are not so great, everybody blames everybody else. PR says sales are doing a lousy job. Sales says production just can't make the right product. Production says R&D is too detached from the world and so on.

Tom: And you are saying that a marketing department would solve that.

Ken: Yes. A new marketing department will be definitely customer-focused and work with all the people in the organization, I mean all the way from the top to the bottom, to find out exactly what customers want and how we can combine our resources to meet those needs. I think everybody in our organization should have a "marketing" mentality.

Tom: Gee, I am impressed.

Ken: No, no. I owe it to you, Tom, my great mentor!

（續第 11 頁）

湯姆：肯恩，我認為你這麼想方向很正確。

肯恩：當事情順利時，沒有人會抱怨。當事情沒那麼順利時，每個人都會怪別人。
公關說業務表現很差勁，業務說生產根本沒把產品做好，生產則說研發太不
食人間煙火等等。

湯姆：所以你是說，行銷部門就可以解決這個問題。

肯恩：對。新的行銷部門絕對要以顧客為重，並跟公司裡的全體人員合作，我的意
思是從上到下，都必須搞清楚顧客究竟想要什麼，而我們又要怎麼結合本身
的資源來因應這些需求。我想我們公司裡的每一個人都應該要具備「行銷」
的心態。

湯姆：哇塞，真有見地。

肯恩：不不，這要歸功於你。湯姆，我的明師！

⚒ **Key Words**

☐ **on the right track** 朝著正確的方向前進（相反說法為 on the wrong track。而「錯了、
離題」之意也可用 off the track 來表達）
cf. The professor has a habit of getting off the track. 這個教授有離題的習慣。

☐ **lousy** [ˋlauzɪ] *adj.* 差勁的

☐ **R&D** 研發（Research and Development 的簡寫）

☐ **detached** [dɪˋtætʃt] *adj.* 脫離的

☐ **from the top to the bottom** 從上（高層）到下（基層人員）

☐ **resources** [rɪˋsorsɪs] *n.* 資源（人員、物品、金錢、資訊等全部）

☐ **owe to ...** 歸功於……

☐ **mentor** [ˋmɛntɚ] *n.* 導師

Convenience for the Masses

Successful companies are those that first focus on discovering the needs of the customer and then creating products to meet those needs.

A good example of this process in action would be the convenience store market. Initially, convenience stores were set up to provide basic food and household items to single working people who were unable to shop at traditional stores during normal shopping hours. There was a need in the market for convenience in terms of time and place, and the convenience stores filled that need. Over the years, however, convenience stores have expanded both their products and services to meet the growing needs of their customers. Bill payment services were introduced. Ready-to-eat meals were expanded. Recently, with the growing popularity of e-commerce, convenience stores are serving as distribution and payment centers for a variety of products. This allows customers to order online and then pay and pick up at their local convenience store, which addresses the customers' dual need for secure payment and convenience. Sales and inventory are also strictly monitored, and products that don't sell within a short period are quickly replaced with ones that will. Thus, convenience stores constantly respond to the changing needs of their customers. As a result of these actions in meeting customer needs, convenience stores have experienced solid sales growth and profitability over the years.

翻譯

讓大眾便利

　　成功的企業會先全力發掘顧客的需求，再創造產品來迎合這些需求。

　　在實務上，這個過程有個很好的例子，那就是便利商店市場。便利商店當初成立時，是為了提供基本的食品和家用品給無法在正常的購物時間去傳統商店買東西的單身上班族。當時市場對於時間和地點上的便利有所需求，而便利商店則滿足了那個需求。但長年下來，便利商店同時擴展了本身的產品和服務，以因應顧客日益增加的需求。它引進了繳費服務，擴增了即食餐點。近來隨著電子商務日益盛行，便利商店還當起了各式商品的配銷和付款中心。這使得顧客能上網訂購，然後在當地的便利商店付款取貨，如此一來迎合了顧客對於安全付款及便利的雙

重需求。銷售和存貨也受到了嚴格監控，在短期內沒有賣出去的商品很快就會被換成賣得掉的商品。以此方式，便利商店時時都在回應顧客變動的需求。由於這些作為迎合了顧客的需求，所以多年下來，便利商店已獲得了實質的銷售成長與獲利。

藤井觀點

Sheehan 指出了「便利商店今日的成功，是由於能不斷找出顧客想要的商品與服務，並持續採納修正的結果」。

首先在商品部分，銷售資料可從便利商店的終端收銀機快速取得並加以分析。能夠即時掌握熱賣商品，就可馬上反映至採購與銷售計畫上。於是今日陳列於店頭貨架上的商品，大部分在一年後即消失無蹤。而大家都知道，徹底配合顧客生活型態及購物模式的結果，使得便利商店的絕大部分收益都來自食品。

那麼服務的部分又是如何呢？現在的便利商店也提供快遞、代收各種公共費用、販售電影及戲劇表演票券等服務。甚至連提領現金都不必特地到銀行窗口或銀行所設置的提款機，只要到附近便利商店就能輕鬆搞定。這個結果可以歸因於規定的放寬，也就是，便利商店及早取得了異業參與銀行業務之許可的緣故。

有顧客、有需求，就該趕快加以滿足，這些也可以說是企業能否持續成功的決定性因素。而運用 IT（= Information Technology 資訊科技）能力的高低，也成為維持企業優勢的關鍵所在。最近的行銷趨勢是以一一滿足每位顧客需求的一對一行銷（one-to-one marketing，提供每位顧客最合適的商品及服務），以及大量客製化（mass customization，結合低成本的大量生產與彈性訂製）等想法為中心。而這些都充分運用了 IT。

日本便利商店的成功經驗也在海外各地持續擴大中。有個知名案例就是，一家日本大型超商將來於美國的便利商店成功地營運於日本，結果不僅把美國的便利商店母公司也納入其麾下，就連在美國本地的經營狀況亦獲得了改善。

行銷觀念本身源自於美國，但如何巧妙地採納應用並與商業上的成功做連結，正是我們今後的任務。便利商店產業不只是競爭激烈，更是個不斷嘗試各種新業務的動態市場，例如，引進百元商店、增加生鮮食品、提出咖啡廳型態方案等等。我想，能夠確實掌握顧客需求並做出適當反應，亦即具備優秀行銷能力的公司，才能在競爭中獲勝，並持續繁榮昌盛。

NOTES

Session
2

Market Analysis
—The 3Cs
市場分析──3C

行銷的第一步就是，
在滿足顧客需求的同時達成企業目標。
即使是日式銷售也可看出這樣的趨勢。
不過日式風格的行銷與 MBA 風格的行銷
在根本上似乎有所不同。
到底是哪裡不一樣？
而所謂的市場分析法又是指什麼？

CASE 2　Market Analysis — The 3Cs

Ken and Tom are enjoying their after-lunch conversation over coffee.
While Ken is intellectually stimulated by Tom's MBA coaching, he is also very proud of
his Japanese style of selling.

Ken: I think I have a pretty good general idea of what "marketing" is. What you are really saying is that you have to understand your customer's needs.

Tom: And meet them while satisfying your company's goals.

Ken: But you know I think I am already doing all that through my traditional Japanese style of selling!

Tom: You may very well be. But there is more.

Ken: What do you mean?

Tom: Marketing as taught at most business schools is highly structured. "Marketing" as I see it in Japan seems to depend a lot on "touchy-feely" kind of things.

Ken: I think my confidence is shaken a bit. You know I attended this famous "selling-from-your-heart seminar."

Tom: What did you learn there?

Ken: Two things. Number one: "Customers are God!" Number two: "Heartfelt selling through dedication and sacrifice!"

Tom: Gee! All spiritual stuff, huh? It must have been quite a difficult training for you.

Ken: Yes, sort of like your MBA course.

Tom: Well, not quite. But it's tough. Some call it a "boot camp."

Ken: "Boot camp," huh? What do you study there?

Tom: Well, many subjects including marketing. Speaking of marketing, Ken, how do you analyze your market?

Ken: Ask my God?!

Tom: Oh, dear!

| 問題發生！ | 市場分析—— 3C |

肯恩和湯姆在午餐後喝著咖啡，聊得很開心。
肯恩雖然在理智上受到了湯姆 MBA 教導的激勵，但是他對於自己的日式銷售風格也深感自豪。

肯恩：對於「行銷」是什麼，我想我大致上已有了深刻的了解。你想說的就是，必須去了解顧客的需求。

湯姆：還要去迎合它，同時滿足公司的目標。

肯恩：但是你知道，我認為透過我的傳統日式銷售方法，我已經做到了這一切。

湯姆：或許真是如此。但是還有下文。

肯恩：這話是什麼意思？

湯姆：大部分商學院所教的行銷是高度結構化的。就我的了解，日本的「行銷」似乎相當依賴「動之以情」這類的東西。

肯恩：我想我的信心有點動搖了。你知道我參加過著名的「從心銷售研討會」。

湯姆：你從中學到了什麼？

肯恩：兩件事。第一：「顧客就是上帝！」第二：「奉獻犧牲，用心銷售！」

湯姆：哇塞！全都是精神面的東西，是吧？對你來說，那一定是相當艱苦的訓練。

肯恩：是啊，就跟你們的 MBA 課程差不多。

湯姆：嗯，不盡然。但是它挺難的。有的人把它叫做「新兵訓練營」。

肯恩：「新兵訓練營」，是嗎？你們在那裡都學些什麼？

湯姆：嗯，有很多主題，包括行銷在內。談到行銷，肯恩，你是怎麼分析市場的？

肯恩：問老天爺呀？！

湯姆：噢，天哪！

✂ **Key Words**

☐ **touchy-feely** 動之以情

☐ **I think my confidence is shaken a bit.** 我想我的信心有點動搖了。

　　cf. My confidence cracked under the pressure. 我的信心在壓力下崩潰了。

☐ **boot camp**（美國的）新兵訓練營

(◎) MP3 05

The 3Cs of a Market Analysis

Before launching a new product, a company needs to analyze its market environment, looking at both internal and external factors. The three most important factors to consider are **Customers**, **Competitors**, and the **Company**. Each of these is important to understand in order to design an effective marketing strategy.

● Customers

When analyzing your potential customers there are several questions to consider:

★ **What motivates customers to buy and use certain products?**
★ **What product benefits are important to them?**
★ **Are customers satisfied with the product they are now buying?**

This information will provide a company with a better understanding of unmet market needs, which should then lead to new product ideas.

● Competitors

Here a company needs to examine its competition, not only in its industry, but also in other industries that offer products that meet the same customer needs. (Example: Theme parks need to consider the impact of online games, movies and other forms of home entertainment on their market.) Some areas to consider include:

(Continued on page 22)

市場分析的 3C

在推出新產品前，企業必須分析它的市場環境，同時了解內在與外在因素。**顧客、競爭對手和公司本身**是三個最重要的考慮因素。若要設計出有效的行銷策略，確實了解每一項因素就很重要。

● 顧客

在分析潛在顧客時，有幾個問題要考慮到：

★ 顧客購買及使用某些產品的動機是什麼？
★ 對他們來說，哪些產品優點是重要的？
★ 顧客對於目前所買的產品是否滿意？

這些資訊可讓企業更加了解未獲滿足的市場需求，以激發出製造新產品的點子。

● 競爭對手

企業必須檢視自身的競爭狀態，而且不只是在本身所處的產業內，還包括其他能夠提供產品來因應同樣顧客需求的產業。（例如：主題樂園就需要考慮到網路遊戲、電影，以及市場上其他形態之家庭娛樂的衝擊。）必須考慮的一些層面包括：

（下接第 23 頁）

✂ **Key Words**

☐ **launch** [lɔntʃ] *v.* 於市場上推出商品；發售
☐ **internal** [ɪn`tɜnl] *adj.* 內在的
☐ **external** [ɪk`stɜnl] *adj.* 外在的
☐ **competitor** [kəm`pɛtətə] *n.* 競爭對手
☐ **design** [dɪ`zaɪn] *v.* 設計
☐ **potential** [pə`tɛnʃəl] *adj.* 潛在的；具有可能性的
☐ **motivate** [`motə,vet] *v.* 給予動機；激發
☐ **competition** [,kɑmpə`tɪʃən] *n.* 競爭

(Continued from page 20)

★ **Market position** (market leader, challenger, follower or niche player)

★ **Existing product line** (broad or limited range)

★ **Current and past strategies** (pricing, promotion and distribution)

This information will allow a company to "attack" its competitors on some of their weaker points while taking the necessary defensive measures to protect against their strengths.

● **Company**

The company must also analyze its own strengths and weaknesses. Some items to consider include:

★ **Financial strengths / Performance** (sales growth, profitability, and financing capacity)

★ **Internal resources / Cost analysis** (manufacturing capabilities / unit costs)

★ **Product portfolio** (compatibility with existing products)

This information will allow a company to focus on its strengths while minimizing its weaknesses.

The market analysis can be summarized in the following diagram. A thorough analysis leads to a better understanding of the opportunities and threats in the market.

Market Analysis (The 3Cs)

Competitors

Customers ⟶ (SWOT) ⟵ Company

Strengths / Weaknesses / Opportunities / Threats   **(Sheehan)**

22

（續第 21 頁）

> ★ **市場地位**（市場領導者、挑戰者、跟隨著或利基業者）
> ★ **現有產品線**（範圍廣或窄）
> ★ **當前與過去的策略**（定價、宣傳和配銷）

　　這些資訊可讓企業「攻擊」競爭對手的一些弱點，同時採取必要的防禦措施來防堵競爭對手的強項。

● 公司本身

　　企業還必須分析本身的優劣勢。一些要考慮的項目包括：

> ★ **財務優勢／績效**（銷售成長、獲利性和融資能力）
> ★ **內部資源／成本分析**（製造能力／單位成本）
> ★ **產品組合**（與現有產品的相容性）

　　這些資訊可讓企業聚焦於本身的優勢，同時極小化其劣勢。

　　市場分析可以歸納如下圖。完善的分析有助於更加了解市場上的機會與威脅。

市場分析 (3C)

優勢／劣勢／機會／威脅

Key Words

☐ **niche** [nɪtʃ] *n.* 利基
☐ **profitability** [ˌprɑfɪtəˋbɪlətɪ] *n.* 獲利性
☐ **financing capacity** 融資能力
☐ **manufacturing capabilities** 製造能力
☐ **unit cost** 單位成本
☐ **product portfolio** 產品組合（最能有效提高利潤的最適商品組合。以市場占有率及成長率等指標來管理）

由 3C（＝顧客、競爭對手、公司本身）的觀點進行分析 然後是 SWOT 分析

❑ 在了解「顧客的需求」時，有時也需要靠直覺或感覺。故就此層面而言，相對於專門處理數字並講求精確度的會計及財務這些科學領域，MBA 課程所教授的行銷可說是包含了稱得上是藝術的部分。不過與總是容易偏向精神論的日式行銷相比，MBA 的方法還是極為系統化的。

❑ 此處的重點在於，行銷環境的分析是以三個 C，亦即 Customers（顧客）、Competitors（競爭對手），以及 Company（公司本身）的分析為主。

❑ 首先必須了解「顧客」。要針對顧客的購買動機、顧客覺得重要的產品特性、對目前的商品是否覺得滿意等問題進行分析，藉此找出尚未被滿足的需求。

❑ 接著必須分析「競爭對手」。而且不只要分析目前業界中的對手，對於可能產生影響的相關行業也應納入分析。舉凡競爭對手的市場定位、目前的產品線、過去與現在的策略等都要加以分析。而「顧客」和「競爭對手」方面的分析，都屬於「外部分析」。

❑ 接下來要進行的是第三項，針對自己「公司本身」的分析。這屬於「內部分析」。具體來說，這部分包括了公司本身的財務狀況、製造能力，以及現有產品等。

❑ 《孫子兵法》有云：「知己知彼，百戰百勝」，但對行銷來說，光這樣是不夠的，因為少了最重要的「顧客」。當然，練兵作戰的原則和對市場提供商品及服務的價值，在本質上是不同的，但若以孫子的風格來說，「3C」就是「知顧客且知己知彼，便能百戰百勝」。而這便是「行銷的基本法則」。

❏ 3C 再加上另一個 C，也就是 Collaborators（協力廠商），便成為「4C」。而 Collaborators 是指倉庫與運輸業者等物流方面的合作夥伴。

❏ 不管是 3C 還是 4C，像這樣掌握整體行銷環境的綜觀角度，就叫做「整體觀」(holistic view)。對於眼光較短淺的人來說，行銷的思考方式能讓我們學習到綜觀全局的重要性。

❏ 前一節曾提到過所謂「忽視顧客」的心態，但還有一種特質也是我們很容易產生的，那就是「並排心態」。亦即「別的地方是怎樣的？」、「大家一起行動就沒什麼好怕的了」這類的想法。很多人都會用「我們家」來稱呼自己的公司，而此心態若是過度強化，難免就會優先採取「供給方的邏輯」。「競爭對手」的分析是非常重要的，分析「自己的公司」當然也很重要，不過最重要的還是「顧客」。在顧客之後，才分析「競爭對手」，接著回頭檢視「自己的公司」。行銷所教導的，就是要我們採取這樣平衡的方法，換句話說，就是透過所謂的「3C」三大要素分析，便能客觀、冷靜地完成市場分析。

❏ 在完成「3C」的分析後，再採取「SWOT」的思考方式會很有效果。而此方式不僅適用於行銷，也可廣泛應用於談判協商及競爭策略的建構方面。首先分別分析「競爭對手」與「公司本身」的優勢 (Strengths) 與劣勢 (Weaknesses)，以便用自己的優勢攻擊對手的劣勢，同時保護自己有劣勢之處，接著再找出市場中的「機會」(Opportunities) 和「威脅」(Threats)，好充分利用機會——這就是 SWOT 分析法。而以「3C」到「SWOT」的順序進行市場分析，即為本單元的重點。

（藤井）

CASE 2 Market Analysis — The 3Cs

🔊 **MP3 06**

Ken is at his desk deep in thought, cross-armed, and nodding.

Tom: Ken, you look pensive.

Ken: Pencil?

Tom: No, no. Pensive. Reflective. Thoughtful.

Ken: Ah, yeah. Tom, you know what? I think I know what it is now!

Tom: What is what, Ken?

Ken: I know what is lacking in our marketing effort.

Tom: Yeah?

Ken: We have the 3Cs, right? "Customers," "Company" and "Competitors."

Tom: Uh-huh.

Ken: But when I come up with a new product idea, the first thing my Japanese boss asks is "What are our competitors doing?" It appears to me he is only concerned about what others are doing. The first question he should be asking is "Is it really what customers want?"

Tom: Exactly right!

Ken: And then only should he ask, "What are our competitors doing?"

(Continued on page 28)

解決問題！ 市場分析——3C

肯恩在辦公桌前深思，雙手交叉著，一面點著頭。

湯姆：肯恩，你看起來若有所思的。

肯恩：若有所失？

湯姆：不不，是若有所「思」。沉思、思考的「思」。

肯恩：噢，對呀。湯姆，你知道嗎？我想我現在明白是怎麼回事了！

湯姆：什麼怎麼回事，肯恩？

肯恩：我明白我們的行銷工作缺乏什麼了。

湯姆：是嗎？

肯恩：我們有 3C，對吧？「顧客」、「公司」和「競爭對手」。

湯姆：是啊。

肯恩：可是當我提出新產品的構想時，我的日本老闆所問的第一件事就是：「我們的競爭對手在做什麼？」在我看來，他只在意別人在做什麼。他該問的第一個問題是：「這真的是顧客想要的嗎？」

湯姆：說得完全對！

肯恩：接著他才應該問說：「我們的競爭對手在做什麼？」

（下接第 29 頁）

✖ Key Words

☐ **pensive** [ˋpɛnsɪv] *adj.* 若有所思的

☐ **reflective** [rɪˋflɛktɪv] *adj.* 沉思的

☐ **thoughtful** [ˋθɔtfəl] *adj.* 思索的

☐ **You know what?** 你知道嗎？（這是為了引起對方注意時用的開頭語。類似的說法還有 You know something? / Guess what? 等。此類表達方式相對較不正式，故與公司裡的上司或長輩對話時最好避免使用）

☐ **comp up with** (= produce) 提出

   cf. Japan came up with a huge interest-free loan. 日本祭出了高額的無息貸款。

☐ **be concerned about** 關注；在意

(Continued from page 26)

Tom: Right again!

Ken: And finally look at our own company, namely our company's resources and strengths. These three elements ought to be looked at in combination!

Tom: Yes, the 3Cs.

Ken: "The 3Cs," right? Americans are good at making acronyms!

Tom: That I take as a compliment.

Ken: Seriously, of the "3Cs," the "company" is internal, and the "customers" and the "competitors" are external, aren't they? So this "3Cs" analysis helps you look at both your external market environment and internal corporate resources together.

Tom: Right.

Ken: It also helps you see both the strengths and the weaknesses of your company and your competitors, as well as the opportunities and threats in the marketplace.

Tom: That's exactly right. SWOT analysis!

Ken: (Smiling) There you go again! Another smart acronym!

（續第 27 頁）

湯姆：又說對了！

肯恩：最後則要看自己的公司，也就是我們公司的資源和優勢。這三個要素應該要合併來看才對！

湯姆：對，3C。

肯恩：「3C」，對吧？美國人真會發明縮略字！

湯姆：我把它當作是種恭維。

肯恩：說真的，在「3C」裡，「公司」是內在，「顧客」和「競爭對手」是外在，不是嗎？所以這個「3C」分析有助於把外在的市場環境和內在的公司資源同時擺在一起看。

湯姆：沒錯。

肯恩：它也有助於同時看出公司和競爭對手的優劣，以及市場上的機會與威脅。

湯姆：完全說對了！ SWOT 分析！

肯恩：（笑）你又來了！又是個巧妙的縮略字！

✂ Key Words

☐ **namely** [ˋnemlɪ] *adv.* 也就是；即

☐ **resources** [rɪˋsorsɪs] *n.* 資源；財力

☐ **in combination** 合併

☐ **acronym** [ˋækrənɪm] *n.* 首字母縮略字（以詞組中各單字或音節的開頭字母所組合成的詞彙）。狹義的 acronym 是指發音為一個單字的詞彙。例如 radar 由 ra(dio) d(etecting) a(nd) r(anging) 所組成，是發音為單詞 [ˋredɑr] 的狹義 acronym。
而像 MBA (= Master of Business Administration) 等發音不連接成單詞的詞彙則稱為 initialism「首字母縮寫詞」，嚴格來說和 acronym 是不同的。至於在商學院裡常用到的 EBIT = Earnings Before Interest and Taxes 是指「稅前息前盈餘」，由於其發音為連結成單詞的 [ˋibɪt]，所以歸入 acronym 類詞彙。

☐ **compliment** [ˋkɑmpləmənt] *n.* 恭維；讚美的話

☐ **marketplace** [ˋmɑrkɪtˌples] *n.* 市場

Sheehan 觀點

Evolution of the PC Market

Let's take a closer look at the personal computer industry, in which all three elements of the market environment are changing.

Customers in this industry are becoming increasingly price sensitive, that is, price tends to be more of an important factor in their buying process. This wasn't true years ago when customers' product knowledge and product selections were more limited. Now that many people have replaced their original computer several times, they feel more confident and are more willing to shop around for the best price on their next purchase. In a sense, the market has matured and price is now playing a more prominent role in purchase decisions. Some might even say that the PC is now a "commodity", meaning people no longer perceive any tangible difference between products.

Competitors are also changing. There are now a lot more, mainly from low cost manufacturers in Asia. This is due in part to the low barriers to entry. This means that it is not difficult to enter this industry in terms of costs or technological factors, due to the fact that prices of component parts have fallen dramatically and nearly all PC companies use the same "open" architecture.

In addition to this, substitute products are available that can meet the same customer needs. Smart phones, tablets, interactive TVs, and game consoles offer Internet capability and could eventually replace the need for a personal computer.

Finally, the companies themselves are changing. Production has been mostly outsourced to companies in low-cost countries. Major companies now focus on the design and marketing of the product. Finally, companies have come to realize that the "value" (or profit potential) has shifted from the hardware to the software or service side, which explains why companies like IBM have gotten out of the PC business entirely and others are considering doing the same.

PC 市場的演進

我們較仔細地來看個人電腦產業，它的市場環境三要素全都在改變。

這個產業的顧客對價格日益敏感，也就是說，在購買過程中，價格往往更容易成為重要的因素。幾年前的情況並非如此，當時顧客對於產品的知識和產品的選擇都比較有限。如今有許多人都更換過好幾次電腦，所以他們覺得更有把握，也更願意在下次購買時把最理想的價格當成購買的依據。就某方面來說，市場成熟了，而價格如今在購買決定上所扮演的角色更加吃重。有的人甚至可能會說，PC 現在只是一件「商品」，這表示民眾不再覺得產品之間有任何顯著的差異。

競爭對手也在改變。現在多了很多競爭，主要是來自亞洲的低價製造業者。其中有部分是由於進入的門檻低，這表示從成本或科技的因素來說，要進入這個產業並不難，原因在於，零組件的價格大幅滑落，而 PC 公司幾乎全都使用同樣的「開放式」結構。

除此之外，既有的替代產品也能滿足同樣的顧客需求。智慧型手機、平板電腦、互動電視和遊戲機都具備上網的功能，最終可能會把個人電腦的需求取代掉。

最後，企業本身也在改變。生產多半外包給低成本國家的公司，大公司如今則著重於產品的設計與行銷。企業終於理解到，「價值」（或獲利潛力）已從硬體轉向了軟體或服務端。這說明了為什麼像 IBM 這樣的公司會完全退出 PC 業，其他業者則在考慮跟進。

藤井觀點

以 PC 產業為例，現在的商業環境正在產生巨大變化。不論是顧客、競爭對手，甚至自家企業本身都不斷地在改變。無法應付市場環境變化的企業，就只能被迫退出市場。所謂 Change or die!（不改變，就等死！）就是這麼一回事。

許多顧客已歷經多次汰換個人電腦的循環，而且都會直接上網或到量販店等尋找最低價商品。而彼此競爭的各家公司則為了突顯自家產品特色，無不使出渾身解數。但 CPU 與 OS 等產品關鍵卻是由寡占的大型企業掌控，使得各家競爭廠商的產品幾乎沒什麼差異。這就是為何大家都說 PC 已成了大眾化商品的原因。此外，最近智慧型手機、平板電腦、筆記型電腦等的大幅進步，也使得對於 PC 的需求開始出現明顯的下滑趨勢。某些機型的 PC 價格已低於智慧型手機、桌上型電腦比筆記型電腦要便宜等情況實際上都已發生。企業當然也會被迫要有所變革。IBM 把業績衰退的 PC 事業賣掉，轉型成為提供解決方案的企業，成功再創高峰。而對今後的 PC 業界來說，與其他 IT 設備的連接性 (connectivity)、對於社群網路 (Social Network) 的反應能力，以及雲端技術 (cloud) 等，或許將成為決定勝負的關鍵所在。

不過，唯有那些能透過了解顧客需求、了解競爭對手、了解自家公司本身的方式，進而提供產品或服務以滿足顧客需求的企業才能生存的這個論點，是不論世界如何變化、不論身處世上的哪個角落，都普遍存在的真理。就此層面來說，「3C 分析」── Customers（顧客）、Competitors（競爭對手）、Company（公司本身）──確實是想成為商界領袖的人該時時牢記的基本法則。

NOTES

Session 3

Segmentation, Targeting, Positioning

區隔、目標、定位（STP）

進行業務工作不能不做預測。
蘇珊是優秀的財務會計經理，
因肯恩的銷售成績與預估數字相去甚遠，
故蘇珊請他做說明。
肯恩反駁說：會計年度才剛開始，
顧客又總是反覆無常，
而且一旦他正在醞釀的新產品構想實現，
就能輕鬆達成預估業績。
蘇珊則表示若是考慮要引進新產品，
可別忘了先做好行銷的基本功。
那麼，這基本功到底是什麼呢？

CASE 3 — Segmentation, Targeting, Positioning

🎧 **MP3 07**

Susan, the Accounts and Finance Manager, walks over to Ken's desk when Ken is going through his customers' business cards at his desk.
He is trying to make his daily customer-calls by telephone.

Susan: Ken, I was looking at your sales figures for the first three months.

Ken: Yeah. What about them?

Susan: They are way below budget!

Ken: Customers can be very fickle like the autumn sky. They only buy when they feel like it.

Susan: I think I understand to a certain extent. But how in the world did you come up with your budget figures in the first place?

Ken: My "gut" feeling which, by the way, is always good. Much better than computer-generated sales analysis and forecast figures which some people use for their so-called "budget." Besides I am working on a new product idea, which once introduced would push our sales figures way above what's written here!

Susan: (Sarcastically) I can hardly wait, Ken. I want you to write a report explaining the discrepancies between your budgeted figures and the actual sales. May I also suggest your so-called new product idea have a good account of segmentation, targeting and positioning?

Ken: (Puzzled) What?

| 問題發生！ | 區隔、目標、定位 |

財會經理蘇珊走到肯恩的辦公桌前，肯恩正在位子上查看客戶的名片。
他正打算要打每天例行的客戶拜訪電話。

蘇珊：肯恩，我看了你頭三個月的銷售數字。

肯恩：是。妳認為如何？

蘇珊：比預算低了一大截！

肯恩：客戶就跟秋天的天空一樣反覆無常。只有在想要的時候，他們才會買。

蘇珊：我想在某種程度上我可以理解。可是一開始，你的預算數字到底是怎麼規劃
出來的？

肯恩：靠我的「直覺」，而順帶一提，它一向很準。比起被有些人拿來當作他們所
謂的「預算」的那些用電腦跑出來的銷售分析和預測數字準確多了。而且我
正在研究新產品的構想，只要付諸實行，它就能把我們的銷售數字推升到比
這裡所寫的要高得多！

蘇珊：（語帶挖苦）我簡直等不及了，肯恩。我要你寫份報告說明你的預算數字和實
際業績間的落差。我能不能順便建議一下，你所謂的新產品構想應該把區
隔、目標和定位給交代清楚？

肯恩：（一頭霧水）什麼？

✖ Key Words

☐ **What about them?** 怎麼樣？你到底想說什麼？又沒什麼大不了的。（帶有質疑、駁斥對
方所指責事項的語氣）

☐ **way** [we] *n.* 大幅（= to a great degree）

☐ **budget** [`bʌdʒɪt] *n.* 預算

☐ **fickle** [`fɪkl̩] *adj.* 反覆無常

☐ **in the first place** 一開始的時候

☐ **gut** [gʌt] *adj.* 本能的、直覺的（在此相當於 based on instincts or emotions 之意，為較不
正式的形容詞。而若是以複數 guts 來使用，則相當於 courage「勇氣」、stamina「活
力」、determination「決心」）

   eg. Challenging your boss takes a lot of guts. 質疑老闆要很有勇氣才行。

☐ **computer-generated** 用電腦跑出來的

☐ **so-called** 所謂的

☐ **work on** 擬訂

☐ **discrepancy** [dɪ`skrɛpənsɪ] *n.* 落差

⊚ MP3 08

● Segmentation

When a company looks at its market of potential buyers, it realizes there are differences in customer groups in terms of general characteristics and buying behaviors. These differences can be grouped into the following categories:

★ **Demographics** (age, gender, occupation & income level)
★ **Geographic** (urban, suburban & rural)
★ **Lifestyle** ("party animal" vs. "workaholic")

A market can also be segmented based on product-related differences such as:

★ **User type** (current user, former user, or potential user)
★ **Usage level** (light, medium or heavy)
★ **Benefits sought** (performance vs. price-oriented)

Each market is unique in terms of how it can be segmented. For some, such as fast food, age and usage levels tend to be important factors. For others, such as luxury fashion, income level and urban lifestyle tend to be more important.

● Targeting

The next step involves targeting one or more of these segments with a specifically designed product and marketing program tailored to meet the needs of that segment(s). When considering which segments to target, a company needs to consider the following:

★ **Competitors** (current and potential / direct and indirect)
★ **Resources** (manufacturing capability / distribution system)
★ **Goals** (strategic & financial goals)

(Continued on page 38)

● 市場區隔

　　企業在看它的潛在買家市場時，會發現客群在整體的特性和購買行為上會有所
差別。這些差別可以歸結為以下幾類：

★ **人口統計變數**（年齡、性別、職業和所得水準）
★ **地理**（都市、郊區和鄉村）
★ **生活型態**（「跑趴族」對比「工作狂」）

　　市場也可以依照產品的相關差異來區隔，例如：

★ **使用者類型**（當前的使用者、以前的使用者或潛在的使用者）
★ **使用程度**（輕度、中度或重度）
★ 所**追求的優勢**（「性能」對比「價格導向」）

　　就可以如何區隔而言，每個市場都是獨一無二的。對某些市場來說（如速
食），年齡和使用程度往往是重要因素。但對於其他的市場（如精品時裝），所得
水準和都市的生活型態往往比較重要。

● 選擇目標市場

　　下一步就要用特別設計的產品以及為了滿足該（些）區塊的需求而制訂的行銷
方案來瞄準其中一個或多個區塊。在考慮要瞄準哪些區塊時，企業需要考慮下列事
項：

★ **競爭對手**（現存和潛在／直接和間接）
★ **資源**（製造能力／配銷體系）
★ **目標**（策略與財務目標）

（下接第 39 頁）

✂ **Key Words**

☐ **segmentation** [ˌsɛgmənˋteʃən] *n.* 市場區隔化
☐ **demographics** [ˌdɪməˋgræfɪks] *n.* 人口統計資料
☐ **geographic** [dʒɪəˋgræfɪk] *adj.* 地理的
☐ **product-related** 產品相關的
☐ **distribution system** 配銷體系

☐ **customer group** 客群

☐ **segment** [ˋsɛgmənt] *n.* 區塊
☐ **tailor** [ˋtelə] *v.* 訂製

(Continued from page 36)

Many companies are now targeting niche markets. These are smaller segments that have more specific needs and offer attractive financial returns.

● Positioning

Finally, a company has to decide how it wants potential buyers to see its product. This is often referred to as the product or brand image. The key is to create some type of perceived difference between your product and the competitors. Of course, that "difference" has to have value to the customer, otherwise it means nothing. In addition, that difference needs to be clearly communicated to the customer via the promotional strategy, or again it means nothing. When positioning a product, consider the following:

★ Competitor product positioning
★ Customer buying motivations
★ Product attributes

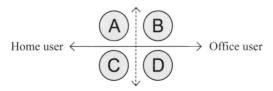

Positioning Map for Personal Computer Market

High-end machine (price / performance)

Home user ← → Office user

Low-end machine (price / performance)　　　　**(Sheehan)**

（續第 37 頁）

　　有很多公司現在都是瞄準利基市場。這些是比較小的區塊，需求比較明確，並可提供可觀的財務報酬。

● 定位

　　最後，企業必須決定它希望潛在買家如何看待它的產品。這通常被稱為產品或品牌形象。關鍵在於，要在本身的產品和競爭對手之間創造出某種可察覺到的差異。當然，這種「差異」必須對顧客來說具有價值，要不然就毫無意義。此外，這種差異還須透過宣傳策略清楚傳達給顧客，否則同樣毫無意義。在做產品定位時，要考慮下列事項：

　　★ 競爭對手的產品定位
　　★ 顧客的購買動機
　　★ 產品屬性

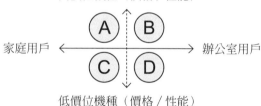

個人電腦市場定位圖

🔧 Key Words

□ **niche** [nɪtʃ] *n.* 利基
□ **perceived** [pɚˋsivd] *adj.* 可察覺到的
□ **product positioning** 產品定位
□ **high-end** 高檔的；高價位的

□ **specific** [spɪˋsɪfɪk] *adj.* 特定的；明確的
□ **promotional strategy** 促銷策略
□ **attribute** [ˋætrəˏbjut] *n.* 屬性
□ **low-end** 低檔的；低價位的

依據特性來區隔、篩選市場，並決定出自家產品的定位

❑ 引進新產品時，若希望能有效打入市場，應該採取怎樣的行銷操作程序？

❑ 不可能有哪項新產品能夠吸引所有的人。每位顧客都具有不同的特性，若無視於這樣的特性差異而想做出人人都愛的新產品，這種熱情雖然可取，但實際上不僅效率不彰，押錯寶的機率還非常高。

❑ 因此，不能只是把市場視為模糊的一大塊，而應依據年齡、性別、職業及所得水準等「人口統計上的特性」，或依據都市、郊區及鄉村等所謂「地理上的特性」，甚至是依據追求快樂型還是工作優先型等「生活型態」，來加以「區隔」。

❑ 接著再從區隔後的市場中，選出一個「做為目標的市場區隔」，而有時依狀況不同，也可能會選出多個。此時必須將競爭對手的狀況、自家公司本身的製造及物流能力等營運資源，以及公司所追求的最終目標都納入考量。

❑ 最後則要決定你希望顧客如何認知你的產品。舉例來說，是性能中等的低價產品？還是性能優越的高級產品？是具實用功能的？又或是豪華型的？……。一般會透過在平面的知覺圖 (perception map) 上定位這些商品特性的方式，來決定「產品定位」。而此時除了產品特性外，也必須考量到競品的定位、顧客的購買動機等其他要素。

❑ 重點就是，首先要用有意義的特性來仔細區隔市場 (Segmentation)，接著在經過細分後的市場區隔中篩選出目標 (Targeting)，最後再為產品進行適當定位 (Positioning)，好讓自家商品能從競品中脫穎而出，並立於相對較優勢的位置。

❑ 透過這樣的處理程序，就能將容易遺漏的重點也都完整地掌握住。也因此，此程序不僅可在引進新產品時做為引導自己擬定行銷計畫的指標，也可做為接獲新產品提案時的檢驗表使用。

❑ 這種做法可不是在黑夜裡拿著散彈槍盲目掃射──亦即「有時中，有時不中」，像這樣仔細區隔市場、鎖定目標，然後為新產品決定定位的程序，是非常合乎邏輯的。公司裡的人、物、財等營運資源有限，採取如此符合邏輯的方法，對於有效運用有限的營運資源來說，確實非常重要。若不採取這樣的程序，卻只是一味盲目地引進新產品，那就會像個毫無計畫、隨便亂走的登山客般，只會白費力氣，而且終將體力耗盡。

❑ 市場上充滿了各式各樣的產品與服務。電視上及報紙、雜誌裡也充斥各式各樣新產品或新服務的廣告。而在這些商品和服務中，有些能吸引你，有些則不。熱門商品與服務是有共通點的，那就是完整、徹底的 Segmentation、Targeting、Positioning 程序。建議各位平常也可隨意選個自己看到、接觸到的熱門商品或服務，並以我們在此介紹的行銷觀點來審視、分析其優秀之處，藉此鍛鍊你的行銷能力。

❑ 以服飾業為例，來自日本的優衣庫 (UNIQLO) 不僅在日本很成功，於全世界各地也都持續大幅成長。該公司從休閒服飾下手，摒棄奢侈華麗風格，還設計了具功能性的內著，而 T 恤等則提供多種色彩並壓低價格。由此不難看出其行銷策略是企圖吸引不分男女的多個世代。很多人都應該看過頂尖網球選手們穿著該公司服飾，在四大公開賽中於球場上來往飛奔的樣子吧！另外，優衣庫還針對年輕人，以「低價格的可愛時尚」為概念，推出了姊妹品牌「GU」。在流行變化極為迅速的服飾業中，看著它總能不斷持續提出新價值主張，感覺就像是看到了一位行銷模範生。可以確定的是，行銷就是優衣庫成長的動力 (growth engine)！

（藤井）

CASE 3   Segmentation, Targeting, Positioning

🎧 MP3 **09**

Ken walks over to Tom's desk.
Ken looks upset.

Ken: Tom, Susan keeps bugging me.

Tom: Why? What's the problem?

Ken: She says my sales figures are way below budget. The year is hardly over. All the accountants are the same. Numbers, numbers and numbers …

Tom: Numbers are important, too. She is just doing her job.

Ken: It's her job all right. But numbers don't generate sales. Besides, I am working on a new product idea.

Tom: Oh, that's exciting! Tell me about it.

Ken: It's a bit too early to discuss yet. The idea occurred to me when I was riding the train a few months ago.

Tom: I see. Without knowing what it is that you are working on, have you thought about …

(Continued on page 44)

42

解決問題！ 區隔、目標、定位

肯恩走到湯姆的辦公桌前。
肯恩看起來悶悶不樂。

肯恩：湯姆，蘇珊一直在煩我。

湯姆：為什麼？有什麼問題嗎？

肯恩：她說我的銷售數字比預算低了一大截，但是今年根本就還沒過完。所有的會
計都是一個樣，數字、數字、數字……

湯姆：數字也很重要。她只是在盡她的本分。

肯恩：那是她的本分沒錯，但是數字可不會帶來業績。而且我正在構思一項新產品。

湯姆：噢，那很令人興奮呀！跟我說說吧。

肯恩：要討論還嫌太早了一點。構想是在我幾個月前搭火車時浮現的。

湯姆：我懂了。雖然我不曉得你所研究的是什麼，但是你有沒有思考過……

（下接第 45 頁）

✖ Key Words

☐ **bug** [bʌg] *v.* 煩擾

☐ **hardly** [ˈhɑrdlɪ] *adv.* 幾乎不

☐ **accountant** [əˈkauntənt] *n.* 會計

☐ **… all right** 是沒錯

☐ **generate** [ˈdʒɛnəˌret] *v.* 產生

☐ **occur** [əˈkɝ] *v.* 浮現；被想到

(Continued from page 42)

Ken: I know what you are getting at. The 3Cs! Right? Of course! I can see customers would be thrilled to have this new product. We have internal capabilities to develop this new product and it will make a great addition to our existing product line.

Tom: Aha.

Ken: To make it even better, at this point in time, we have very few competitors. We must hurry, though!

Tom: Did you segment the market?

Ken: Yes. I segmented it by demographics, namely age and gender.

Tom: All right. So who is your target?

Ken: The target is professional men over 30.

Tom: What's your product's positioning?

Ken: Our product will be both effective and easy to use! Very few competitors have anything like ours. I did my survey and saw a market which is big enough to turn our company completely around. Our customers will immediately see the benefit of our product and go rushing for it!

（續第 43 頁）

肯恩：我知道你要說什麼。3C！對吧？當然有！我可以預見這項新產品會讓顧客熱血沸騰。我們具有開發這項新產品的內部能力，而且它會替我們現有的產品線大大加分。

湯姆：是喔。

肯恩：更棒的是，現階段我們沒什麼競爭對手。不過我們一定要快才行！

湯姆：你做了區隔市場嗎？

肯恩：做了。我是按照人口統計變數來區隔的，也就是年齡和性別。

湯姆：很好。那你的銷售目標是誰？

肯恩：目標是年過 30 歲的男性專業人士。

湯姆：產品的定位又是什麼？

肯恩：我們的產品會既有效又便於使用！幾乎沒什麼競爭對手擁有像我們這樣的東西。我調查過了，我發現市場大到足以讓我們公司完全翻轉局面。我們的顧客一眼就會看出產品的好處，並且會搶著去買！

✂ Key Words

☐ **I know what you are getting at.** 我知道你要說什麼。

　　cf. Let's get at the root of the problems this company faces.
　　　讓我們釐清一下本公司所面臨的根本問題。

☐ **thrill** [θrɪl] *v.* 使興奮；使激動

☐ **internal capabilities** 內部（研究開發、製造的）能力

☐ **product line** 產品線

☐ **to make it even better** 更棒的是

☐ **at this point in time** 現階段

☐ **turn around** 翻轉局面；使業務好轉

☐ **rush for** 搶購（rush 原指「奔、衝」）

Pomp and Circumstance

Let's take a look at the higher education (post-secondary) market.

You have a number of universities who focus on different groups of potential students. Most tend to segment their markets by age (recent high school graduates), gender, income level, students' academic interest, and geographic proximity (region of the country and / or domestic vs. international). The target will depend on the type of school and its unique strengths and core competencies. Some schools focus on a particular academic field like science or engineering, while others offer a full slate of academic programs. Given the declining birthrate, more and more schools seem to be looking outside (Japan) for their students, which will require building up their international support services.

Students have unique perceptions of each school. Some private universities are seen as elite, leading to positions with top corporations. Other national universities are seen as more economical, giving more "bang for the buck". Still others are seen as more "global," preparing students for the realities of the 21st century.

In this brave new world, the higher education market faces increased competition from both domestic and international sources, as well as online alternatives. Couple that with a shrinking domestic customer base, and you can see the importance of effective target marketing and product / service positioning.

翻譯

盛大而隆重的儀式（可指畢業典禮）

我們來看看高等教育（中學後）的市場。

有許多大學專攻不同族群的潛在學生。其中大部分在區隔市場時，往往都是依照年齡（近期的高中畢業生）、性別、所得水準、學生的課業興趣和地理上的接近性（國內的行政區以及／或者本國對比國際）。目標對象則取決於學校的類型，以及它的獨特強項和核心專長。有的學校專攻特定的學科，比如理工或工程，有的

則提供一應俱全的學程。由於出生率下滑，似乎有越來越多的學校到（日本）國外去招攬學生，如此一來這些學校就必須強化本身的國際支援服務。

學生對於各所學校都有其獨特的認知。有的私立大學被視為名校，畢業之後可讓人在一流的企業中謀得職位。其他的國立大學則被認為比較省錢，較「物美價廉」。還有的則被認為比較「全球化」，會針對 21 世紀的實際情況來培訓學生。

在這個嶄新的世界裡，高等教育市場所面臨的競爭不管是來自本國、國際，還是網路上的替代方案有增無減。加上本國的客群縮減，從中即可看出有效的目標行銷和產品／服務定位的重要性。

藤井觀點

即使是一般消費者在日常生活中接觸到的各種廣告與宣傳，只要以這種「區隔市場」、「鎖定目標市場」、「定位產品」的觀點來審視，也都能夠清楚看出企業在行銷上的意圖。尤其是熱門商品或話題商品的背後，應該都藏有經過深思熟慮而建構出的行銷策略。從各種誕生於日本而後活躍於全世界的商品中，亦可窺知不少優秀的行銷構想。舉例來說，杯麵在日本屬於速食麵，但在美國卻是做為湯品來販賣。這就是個充分了解美國的市場特性後所做出的極佳定位案例。你何不也試著從行銷觀點，針對在百貨公司、超市、便利商店看到的商品，或者利用在電視、廣播、報紙上所接觸到的服務廣告，來訓練一下大腦的分析能力呢？

經常反覆進行這樣的思考練習，便能漸漸看清自己的公司是怎麼樣的一家企業，又是將什麼樣的商品與服務提供給什麼樣的顧客。而這也正是與我們稍後將學到的「企業策略」密切相關的思維模式。

美國的鐵路因被汽車及飛機取代，而被迫走向衰退，但若鐵路公司不把自身定位為「鐵路公司」，而是定位為「複合運輸業」的話，情況又會是如何？或許就已加入汽車及航空產業了吧！在以「行銷近視症」(Marketing Myopia) 為題的行銷領域經典論文中，哈佛商學院的知名行銷學教授希奧多・李維特 (Theodore Levitt) 便以美國的鐵路公司為例，斷定其衰退是因為該公司自己放棄加入汽車及航空產業的機會所造成的，這是經營團隊的策略錯誤。在日本，產業間的藩籬也不斷被打破，亦即，所謂的跨產業經營現象正持續發酵中。在此情況下，當「我們該朝什麼樣的產業下手」這個問題被拋出時，行銷的思考方式便能成為非常有用的工具。

就像這樣，行銷思維不僅能應用於物品或服務的銷售，更有助於定位企業經營的核心。肯恩在 Session 1 所說的「組織裡的每個人都應該要具備行銷的心態」指的就是這個。甚至還有人認為「行銷就是策略本身」呢！

NOTES

The Marketing Mix
—The 4Ps
行銷組合──4P

肯恩已完成市場分析，

篩選了顧客與市場，

也做好了產品定位。

他滿腔熱血地告訴湯姆，

接下來就剩他最擅長的「銷售」了。

然而湯姆卻說，

新產品的引進若要獲得上司強森的認可，

就必須進一步掌握另一項重要的行銷要點。

那麼，這個要點到底是什麼？

CASE 4 The Marketing Mix — The 4Ps

Ken is explaining his new product idea to Tom.
Ken's face is glowing with excitement.

Ken: Hey, Tom, I told you about this great new product. I'm sure it will be the greatest hit of all time.

Tom: But you haven't told me what it is.

Ken: Right! It's the most technically advanced hair-regrowth product.

Tom: That sounds interesting. You have done your market analysis. You segmented the market, came up with your target and positioned your product all right. But how are you actually going to market it?

Ken: As far as I am concerned, my analysis is complete. The rest is "sell, sell, sell." You know I am good at that.

Tom: I know you are. But to convince Mr. Johnson, you have to have a clear idea of what your marketing mix is going to be. You know the 4Ps.

Ken: I am afraid I don't.

問題發生！ **行銷組合——4P**

肯恩正在向湯姆解釋他的新產品構想。
肯恩的臉上洋溢著興奮之情。

肯恩：嘿，湯姆，我跟你提過這項偉大的新產品。我相信它會是歷來最了不起的產品。

湯姆：但你並沒有告訴我它是什麼。

肯恩：對！它是技術最先進的生髮產品。

湯姆：聽起來挺有意思的。你做過了市場分析。你區隔了市場，找到了目標對象，產品也定位好了。可是你究竟要怎麼行銷呢？

肯恩：就我看來，我的分析很完整。剩下的就是「銷售、銷售、銷售」。你知道我是這方面的高手。

湯姆：我知道你是。可是如果要說服強森先生，你就必須搞清楚自己要有什麼樣的行銷組合。你知道的，就是 4P。

肯恩：我恐怕並不知道。

Key Words

- [ ] **glow with excitement** 洋溢著興奮
- [ ] **of all time** 歷來
- [ ] **technically advanced** 技術先進的
- [ ] **hair-regrowth product** 生髮產品
- [ ] **market** [ˋmɑrkɪt] *v.* 行銷
- [ ] **convince** [kənˋvɪns] *v.* 說服

MP3 11

The marketing mix is the key set of activities that makes up a marketing program. It is made up of four elements, all of which start with the letter P.

★ **Product**
★ **Place** (distribution channels)
★ **Promotion** (communicarions strategy)
★ **Price**

● **Product**

The product includes the actual physical item as well as other things including **the packaging**, **customer service**, **company reputation** and **brand name**, essentially the total package of benefits perceived by the customer.

● **Place** (distribution channels)

The place is where the customer can purchase the product as well as all the distribution channels that lead to that point. Nearly all companies now use the Internet as a key part of their distribution strategy. This is an efficient channel as it cuts out the "middleman", which tends to lower the price of the product. It also allows a company to build a more personal relationship with its customers, allowing for greater customization of product and service.

(Continued on page 54)

要建構行銷專案，行銷組合是關鍵的配套作業。它是由四個要素所構成，全都以字母 P 來開頭。

★ 產品
★ 通路（經銷管道）
★ 促銷（溝通策略）
★ 價格

● 產品

產品包含了實體項目以及其他，包括**包裝**、**客服**、**公司信譽**和**品牌名稱**等，基本上就是顧客所感受到的一整套好處。

● 通路（配銷管道）

通路是顧客可以買到產品的地方，以及所有通往該據點的配銷管道。現今幾乎所有的企業都把網路當成經銷策略的主要環節。這是個有效率的管道，因為它省略了「中間人」，所以往往能降低產品的價格。網路也使企業得以和顧客建立起較為密切的關係，並因而擴大了產品和服務的客製化空間。

（下接第 55 頁）

🔧 **Key Words**

☐ **be made up of ...** 由……所構成
☐ **distribution channel** 經銷管道；配銷通路
☐ **physical** [ˈfɪzɪk!] *adj.* 實體的
☐ **reputation** [ˌrɛpjəˈteʃən] *n.* 信譽；名聲
☐ **essentially** [ɪˈsɛnʃəlɪ] *adv.* 基本上；實質上
☐ **efficient** [ɪˈfɪʃənt] *adj.* 有效率的
☐ **cut out** 省略
☐ **middleman** [ˈmɪd!ˌmæn] *n.* 中間人

(Continued from page 52)

● **Promotion** (communications strategy)

Promotion is the process of communicating information about the product to the customer. The goal is to increase awareness of the product and create interest in purchasing it. An effective, integrated communications strategy includes both elements of "pull" (**advertising**) and "push" (**channel support**) promotions. In addition, **social media** ("viral" marketing) is now playing a greater role through various online networks and communities such as Facebook and Twitter.

● **Price**

Price is influenced primarily by three factors: costs, competition and customer value perception. Costs represent the floor or minimum price and the customer value perception the ceiling or maximum price. Competition will determine to a large extent where inside those two points the price is set. The company objectives may also influence this decision. If a company is looking to establish market share quickly, then it will employ a **penetration or low price strategy**. Or, if a company wishes to maximize profits in the short-term, it will employ a **skimming or high price strategy**. The former tends to work well in more competitive markets where perceived product difference are minimal. Whereas, the latter tends to work better in more specialized or niche markets where differences matter.

As the diagram below shows, a successful marketing mix is centered on the needs of the target market.

Marketing Mix (The 4Ps)

(Sheehan)

54

（續第 53 頁）

● 促銷（溝通策略）

　　促銷是向顧客傳達產品資訊的過程，目標是要提高產品的知名度，進而引發購買者的興趣。有效而整合的溝通策略要兼具「拉動」（**廣告**）與「推動」（**通路支援**）這兩個促銷的要素。此外，透過各種線上網路和社群，例如臉書和推特，**社群媒體**（「病毒式」行銷）現在也扮演了更加重要的角色。

● 價格

　　價格主要是受到三個因素所影響：成本、競爭對手和顧客的價值感受。成本代表底價或最低價格，顧客的價值感受代表上限或最高價格。競爭對手間的競爭在很大的程度上則決定了價格會落在這兩個點之間的什麼地方。企業的目標或許也會影響這個決定。假如一家公司想要迅速搶攻市占率，那它就會採用**滲透式或低價策略**。或者，假如公司希望在短期內盡量衝高獲利，它就會採用**吸脂式或高價策略**。前者多半適用於產品感覺起來沒什麼差異並且較為競爭的市場；後者則多半比較適用於產品差異相對重要且較為特殊的或利基型市場。

　　如下圖所示，成功的行銷組合應以目標市場的需求為主軸。

行銷組合 (4P)

✂ **Key Words**

☐ **create interest** 引發興趣
☐ **integrated** [ˋɪntəˏɡretɪd] *adj.* 整合的
☐ **viral** [ˋvaɪrəl] *adj.* 病毒式
☐ **objective** [əbˋdʒɛktɪv] *n.* 目標
☐ **look to ...** 想要……；期待……
☐ **employ** [ɪmˋplɔɪ] *v.* 採用
☐ **penetration (pricing)** 滲透式（定價）；低價策略
☐ **skimming (pricing)** 吸脂式（定價）；高價策略
☐ **be centered on ...** 以……為主軸

4P 是行銷基礎中的基礎

❏ 完結一連串行銷規劃的最後步驟就是 4P（行銷組合），而這可說是行銷領域裡最著名的一個概念。

❏ 行銷程序早已深深烙印於行銷老手們的腦袋裡，他們不須刻意去想，自然而然就會提出與 4P 有關的問題。因此，在準備對上司說明的簡報時，一定要將 4P 納入考量。末包含 4P 的行銷計畫，就是思慮不夠周詳的計畫。那麼，所謂的行銷組合 4P 到底指什麼？

❏ 4P 指的就是產品 (Product)、通路 (Place)、將產品資訊傳遞給顧客的促銷 (Promotion)，以及價格 (Price)。

❏ 第一個 P 是 Product，它除了指產品本身外，還包括包裝、顧客服務、公司信譽和品牌名稱等廣義的概念。換句話說，就是顧客能夠獲得的所有好處。Place 指實際販賣產品的零售及批發店等包含物流的所有通路。Promotion 是指為了增加產品知名度、提高購買慾望等而向顧客宣傳產品資訊之過程，具體來說包含了廣告、推銷、公關活動等。另外還有所謂的通路支援，例如提供激勵獎金給批發商、派出銷售推廣人員至零售店提供支援等。最後一個 P 則是 Price，這會隨競爭狀況及公司本身的目標而改變。例如，為了快速提高市場占有率，故降價以增加銷量的 penetration price strategy（滲透定價策略），或是為了在短期內獲得最大利潤而採取的 skimming price strategy（吸脂定價策略）等。而所謂的 Pricing，可想成是為了將產品替顧客所創造出的部分價值納入公司利潤所做的事。

❏ 充分掌握 4P，才算是完成了整個行銷程序。至今為止弄不太懂的一連串新產品引進過程，現在是不是變得清楚多了？此外你應該也已了解，行銷並不只是廣告、宣傳等促銷活動，所謂的「行銷」和單純為了販賣商品而進行的營業活動是不一樣的。

❏ 在日本當然也有一些具備優秀行銷能力的公司。這樣的公司應該都不會倚賴靈機一動的點子，而會確實執行完整的行銷程序。所有出現在電視及報紙、雜誌上的廣告與宣傳活動，也必定都徹底遵循這一連串的行銷步驟。就此層面而言，廣告、宣傳就如冰山的一角，或如看似在水中優雅地游動但其實在水面下拚命地滑著水的水鳥般。反之，同樣以此行銷程序的譬喻來看，我們也能從冰山和水鳥的姿態推測出冰山下及水面下的活動狀況。而我認為這樣的訓練可有效培養各位的行銷能力，故請務必一試。

❏ 最近發展出了以網際網路為基礎的新商業模式。而即使是在這種電子經濟或數位經濟的環境中，行銷的基本原則仍是不變的。你在此所學到的行銷基礎知識，能以怎樣的形式與新的經濟及商務機制一同演進變化呢？請試著思考、設計並付諸實行。

❏ 讓我們試著稍微改變一下角度來看。你是否曾被別人提醒過，在撰寫文章或整理事物時，別忘了「5W 與 2H」的原則呢？所謂的 5 個 W 就是 What / Where / Who / When / Why，而 2 個 H 是 How / How much。若將這些對應至行銷，便是 What = Product、Where = Place、How = Promotion、How much = Price。而 Who 就是你的公司與顧客、When 是可充分活用機會的最佳時機、Why 則是在滿足顧客需求的同時達成自家公司的企業目標。如果將一些假設性前提排除在外，那麼「4P」和「5W、2H」其實可被視為是相同的概念。

❏ 當 4P 的四個要素顯得不夠明確時，就表示行銷計畫不夠周全，這時務必要回歸基礎，重頭開始規劃。

（藤井）

CASE 4 The Marketing Mix — The 4Ps

Ken is giving his presentation of his new product to his boss, Mr. Johnson.
Ken looks a bit formal and tense.

Ken: Mr. Johnson, I've been talking to some of our customers and based on their feedback and also on my recent survey, I've come up with an idea for a new product that I believe will be successful.

Johnson: What is it?

Ken: It is a totally new type of hair-regrowth liquid that is highly effective and easy to use.

Johnson: Sounds interesting. But do we have R&D and production capabilities?

Ken: I already touched base with them and I feel very comfortable there.

Johnson: All right. How do you plan to market it?

Ken: Well, as you can see, our target customers would be professional men over 30 who feel the need to maintain a youthful appearance.

Johnson: Yes, I see.

(Continued on page 60)

解決問題！ 行銷組合——4P

肯恩正在為他的新產品向老闆強森先生做簡報。
肯恩看起來有點拘謹、緊張。

肯恩：強森先生，我跟一些顧客談過，並根據他們回饋的意見以及我近來的調查，
　　　研擬了一個我相信會成功的新產品構想。

強森：是什麼？

肯恩：是一種全新的生髮液，非常有效又便於使用。

強森：聽起來挺有意思的。但是我們有研發和生產的能力嗎？

肯恩：我已經跟他們溝通過了，我覺得非常放心。

強森：好。你打算怎麼行銷？

肯恩：嗯，您可以看到，我們的目標顧客是年過 30 而覺得需要維持年輕外表的專
　　　業男性。

強森：是的，我看到了。

（下接第 61 頁）

✄ Key Words

☐ **formal** [ˋfɔrml] *adj.* 正式的；拘謹的

☐ **tense** [tɛns] *adj.* 緊張的

☐ **feedback** [ˋfidˌbæk] *n.* 意見反饋

☐ **R&D** 研發 (Research & Development)

☐ **production capability** 生產能力

☐ **touch base with someone** 跟某人聯繫、協商（= make contact with someone。較常
用於「為緊急情況做準備」、「為意外狀況做準備」等情境中）

　　eg. Let's touch base tomorrow and check on our plans. 我們明天碰面來檢查我們的計畫。

☐ **comfortable** [ˋkʌmfətəbl] *adj.* 放心的

☐ **youthful** [ˋjuθfəl] *adj.* 年輕的

☐ **appearance** [əˋpɪrəns] *n.* 外表

(Continued from page 58)

Ken: We would price it higher than similar products made by our competitors because of our product's superior performance.

Johnson: Yes, and where would we sell it, through our existing retail outlets?

Ken: No, I was thinking of selling it exclusively through our website first, since most of our target customers either own or use computers.

Johnson: OK, and how are you planning on promoting it?

Ken: We would use both our website and traditional media channels, mostly magazines which promote business fashion and lifestyle.

Johnson: Well, it sounds like you've done your homework. Let's present your idea to the executive committee next week. Make sure you cover all your bases.

Ken: (Gives the "V-sign" after Johnson leaves.)

✄ Key Words

- [ ] **price** [praɪs] *v.* 定價
- [ ] **superior performance** 較優的性能
- [ ] **existing retail outlets** 現有的零售店
- [ ] **exclusively** [ɪk`sklusɪvlɪ] *adv.* 獨家
- [ ] **traditional media channels** 傳統的媒體管道（如新聞、雜誌等）
- [ ] **do one's homework** 針對某一主題做好充足的事前準備（從「做功課」之意延伸而來。另外 homeworker 則是指「在家工作〔且有收取工資〕的人」、「兼職工作者」）
  eg. I had to spend hours doing my homework for the upcoming board meeting.
  我必須花幾小時為即將到來的董事會做準備。

（續第 59 頁）

肯恩：我們可以把它的價格訂得比競爭對手所做的類似產品高，因為我們的產品性
能較優。

強森：好，那我們要在哪裡販售，是在我們現有的零售店嗎？

肯恩：不，我想先在我們的網站上獨家販售，因為我們的目標顧客大部分不是擁有
電腦就是會用電腦。

強森：好，那你打算怎麼做促銷？

肯恩：我們可以同時運用我們的網站和傳統的媒體管道，主要是那些介紹商務時尚
和生活型態的雜誌。

強森：嗯，聽起來你是有做過功課。下星期的執委會上，我們就把你的構想提出
來。你一定要做好萬全的準備！

肯恩：（在強森離開後比出「勝利的手勢」。）

Key Words

☐ **the executive committee** 執委會

☐ **cover all the / ones's bases** 做好萬全的準備（完整掌控棒球的每一壘之意。touch all
the bases 也同樣代表「毫無遺漏」的意思，但也帶有「無論什麼事都能夠巧妙地搞定」
的含意）

eg. Be sure to cover all the bases. 一定要萬無一失。

cf. Don't forget to touch all your bases. 別忘了要面面俱到。

cf. He is an indispensable member of our team because he sure can touch all the bases.
他是我們隊上不可或缺的一員，因為他肯定能面面俱到。

Sheehan 觀點

Let's Go Tropical

Let's look at the marketing mix of a package tour to a tropical island targeting young single working women.

The **product** would of course include the attractiveness of the destination, air and surface travel, hotel accommodations, and sightseeing arrangements. It would also include the reputation and brand name of the tour operator and the customer service it offers. In fact, it's the sum of all the perceived customer benefits.

The **place** to purchase the tour would most likely be the office(s) of the tour operator or perhaps a third-party or even at a hotel or other travel-related location. But it could also be purchased directly over the phone or through the Internet.

Promotion would most likely take place in travel magazines or other publications targeting young single working women, or fliers distributed near train stations or targeted telemarketing / direct mail.

The **price** would depend on such factors as the size and length of the tour, time of the year, and the price of similar competitive tours. However, the tour operator must always keep in mind how much the target audience, in this case young single working women, would be willing and capable of paying.

翻譯

來去熱帶吧

我們來看熱帶島嶼套裝旅遊的行銷組合，它瞄準的是年輕的單身上班族女性。

「產品」當然包括旅遊地點本身的吸引力、空中和地面旅遊、飯店住宿，以及觀光安排。其中還應該包括遊旅業者的信譽和品牌名稱，以及它所提供的客服。事實上，它就是顧客所感受到一切好處的總和。

購買行程的「通路」最有可能是遊旅業者的營業處，也或許是第三方，甚至是飯店或其他的旅遊相關據點。但也可能是直接透過電話或網路購買。

「促銷」最有可能是出現在旅遊雜誌上或其他鎖定年輕單身上班族女性讀者的刊物，或者是在火車站附近發放的傳單，亦或是針對式的電話行銷／DM。

　「價格」則取決於旅遊的規模和天數、年度中的時段、同業類似旅遊的價格等諸如此類的因素。不過，旅遊業者必須時時切記目標對象，在此例中為年輕的單身上班族女性，願意花、又花得起多少錢。

藤井觀點

　行銷部分的說明到此告一段落，在此我們將把行銷的完整規劃程序做一個整理，以做為總結。有心提升行銷規劃能力的人，只要參考此流程，並多運用生活中俯拾即是的研究題材來做思考訓練，必能讓自己的行銷力不斷精進！

Marketing Process——行銷的整體流程概要

Marketing Analysis (The 3Cs)

市場分析 (3C)
「分析市場環境。合併運用 SWOT 分析法，了解優勢、劣勢、機會、威脅」

外部分析		內部分析
Customers （顧客）	Competitors （競爭對手）	Company （自己的公司）

「知顧客且知己知彼，便能百戰百勝」

Segmentation （區隔市場）	Targeting （選擇目標市場）	Positioning （產品定位）

顧客與市場的篩選
「篩選顧客與市場，然後針對目標市場找出自家產品的定位」

Marketing Mix (The 4Ps)

行銷組合 (4P)
「為了實施行銷計畫而必須決定的四項要件。這些都是具體實現計畫時必不可少的要素」

Product （產品）	Place （通路）	Promotion （促銷）	Price （價格）

　別只是把以上的統整摘要當作知識來記憶，而要嘗試實際應用，以充分內化。坊間充滿了各式各樣的商品與服務，光是思考、推論某項商品或服務是經過怎樣的程序才得以上市，就能夠學到實用的行銷技巧了。

　現今企業醜聞不斷爆發，而這部分一般都被視為「企業倫理」或「企業文化」方面的問題。但換個角度想，這或許是未能貫徹「顧客至上」行銷觀點所造成的結果。我認為「Marketing is not somebody's job. It's everybody's job.」（行銷不是某一個人的工作，而是每一個人的職責。）的觀念，才是最基本也最重要的。

NOTES

Chapter 2

Accounting and Finance

會計與財務

錢是活的

Chapter 2　會計與財務

　　在會計上呈現出公司經營狀況的各種報表就稱為財務報表。各位是否有「數字恐懼症」？數字和英文一樣，都是全球商務的基本語言。而本章內容雖然與數字有關，但畢竟不是以培養執業會計師等專業會計人員為目標，也不是為了學習簿記而設計，把焦點放在營運相關要點上才是 MBA 的風格。以下便是我們應掌握的幾個重點：

1. 要能綜觀全局

　　意思是指不要拘泥於數字細節，而應大致掌握公司的實際狀況。此外還應了解各種財務報表間的相互關係，並進一步弄懂財務方面的思考邏輯。

2. 依據數字描繪出整體狀況

　　意指不要只將數字視為數字，而要能在腦海中描繪出這些數字所呈現的公司營業概況。

3. 從數字發現問題，並解決問題

　　應透過數字發掘公司在經營上的問題，並加以解決。MBA 教育所強調的是「快速判讀」與「簡單計算」等能力。何謂「快速判讀」？例如將資產負債表攤開檢視，然後以兩指指出並移動以查閱數字變化（這種方法稱為 a two-finger approach），如此便能大致掌握一整年的變動狀況；至於「簡單計算」（也稱為 a back-of-the-envelope calculation）則指利用信封背後的空白處就能簡單計算出企業的收益性、效率性與安全性等。

　　透過這樣的方式來發現問題並解決問題，正是 MBA 的訓練目標。就和學習英語一樣，數字只是手段，並非最終目的。因此請各位務必要嘗試培養出「用數字談經營的能力」。

The Income Statement

損益表

在財務報表部分，第一個要介紹的是損益表。

如收入、收益之類的詞彙在日常生活中其實經常聽到！

能幹的業務員麻里總是以能賣多少就賣多少、致力提高銷量，

以及擴大市場占有率為絕對命令，日以繼夜地拚命奮鬥。

而她的努力，具執業會計師資格的福瑞德都看在眼裡。

但這位資深會計兼財務經理卻指出了某個問題。

他指出的到底是什麼問題呢？

CASE 5   The Income Statement

🔊 MP3 13

Fred, a seasoned accounts and finance manager, walks over to Mari's desk.
Fred is a kind man. But he is very thorough when it comes to numbers.

Fred: Congratulations, Mari. You had a successful launch of your new product!

Mari: (Sarcastically) Thank you, Fred. I am as happy as you probably are now that you don't have to breathe down my neck to see if I am meeting my budget!

Fred: (A bit annoyed) Mari! My job is not exactly to pester you with incessant questions about your sales performance against your budget.

Mari: Oh? What is it then?

Fred: Our function here is to give you necessary accounting and financial support for your sales and marketing efforts. Speaking of your efforts, I see that the results are not quite what we expected.

Mari: What do you mean? The sales are 20% over the first-year projection. I don't have to remind you that these sales are not easy to come by. I had to work very hard to achieve these results, you know.

Fred: I appreciate your hard work.

Mari: (Suspiciously) Do you? It is not like sitting back in a comfortable office hoping that somehow a miracle will happen. You have to go and get them!

Fred: I always admire your aggressiveness, Mari. But I am talking about the bottom line.

Mari: What line?

老經驗的財會經理福瑞德走到麻里的辦公桌前。
福瑞德是個親切的人，但他在數字上卻一絲不苟。

福瑞德：恭喜呀，麻里，你們的新產品推出得很成功！

麻　里：（語帶挖苦）謝謝哦，福瑞德。我很開心，你現在大概也一樣的開心，因為你不必盯著我，看我有沒有達到預算了！

福瑞德：（有點惱火）麻里，我的工作並不是拿有關妳的銷售績效符不符合預算這種沒完沒了的問題來煩妳。

麻　里：哦？那是什麼？

福瑞德：我們的職責是要針對你們在銷售和行銷方面所做的努力給予財會上的必要支援。說到你們的努力，我發現結果跟我們所預期的不太相符。

麻　里：你這話是什麼意思？營業額比第一年的預估要高了兩成。不必由我來提醒你，這些營業額可是得來不易。你是知道的，我必須非常拚命才能達到這些成果。

福瑞德：我知道妳很拚。

麻　里：（語帶懷疑）是嗎？這可不是像輕鬆地坐在舒服的辦公室裡，希望奇蹟從天而降那樣。你必須努力才會有結果！

福瑞德：我一向很欣賞妳的拚勁，麻里。可是我在講的是帳本底線。

麻　里：什麼線？

✂ Key Words

☐ **seasoned** [ˋsiznd] *adj.* 老經驗的
☐ **breathe down one's neck** 緊盯著某人
☐ **pester A with B** 拿 B 來煩 A
☐ **incessant** [ɪnˋsɛsn̩t] *adj.* 連續不斷的
☐ **projection** [prəˋdʒɛkʃən] *n.* 預估
☐ **come by** 得到
☐ **sit back** 輕鬆地坐著
☐ **go and get** 努力以獲得

🎧 MP3 **14**

The Income Statement represents a company's sales, expenses and profit (loss) over a period of time.

Sales – Expenses = Profit (Loss)

1. Sales
Represents the revenue earned during the period through selling the company's product(s) or service(s).

2. Expenses
Represents the costs associated with running the business. They are usually divided into Cost of Goods Sold and Selling, General and Administrative.

• Cost of Goods Sold (COGS)
These are direct costs related to the manufacturing of a product, for example, materials and labor (people directly involved in the production process).

• Selling, General and Administrative (SG&A)
These are indirect costs related to the sale of products or services and to the management of the business. This includes salaries of office workers, rent, and advertising costs.

Depreciation
This represents the value of an item (car, computer or factory equipment) that is written off (subtracted) in a given year. This may be done on a **straight-line** (same amount each year) or **accelerated** (amount is greater in the early years) **basis**. This is a non-cash expense item.

(Continued on page 72)

損益表代表公司在某一段時期的營業額、費用和獲利（虧損）。

> 營業額 − 費用 = 獲利（虧損）

1. 營業額

代表公司的產品或服務在銷售期間所獲得的營收。

2. 費用

代表企業營運的相關成本。它通常劃分成銷貨成本 (Cost of Goods Sold) 以及銷售與管理費用 (Selling, General and Administrative)。

● 銷貨成本 (COGS)

這些指跟製造產品有關的直接成本，比方說原料和勞力（直接參與生產流程的人員）。

● 銷售與管理費用 (SG&A)

這些指跟銷售產品或服務以及管理企業有關的間接成本，其中包括辦公人員的薪資、房租和廣告成本。

折舊

這代表一個品項（車子、電腦或工廠設備）在指定年度中被註銷（減計）的價值，可以採用**直線法**（各年的金額相同）或**加速法**（頭幾年的金額較高）計算。折舊是非現金的費用項目。

（下接第 73 頁）

✖ Key Words

- **sales** [selz] *n.* 營業額
- **profit** [`prɑfɪt] *n.* 獲利
- **earn** [ɜn] *v.* 賺得
- **be divided into A and B** 劃分成 A 和 B
- **indirect cost** 間接成本
- **write off** 註銷
- **given** [`gɪvən] *adj.* 指定的
- **expense** [ɪk`spɛns] *n.* 費用
- **revenue** [`rɛvəˌnju] *n.* 歲入；營收
- **run the business** 經營企業
- **direct cost** 直接成本
- **depreciation** [dɪˌpriʃɪˋeʃən] *n.* 折舊
- **subtract** [səbˋtrækt] *v.* 減計
- **non-cash** 非現金的

(Continued from page 70)

In an Income Statement there are different levels of "profit."

1. Gross Profit (Gross Income)

This represents the difference between Sales and the Cost of Goods Sold. If you divide the Gross Profit by Sales you will get the Gross Profit Margin, which can be compared to previous years or to competitors to measure a company's manufacturing efficiency.

2. Operating Profit (Operating Income)

This represents the difference between the Gross Profit and the Operating Expenses (indirect costs such as SG&A). Again, if you divide this number by Sales you will get the Operating Profit Margin, which measures a company's operating efficiency.

3. Net Profit (Net Income)

This is known in business as the "bottom line." It represents the difference between the Operating Profit and items such as Other Income or Other Expenses (items not directly related to a company's line of business), as well as any Income Taxes. Again, you can divide this number by Sales to get the Net Profit Margin, which measures a company's overall profitability. Shareholders are particularly interested in net profit since a portion of it might be returned to them via "dividends."

(Sheehan)

ABC Company

Income statement   Period ending December 31   *(In millions $)*

	2010	2011
Sales	750	800
COGS	300	320
Gross Profit	450	480
SG&A	280	300
Depreciation	20	20
Operating Profit	150	160
Other Income	10	15
Income Taxes	60	65
Net Profit	**100**	**110**

（續第 71 頁）

　　損益表中有不同層次的「獲利」。

1. 毛利

　　這代表營業額和銷貨成本之間的差額。假如把毛利除以營業額，就會得到毛利率，它可以跟前面幾年或競爭對手比較，以衡量公司的生產效率。

2. 營業利益

　　這代表毛利和營業費用之間的差額（銷管之類的間接成本）。同樣地，假如把這個數字除以營業額，就會得到營業利益率，它可用來衡量公司的經營效率。

3. 淨利

　　這就是商業上所謂的「帳本底線」，代表營業利益和比方像其他所得或其他費用（跟公司的主業並非直接相關的項目）以及任何所得稅等項目之間的差額。同樣地，你可以把這個數字除以營業額，算出淨利率，它可用來衡量公司的整體獲利。股東對淨利尤其感興趣，因為它有一部分可能會經由「股利」還給他們。

ABC 公司

損益表　截止期間 12 月 31 日　　　　　　　　　*（單位：百萬美元）*

	2010	2011
銷售額	750	800
銷貨成本	300	320
毛利	450	480
銷售與管理費用	280	300
折舊	20	20
營業利益	150	160
其他所得	10	15
所得稅	60	65
淨利	**100**	**110**

✂ Key Words

☐ **difference** [ˋdɪfərəns] *n.* 差額
☐ **divide A by B** 把 A 除以 B
☐ **measure** [ˋmɛʒɚ] *v.* 衡量
☐ **company's line of business** 公司的主業
☐ **income tax** 所得稅

用以觀察收入、成本及利潤的損益表

❑ 損益表 (Income Statement) 是將企業在某一段期間內各項活動的收入、成本及利潤等項目匯總而成的資料表。重點是「『匯總了一段期間內的活動』這種流量的概念」。簡言之，損益表就等於是「公司的成績單」。而 Income Statement 也叫做 Profit and Loss Statement（縮寫成 P&L、PL）或 Statement of Earnings，另外還有其他各式各樣不同的講法，不過在商務對話中只要說到 PL，便是指損益表。

利潤的基本計算公式為：收入－成本＝利潤（虧損）

收入 (revenue) 通常就是指營業額 (sales)，只不過其概念更為廣義，還包含了「非本業」的收入（例如因財務活動而產生的利息收入〔非營運收入〕，以及出售工廠所獲得的額外收入〔非經常性收入〕等）。

ABC Company

Income statement Period ending December 31		(In millions $)
	2010	2011
Sales	750	800
COGS	300	320
Gross Profit	450	480
SG&A	280	300
Depreciation	20	20
Operating Profit	150	160
Other Income	10	15
Income Taxes	60	65
Net Profit	**100**	**110**

1. 營業額 (Sales)
由公司的本業（商品或服務）所產生之收入 (revenue)。

2. 費用 (Expenses)
為了獲得收入而產生的費用。可分為 COGS 與 SG&A 兩類。

COGS ＝ 銷貨成本 ＝ 直接成本（原料、製造勞動成本等）

SG&A = 銷售費用與一般管理費用

     = 間接費用（辦公室員工的薪水、房租、廣告宣傳費等）

此外，有些折舊費用 (Depreciation) 是包含在 COGS 或 SG&A 中的。例如機械設備的折舊便是做為製造成本的一部分，被算入 COGS 中；而總公司或店面等的施工所形成的折舊費用則做為一般管理費納入 SG&A（為了讓讀者理解折舊的概念，左頁表格特地將 Depreciation 分成了 SG&A 與 COGS 兩個項目）。

3. 利潤 (Profit or Loss)

「利潤」也有很多種。損益表是將企業的各項活動分為營業活動、營業活動以外的財務活動、突發性的活動等幾類，然後分別評估其各層次的利潤，而利潤層次通常分為五個階段。在此要介紹的是其中三個較具代表性的利潤層次。

營業毛利 (Gross Profit) = 營業額 − 銷貨成本

※ 經常簡稱為「毛利」。毛利率 = 營業毛利 ÷ 營業額。

營業利益 (Operating Profit) = 營業毛利 − 銷售費用與一般管理費用

※ 代表來自本業的利潤。營業利益率 = 營業利益 ÷ 營業額。

淨利 (Net Profit) ＝營業利益＋非本業的財務活動及額外活動收入－營利事業所得稅。

※ 這是將企業的全部活動（包含本業與非本業的）所獲得之利潤減去稅金後的收益淨額，也就是 Bottom Line。淨利率 = 淨利 ÷ 營業額。

❑ 編製損益表時須遵循的主要原則：

① **權責發生制原則** (The Accrual Principle)：相對於實際收取及支付現金時才產生收入及費用的現金收付實現制，記錄費用、收入時不考慮現金流動與否的概念，便稱為權責發生制原則。

② **收入與費用配合原則** (The Matching Concept)：收入與為賺取該收入所支出之費用，應記錄在同一期間。

③ **總額原則**：收入與費用不相抵銷，而是分別記錄各自的總額。

（藤井）

CASE 5 　The Income Statement

🎵 MP3 15

Mari walks swiftly over to Fred's desk.
Mari seems excited.

Mari: Fred. I think I have a solution to our little problem.

Fred: I wouldn't call it little, Mari! Unless you are careful, you could grow broke, you know.

Mari: Right. Well, this is what I think. Our sales are good but not the bottom line. We obviously have a problem with our costs. We have to find a way to lower them.

Fred: Have you talked with our manufacturing department to see if they could reduce their costs?

Mari: Yes, I have. They say they are constantly trying to improve efficiency and cut costs. But they can achieve only marginal improvements. I think we have to go outside Japan to realize any significant cost reduction.

Fred: Go on.

Mari: I think if we outsource production to a third country, we could lower our production costs and expand our marketing efforts throughout Asia, which would improve our bottom line.

Fred: Yeah! Sounds good. So you are suggesting a new project!

Mari: I am, Fred.

Fred: All right. What country did you have in mind?

Mari: Malaysia.

(Continued on page 78)

麻里快速走到福瑞德的辦公桌前。
麻里似乎很興奮。

麻　里：福瑞德，我想我們的小問題有解了。

福瑞德：我可不會說它是小問題，麻里！妳知道的，除非妳很小心，否則可能會出
　　　　現成長性破產。

麻　里：沒錯。嗯，這就是我所想的。我們的營業額不錯，但是盈餘不怎麼樣。我
　　　　們的成本顯然出了問題。我們必須想辦法把它降低。

福瑞德：妳有沒有跟製造部談過，看他們能不能把成本降低？

麻　里：有，談過了。他們說他們不斷在嘗試改善效率並降低成本。可是他們只能
　　　　做些微的改善。我想我們必須走出日本，任何大幅度的成本下調才能實
　　　　現。

福瑞德：繼續說。

麻　里：我想假如我們把生產外包到第三國，就能降低生產成本並把行銷工作拓展
　　　　到全亞洲，進而改善我們的盈餘。

福瑞德：對！聽起來不錯。所以妳是在提議新的方案！

麻　里：是的，福瑞德。

福瑞德：好。妳想到了哪個國家？

麻　里：馬來西亞。

（下接第 79 頁）

✂ Key Words

- ☐ **grow broke** 成長性破產（指無法籌措到支援擴大銷售所需之足夠現金，一般的「破產」叫做 go broke）
- ☐ **marginal** [ˈmɑrdʒɪnl̩] *adj.* 些微的
- ☐ **realize** [ˈrɪəˌlaɪz] *v.* 實現
- ☐ **significant** [sɪgˈnɪfəkənt] *adj.* 大幅度的；顯著的
- ☐ **outsource** [ˈautˌsɔrs] *v.* 外包；委外
- ☐ **suggest** [səˈdʒɛst] *v.* 提議；提案

(Continued from page 76)

Fred: Why Malaysia?

Mari: I looked into several options, but I came to the conclusion that Malaysia is our best choice mainly because of two reasons. First, we have ready access to our raw materials. Second, the country provides incentives for new foreign direct investments.

Fred: Sounds like you have done your homework. Let's see the projection.

Mari: According to my projection, we won't be making money for the first two years due to construction and start-up costs. But we should be in the black from the third year onward.

Fred: Aren't you being a little too optimistic?

Mari: No! In fact, just the opposite! We will be shipping most of our product to Japan for the first three years. So we pretty much have a guaranteed market during the period. While we ship to Japan, we have to do our own marketing to find new buyers outside Japan. We have to stand on our own two feet, you know. To sum up, my project will kill two birds with one stone by expanding sales and reducing costs. What I will achieve at the end is a better bottom line!

Fred: Right on!

（續第 77 頁）

福瑞德：為什麼是馬來西亞？

麻　里：我研究過幾個選項，但是得到的結論是，馬來西亞是我們的最佳選擇，主要是因為兩點理由。第一，我們便於取得原料。第二，該國對新的外商直接投資提供了誘因。

福瑞德：聽起來妳已經做了功課。我們來看預估吧！

麻　里：根據我的預估，我們頭兩年會因為建設和開業成本而賺不到錢。但是從第三年起，我們應該就會有盈餘了。

福瑞德：妳不會有點太樂觀了嗎？

麻　里：並不會！事實上剛好相反！在頭三年，我們會把大部分的產品運回日本。所以在那段期間，我們等於是有個保證市場。運到日本的期間我們必須自理行銷，以發掘日本境外的新買家。你知道的，我們必須靠自己的雙腳站起來。總結來說，我的方案是一石二鳥，既拓展了營業額，又降低了成本。最後我所達到的效果就是增加盈餘！

福瑞德：言之有理！

✂ Key Words

☐ **have ready access to ...** 便於取得……

☐ **raw materials** 原料

☐ **foreign direct investments** 外商直接投資

☐ **start-up** 開業

☐ **in the black** 營收出現黑字（有盈餘）

　　cf. The question is when he can put his huge e-business into the black.
　　　問題在於，他什麼時候可以使他龐大的網路事業出現黑字。

☐ **onward** [ˋɑnwəd] *adv.* 從……起

☐ **pretty much** 等於是；幾乎是（意思同 nearly）

☐ **guaranteed market** 保證市場（不必努力銷售也能確保銷路的情況）

☐ **stand on one's own two feet** 自立；獨立自主（也可省略 two，說成 stand on one's own feet）

☐ **to sum up** 總結來說

☐ **kill two birds with one stone** 一石二鳥

☐ **Right on.** 言之有理！

Sheehan 觀點

Not All Profits Are Created Equal

As we discussed in our lecture, there are different types of profit: gross, operating and net. When announcing financial results, companies tend to focus on the best profit number. If that is the case, then what is the most "important" profit number?

Companies must obviously have a healthy gross profit in order to continue in business. And of course, investors are very interested in a company's bottom line or net profit, since a portion of that may come back to them in the form of dividends. However, the most important of all is the operating profit. Why? Because this number reflects a company's overall operating efficiency, taking into account both direct and indirect costs. It also focuses on the company's core business and not on unrelated areas such as real estate or investment transactions which do not occur on a regular basis.

In addition, profit margins are used to compare companies of different sizes in the same industry. Let's take a look at an example of two companies. The first, Company A, has sales of $100 million and an operating profit of $5 million. The second, Company B, has sales of $20 million with an operating profit of $2 million. Which company is more "profitable"? The answer would be Company B since their operating profit margin is 10% ($2 million divided by $20 million) whereas Company A's operating profit margin is only 5% ($5 million divided by $100 million).

翻譯

各種獲利數字各有各的意義

　　我們在課文中討論過，獲利有不同的類型：毛利、營業利益和淨利。在公布財務結果時，公司多半會聚焦在最佳的獲利數字上。假如是這樣的話，那「最重要」的獲利數字是什麼？

　　公司顯然必須有健康的毛利才能持續經營下去。當然，投資人對公司的盈餘或淨利會非常感興趣，因為其中一部分可能會以股利的形式回到他們手上。不過，最為重要的還是營業利益。為什麼？因為在考慮直接和間接成本下，這個數字反映了公司的整體營業效率。它同時還以公司的核心業務為主，而非那些不相關的層面，比方像非固定發生的不動產或投資交易。

此外，利益率則是用來比較同一個產業裡不同規模的公司。我們舉兩家公司為例。第一家 A 公司的營業額是 1 億美元，營業利益是 500 萬美元。第二家 B 公司的營業額是 2,000 萬美元，營業利益是 200 萬美元。哪一家公司比較「賺錢」？答案是 B 公司，因為它的營業利益率是 10%（200 萬除以 2,000 萬），A 公司的營業利益率則只有 5%（500 萬除以 1 億）。

藤井觀點

Sheehan 指出，在三種利潤層次中，最重要的就是營業利益 (Operating Profit)。那麼讓我們來想想其理由為何。

營業利益是將營業毛利減去銷售費用及一般管理費用（SG&A，亦即所謂的銷管費用）所求得之數字。其中銷售費用包含了銷售人員的人事費用及廣告宣傳費，而一般管理費用則包含了總公司大樓的租金、折舊及攤銷等費用。由於許多製造商都已將製造成本壓縮到最小，使毛利最大化，故再進一步就是削減銷管費用了。為了能繼續生存下去，把總公司大樓搬往租金較便宜的地方，甚至是削減人力等，就是在此種背景下所產生的現象。

各位是否聽過「變現溢利」這個詞？這是指將含有未實現收益的土地及有價證券等出售，藉此擠出利潤讓財務結算成果變得較好看的行為。但透過變現溢利而得的收益不會反映在營業利益上。因為它不屬於由核心業務所產生之利潤。由此可知，不受變現溢利左右，僅呈現核心業務收益的營業利益才是最重要的一種利潤。

我在美國擔任製造商的管理工作時，於降低銷貨成本 (COGS) 方面可說是費盡了心思。SG&A 當然也免不了要縮減，同時還須顧及行銷的重要性。但我深信，製造商的本質就在於致力提高生產效率、降低成本，好讓自身具備競爭力。只要透過仔細分析銷貨成本的方式，便能洞悉公司的業務本質。在此建議各位務必一試。

從營業額到盈虧結果 (bottom line)，有各種成本必須扣除。最後剩下並留給公司的就是淨利，而分配給股東的股利以及給董事們的獎金等都是由此來支付。正如損益表的結構所示，不顧成本的銷售至上主義是毫無意義的。此外，有些人認為「股東自有資金不必支付利息，故成本比貸款要低，較有優勢」，但這樣的觀念其實有待商榷。因為股東出錢投資就是希望能獲得股利（或者股價上漲），而做為股利來源的收益淨額是支付完各種費用後剩下的錢，所以其成本是很高的。再加上股利支付的優先順位低於債務償還，屬於風險較高的錢財，因此一般會期待能獲得高於利息的回報。管理團隊不該尋求易得之資金，而應要了解，於健全的範圍內透過借貸的方式來募集資金以達成最佳的投資資本與借貸資本比例，才是眾所期待的理想經營方式。

損益表其實包含了非常多的資訊。請務必好好利用這些資訊，並充分發揮於企業改革方面。

NOTES

The Balance Sheet

資產負債表

麻里看懂了損益表，
也充分理解了 bottom line 的重要性。
而為了突破營業額高但利潤卻不理想的窘境，
她想到了在馬來西亞展開生產及銷售業務的構想。
但若要開設公司，光靠損益表中的資訊是不夠的。
到底麻里必須準備並提出哪些資訊才行呢？

CASE 6　The Balance Sheet

MP3 **16**

Mari is talking with Fred.
Fred is going over the income statement Mari prepared.
Fred is nodding approvingly.

Fred: Your sales and profit projections seem all right. I can see you have put in a lot of effort to come up with this income statement.

Mari: Yeah. I had to get a lot of help from a lot of people. Bill actually walked me through the process of creating it.

Fred: Now let's look at your balance sheet.

Mari: A balance sheet? Bill was saying something about that. But we both ran out of time. What do I need that for? My income statement says everything, namely sales, costs and profits, doesn't it?

Fred: As far as business flow over a certain period of time goes, it does tell you all those. If you are involved in sales only for instance, that may very well suffice. But here we are talking about a company, the whole company. What does this company have?

Mari: (Excitedly) Oh, this company is going to have the most modern, state-of-the-art manufacturing facility in Southeast Asia!

(Continued on page 86)

⚒ **Key Words**

☐ **go over** 細看
☐ **approvingly** [ə`pruvɪŋlɪ] *adv.* 讚許地
☐ **put in** 投入
☐ **come up with** 提出；找出
☐ **walk A through B** 帶著 A 做 B

84

麻里在跟福瑞德講話。
福瑞德正在細看麻里所做的損益表。
福瑞德讚許地點點頭。

福瑞德：妳的營業額和獲利預估看起來還不錯。我看得出來，妳投入了很多心力做
　　　　這份損益表。
麻　里：是啊。我必須找很多人大力相助。編製的過程其實是由比爾帶著我做的。
福瑞德：現在來看妳的資產負債表吧。
麻　里：資產負債表？比爾提到了那東西，可是當時我們倆都沒時間了。我為什麼
　　　　需要那東西？我的損益表就說明了一切，不就是營業額、成本和獲利嗎？
福瑞德：商流經過一段時間的發展後，的確會反映出那些東西。假如妳只經手比方
　　　　說營業額，這樣可能就很足夠了。但是我們在這裡所談的是公司，全公
　　　　司。這家公司有什麼？
麻　里：（語帶興奮）噢，這家公司將會擁有在東南亞最現代化、最先進的製造廠！

（下接第 87 頁）

🔧 Key Words

☐ **run out of time** 沒時間了（若是 run out of gas 或 run out of steam 則為「沒力了」、「筋疲力竭」之意）

　　cf. Our economic recovery appears to be running out of gas.
　　　我們的經濟復甦似乎要氣力放盡了。

☐ **What ... for?** 為什麼？（基本上意思等同於 Why，不過依據講法不同，有時可表達出「到底是為了什麼？」這種強烈懷疑、責備的語氣）

　　eg. What do I suffer so much for? 我幹嘛要吃那麼多苦？

☐ **namely** [ˋnemlɪ] *adv.* 就是

☐ **business flow** 商流（在一定期間內的商務流程）

☐ **may very well ...** 很可能

☐ **suffice** [səˋfaɪs] *v.* 足夠

☐ **state-of-the-art** 最先進的

(Continued from page 84)

Fred: OK. Where does it show in your income statement? Nowhere, right? How are you going to come up with money to build your facility, pay for raw materials or employee salaries? Who is going to own this company? Is this going to be a joint venture?

Mari: (Happily) Ah. I am thinking of inviting one of our distributors to join us as a partner. They will give us all the help we need there.

Fred: OK, so what is the capital? How much are you going to borrow from banks?

Mari: Well, I thought those could be worked out as we go along ...

Fred: Not if you want Ms. Jackson's approval.

Mari: Hmmm ...

（續第 85 頁）

福瑞德：好。在妳的損益表上，它顯示在什麼地方？沒有，對吧？妳要怎麼融資來
　　　　建廠、支付原料的費用或員工的薪水？這家公司要歸誰所有？這是一家合
　　　　資企業嗎？

麻　里：（開心地）啊。我在考慮邀請我們的一家經銷商當合作夥伴。他們會給我們
　　　　在當地所需要的一切協助。

福瑞德：好，那資本是多少？妳要跟銀行借多少錢？

麻　里：嗯，我以為我們有所進展，這些事就能解決了……

福瑞德：假如妳想讓傑克森女士批准，那可不行。

麻　里：嗯……

Chapter

2

會計與財務

✖ Key Words

☐ **joint venture** 合資企業

☐ **distributor** [dɪˋstrɪbjətə] *n.* 經銷商

☐ **partner** [ˋpɑrtnə] *n.* 合作夥伴

☐ **capital** [ˋkæpət] *n.* 資本

☐ **work out** 解決

☐ **go along** 有所進展

　　eg. Let's work on the details as we go along. 我們一邊推展，一邊來研究細節吧。

☐ **approval** [əˋpruv] *n.* 批准

The Balance Sheet represents the financial condition of a company at a particular point in time. It is a summary of what the company owns (assets) and how it is financed through borrowed money (liabilities) and invested capital (equity).

> **Assets = Liabilities + Owners' (Shareholders') Equity**

1. Assets

Assets are divided into two categories: **current** and **non-current (long-term)**. Current assets are those which are expected to be used or converted into cash within one year. These include items such as Cash, Accounts Receivable, and Inventory. Non-current assets are mainly Property, Plant, and Equipment (PP&E).

- **Cash**

This represents all of the cash holdings of a company, usually held with banks or other financial institutions.

- **Accounts Receivable**

This represents the credit sales of a company, that is, sales where the customer promises to pay at some future date.

- **Inventory**

This represents the raw materials needed for production as well as the products themselves, up until the time they are sold.

- **Property, Plant, and Equipment (PP&E)**

This represents a company's fixed assets such as office buildings, factories and equipment. PP&E (net) represents the value after the Accumulated Depreciation (depreciation built up over the years) has been deducted.

2. Liabilities

Liabilities represent money that is owed to banks, suppliers or other third parties. Similar to assets, they are divided into **current** and **non-current (long-term)** sections. Current liabilities are expected to be paid within one year. These include Accounts Payable, Notes Payable, and Current Portion of Long-term Debt.

- **Accounts Payable**

This represents the credit purchases of a company from its suppliers. It's in a company's best interest to collect their receivables faster than they pay their payables.

(Continued on page 90)

88

　　資產負債表代表企業在某個時間點上的財務狀況。它是在總結公司擁有什麼（資產），以及如何透過借款（負債）和投入資本（權益）來融資。

> **資產 = 負債 + 業主（股東）權益**

1. 資產

　　資產分為兩類：**流動資產**和**非流動資產（長期）**。流動資產是指預計在一年內使用或變現的資產，包括的項目如現金、應收帳款和存貨。非流動資產主要是不動產、廠房及設備 (PP&E)。

- **● 現金**

這代表公司所持有的全部現金，通常是透過銀行或其他金融機構來持有。

- **● 應收帳款**

這代表公司的賒銷，也就是，顧客承諾會在未來某個日期付款的銷售。

- **● 存貨**

這代表生產時所需要的原料以及產品本身（直到它們賣出去為止）。

- **● 不動產、廠房和設備 (PP&E)**

這代表公司的固定資產，比方像辦公大樓、廠房和設備。PP&E（淨值）代表扣除累計折舊（折舊長年積累）後的價值。

2. 負債

　　負債代表對銀行、供應商或其他第三方的欠款。跟資產一樣，它分為**流動負債**和**非流動負債（長期）**兩部分。流動負債預計在一年內償還，其中包括應付帳款、應付票據和一年內到期之長期負債。

- **● 應付帳款**

這代表公司對供應商的賒購。對公司最有利的情況是，收取應收帳款比支付應付帳款還要快。

（下接第 91 頁）

Chapter **2**
會計與財務

(Continued from page 88)

- **Notes Payable**

This represents short-term bank debt (loans) or short-term borrowing from other sources.

- **Current Portion of Long-term Debt**

This represents the amount of long-term debt that needs to be paid within one year (from the end of the previous fiscal year).

- **Long-term Debt**

This represents the portion of long-term debt, either from banks or other sources, that does not have to be paid within one year.

3. Owners' (Shareholders') Equity

This represents the money invested in the company from outside investors (**Paid-in Capital**) as well as the profits that the company keeps inside the company (**Retained Earnings**) after it pays out any dividends to investors.

(Sheehan)

ABC Company

Balance Sheet   Fiscal Year-end (FYE) 12/31   *(In millions $)*

ASSETS	2010	2011
Current Assets		
Cash	10	20
Accounts Receivable	75	80
Inventory	50	40
Total Current Assets	135	140
Fixed Assets		
PP&E	100	150
Less: Accumulated Depreciation	20	40
PP&E (net)	80	110
TOTAL ASSETS	215	250
LIABILITIES AND SHAREHOLDERS' EQUITY		
Current Liabilities		
Notes and Accounts Payable	60	70
Current Portion of Long-term Debt	20	15
Total Current Liabilities	80	85
Non-current Liabilities		
Long-term Debt	40	30
Shareholders' Equity		
Paid-in Capital	35	45
Retained Earnings	60	90
Total Shareholders' Equity	95	135
TOTAL LIABILITIES AND SHAREHOLDERS' EQUITY	215	250

（續第 89 頁）

- **應付票據**

這代表短期銀行負債（貸款）或從其他來源的短期借貸。

- **一年內到期之長期負債**

這代表必須於（從前一個會計年度截止起算）一年內償還的長期負債金額。

- **長期負債**

這代表不須於一年內償還的長期負債部分，債權人是銀行或其他來源。

3. 業主（股東）權益

這代表外部投資人投入公司的資金（**實收資本**），以及公司在發放任何股利給投資人後所留在公司內的利潤（**保留盈餘**）。

ABC 公司

資產負債表　會計年度截止 12 月 31 日　　　　　（單位：百萬美元）

資產	2010	2011
流動資產		
現金	10	20
應收帳款	75	80
存貨	50	40
流動資產合計	135	140
固定資產		
不動產、廠房及設備	100	150
減去累計折舊	20	40
PP&E（淨值）	80	110
資產總計	215	250
負債和股東權益		
流動負債		
應付票據和帳款	60	70
一年內到期長期負債	20	15
流動負債合計	80	85
非流動負債		
長期負債	40	30
股東權益		
實收資本	35	45
保留盈餘	60	90
股東權益合計	95	135
負債和股東權益總計	215	250

持有哪些東西？又持有多少？──資產負債表

❑ 資產負債表通常代表了會計年度結束時公司的財務狀況。這是一種存量 (stock) 的概念。簡言之，就像是在一年結束時用相機把公司當時的樣貌拍成照片記錄起來，也可說是類似年底的健康檢查。而這張照片分為左右兩塊（在本 MBA Lecture 中由於頁面寬度不夠，故改為上下配置）。

資金用途 { 資產 (Assets) | 負債 (Liabilities) / 業主權益 (Equity) } 資金來源

❑ 損益表是將一定期間內公司「做了哪些活動，又因此獲得了多少利益」等內容，依據收入、成本及利潤等項目匯總而成的資料表。而資產負債表則是將公司「所持有的東西（哪些資產、負債）及持有的量」在一整年的最後整理成一覽表。

資產 (Assets)

= 流動資產 (Current Assets) ＋ 非流動資產 (Non-current [Long-term] Assets)

● **流動資產**（在核心業務經營週期內所擁有的資產，或是預計於一年內變現的資產）
  = 現金 (Cash)、應收帳款 (Accounts Receivable)、存貨 (Inventory) 等。

※ 應收帳款是指已銷售產品並非當場支付，而是延後付款（亦即「賒帳」），因此產生的未收款項。
※ 存貨是指原料、半成品和成品等。賣出之後才會轉為現金。

● **非流動資產**（不屬於核心業務經營週期內所擁有的資產、不會在一年內變現的資產）
  = 不動產、廠房、機械設備等 (Property, Plant, and Equipment; PP&E)。

※ 不動產、廠房、機械設備統稱為有形固定資產。
※ 將購買成本減去累計折舊，便可求得有形固定資產的金額。
※ 折舊可大致分為直線法 (Straight-line Depreciation) 與加速折舊法 (Accelerated Depreciation) 兩種。加速折舊法在初期階段的折舊費用較多，也稱為「快速折舊法」。而從購置固定資產時開始的折舊費用合計，便稱為累計折舊 (Accumulated Depreciation)，在資產負債表中會與購買成本並列顯示。

負債 (Liabilities)

= 流動負債 (Current Liabilities) + 非流動負債 (Non-current [Long-term] Liabilities)

- **流動負債**（在核心業務經營週期內，或預計會於一年內支出的負債）
  = 應付帳款 (Accounts Payable)、應付票據 (Notes Payable)、預計於一年以內償還的長期負債 (Current Portion of Long-term Debt) 等。

※ 應付帳款與應收帳款剛好相反，為「賒帳」購物所產生的未支付金額。
※ 應付票據是指以本票形式向銀行等機構取得之短期借款。
※ 預計於一年以內償還的長期負債，就如其字面意義，是指從會計結算日起算一年內到期的長期債務。

- **非流動負債**（預計會長期持續、固定存在的債務）
  = 長期負債 (Long-term Debt)、公司債 (Bond) 等。

股東權益 (Shareholders' Equity)

= 實收資本 (Paid-in Capital)、保留盈餘 (Retained Earnings) 等。

※ 實收資本就是股東所出的資金。
※ 保留盈餘是指將企業活動獲得之收益淨額減去股利等支出後，所剩餘的總金額。

❏ 讓我們來看看損益表 (PL) 與資產負債表 (BS) 的關係。以損益表的淨利 (Net Profit) 來支付股利後，再加上由前期來的結轉利潤（即成為所謂的未分配盈餘），便可做為盈餘而加入 BS 的業主權益部分。也就是說，只要利用「若公司有賺錢，那麼賺了多少公司就變大多少」這樣的直覺思考方式，便能充分了解這兩種財務報表間的關係了。

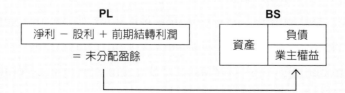

（藤井）

CASE 6　The Balance Sheet

◉ MP3 18

Mari comes to Fred's desk.
She is holding some documents in her hand. She is all smiles.

Mari: Fred! Here is the balance sheet!

Fred: (Smiling) Good! Does it balance?

Mari: Come on, Fred! Of course, it does.

Fred: What is the equity of this company?

Mari: It's US$ 12 million, 10 million from the Japanese parent and 2 million from our local partner.

Fred: I see. What's the net working capital?

Mari: OK. Let's see. That's the current assets minus current liabilities. That would be US$ 2 million.

Fred: That's good. I see that this company is going to have a sizable fixed asset. How are you going to finance it?

Mari: Well, obviously with equity and long-term borrowing. This is a fairly capital-intensive business, you know.

Fred: I can see that. How is this new company going to be able to borrow so much money? No banks will …

Mari: (Interrupting) I will ask for our shareholders' guarantee. It will be part of my proposal.

Fred: I see. All right. Let's say you got your financing scheme all worked out and fixed assets all purchased. How are you depreciating your fixed assets? Straight line or accelerated?

Mari: Straight line.

(Continued on page 96)

解決問題！　資產負債表

麻里來到福瑞德的辦公桌前。
她的手上拿著一些文件，笑容滿面的。

麻　　里：福瑞德！這是資產負債表！

福瑞德：（微笑）很好！它平衡嗎？

麻　　里：拜託，福瑞德！當然平衡啦。

福瑞德：這家公司的權益是多少？

麻　　里：1,200 萬美元，1,000 萬是來自日本母公司，200 萬是來自當地的合夥廠
　　　　　商。

福瑞德：我懂了。淨營運資金是多少？

麻　　里：好，我們來看一下。那是流動資產減掉流動負債，得到的是 200 萬美元。

福瑞德：很好。我看到這家公司會有不少固定資產。你要怎麼融資？

麻　　里：嗯，顯然要靠權益和長期借貸。你知道，這是相當資本密集的產業。

福瑞德：我看得出來。這家新公司要怎麼樣才能借到那麼多錢？銀行可不會……

麻　　里：（打岔）我會請股東擔保。這是我提案的一部分。

福瑞德：我懂了。好。我們假定妳的融資計畫全部搞定，固定資產也全買好了。那
　　　　　妳的固定資產要怎麼折舊？直線還是加速？

麻　　里：直線。

（下接第 97 頁）

⚒ Key Words

- ☐ **balance** [ˋbæləns] *v.* 平衡
- ☐ **equity** [ˋɛkwətɪ] *n.* 權益
- ☐ **net working capital** 淨營運資金（也可用 working capital，若為正值，就表示具有債務
  償還能力〔見 P.99〕）
- ☐ **liabilities** [ˌlaɪəˋbɪlətɪz] *n.* 負債（複數形）
- ☐ **sizable** [ˋsaɪzəbl̩] *adj.* 不少的
- ☐ **finance** [faɪˋnæns] *v.* 融資；資金籌措
- ☐ **capital-intensive** 資本密集的
- ☐ **shareholders' guarantee** 股東擔保（在此是指做為股東的母公司為子公司擔保債務）
- ☐ **Let's say ...** 我們假定……

(Continued from page 94)

Fred: OK. Looking at the balance sheet, I see that this venture is going to be heavily leveraged. Isn't it going to make this venture more vulnerable? The interest burden is going to be substantial. The rate itself will fluctuate, too. It can go either way. But if it gets higher, it will put pressure on your earnings and add another element of uncertainty.

Mari: That's all very true and thank you for pointing those issues out to me. In fact, I have thought about them quite a bit. As you say, we are highly leveraged. However, I am confident that we can significantly reduce our borrowings after the first two years.

Fred: I see. Once you become profitable, then do you plan on paying out dividends?

Mari: No. I think it's best that we retain all the profits inside the company in order to pay down our debt and to finance future growth.

Fred: Oh, I would agree to that.

Mari: Right.

（續第 95 頁）

福瑞德：好。從資產負債表上，我看到這個事業將得大舉運用槓桿。這不是會讓這個事業更脆弱嗎？利息負擔會很可觀。利率本身也會波動，漲跌都有可能。但假如走高，它就會給妳的盈餘帶來壓力，並增添額外的不確定因素。

麻　里：這話對極了，謝謝你提醒我這些問題。事實上，我有好好地想過。如你所說，我們必須高度利用槓桿。不過，我有把握我們能在頭兩年過後把借款大幅減少。

福瑞德：我懂了。一旦你們開始賺錢，到時妳就會規劃發放股利？

麻　里：不是。我想最好是我們把獲利全部保留在公司內，以藉此還債，並為將來的成長融資。

福瑞德：喔，我同意。

麻　里：是。

✂ Key Words

☐ **leveraged** [ˈlɛvərɪdʒd] *n.* 運用槓桿（源自為了提高相對於股東權益的獲利能力比率，而活用借貸來之資金以發揮槓桿〔leverage〕效果的情況）

☐ **vulnerable** [ˈvʌlnərəbl] *adj.* 脆弱的

☐ **interest burden** 利息負擔

☐ **substantial** [səbˈstænʃəl] *adj.* 可觀的

☐ **fluctuate** [ˈflʌktʃuˌet] *v.* 波動；變動

☐ **uncertainty** [ʌnˈsɝtn̩tɪ] *n.* 不確定

☐ **quite a bit** 相當多

☐ **significantly** [sɪgˈnɪfəkəntlɪ] *adv.* 大幅地

☐ **profitable** [ˈprɑfɪtəbl] *adj.* 賺錢的

☐ **dividend** [ˈdɪvəˌdɛnd] *n.* 股利

☐ **retain** [rɪˈten] *v.* 保留

☐ **pay down** 償還

Is Your Company Healthy?

When looking at a company's balance sheet, the big question is the amount of liquidity and leverage. The first item, liquidity, refers to the company's ability to pay its current obligations (liabilities) through conversion of its current assets into cash. Thus, if a company's inventory is building up because sales are slow or if customers are taking a longer time to pay their receivables, then a company may find it difficult to pay its suppliers and other short-term creditors (like banks) on time. Their liquidity would then suffer. A quick calculation can be done to measure liquidity by dividing current assets by current liabilities. This is called the "current ratio". However, be warned, this number does not take into account how quickly inventory is moving or receivables are being collected. Thus, a company may show a high current ratio but still be in a very illiquid position.

Leverage refers to the amount of debt a company uses to finance its assets. Remember, on a balance sheet there are two ways to finance assets, either through borrowing (debt) or through investing (equity). There is really no ideal percentage of debt for a company (liabilities / assets). A lot depends on the company's risk tolerance as well as the cost of debt (borrowing more money) versus the cost of equity (issuing more shares). However, if a company relies too much on debt, it may be faced with a very difficult situation if business slows and there is not enough cash to pay back lenders. This could lead to bankruptcy (liabilities exceeding assets). Using debt does allow a company to maintain more control (up to an extent) and provide a greater return opportunity to existing owners. (ROE [Return on Equity] = Net Profit / Equity).

翻譯

你的公司健全嗎？

　　在看企業的資產負債表時，流動性和槓桿的金額是個大問題。第一項流動性是指企業把流動資產變現來償付流動負債的能力。因此，假如企業的存貨因為銷售緩慢而愈積愈多，或是顧客支付應收帳的時間要比較長，那可能就會發生難以準

時付款給供應商和其他的短期債權人（例如銀行）的情況。此時流動性就會出問題。如果要衡量流動性，只要把流動資產除以流動負債，很快就能算出來，這叫做「流動比率」。不過要當心的是，這個數字並沒有考慮到存貨消化得有多快，或是應收帳款收得有多快。因此，企業可能會有很高的流動比率，但仍處於流動性非常低的狀態。

槓桿是指企業用來替資產融資的債務金額。切記在資產負債表上，替資產融資的方式有兩種，可透過借貸（負債）或透過投資（權益）。一家公司的負債其實並沒有理想的比例（負債／資產）。有一大部分是取決於公司的風險容忍度，以及負債成本（借更多錢）與權益成本（發更多股）的權衡。不過，假如企業太過依賴負債，當生意趨緩而沒有足夠的現金可以還給放款機構時，它所面臨的處境可能就會非常困難。這可能會導致破產（負債超過資產）。運用債務倒是能讓一家公司保有較多的控制權（到某個程度），並為現有的業主帶來較大的獲利機會（股東權益報酬率 ＝ 淨獲利／股東權益）

藤井觀點

資產負債表就等於是企業一年一度的健康檢查報告。那麼實際上到底該如何檢查其健康狀況（＝ 確認企業的安全性）？

● 檢查流動性

即檢查預計於一年內變現的資產是否足以支付一年內的負債。最快的檢查方法就是看淨營運資金 (net working capital)。這是以「淨營運資本 ＝ 流動資產 － 流動負債」的公式計算而得來的。由於此公式算的是一年內進來的金額比一年內產生付款義務的金額要高多少，故只要其結果為正值，基本上就能安心了。另外，流動性也可透過流動資產除以流動負債所得之流動比率 (current ratio) 來確認。但要注意的是，不論採用哪個指標，應收帳款和存貨等流動資產主要角色的變現速度都是未被考慮在內的。

● 檢查財務槓桿

檢查企業對負債的依賴（有效活用）程度。資產負債表的右側（在 MBA Lecture 中為下方）顯示了資金來源，並且分成負債與股東權益兩類。總資產（資產總額）與股東權益的比率稱為財務槓桿（financial leverage, ＝ 總資產 ÷ 股東權益）。而此比率便代表了負債的有效活用程度。

● **檢查 ROE**

ROE 代表的是企業的綜合能力，為股東權益報酬率 (Return on Equity) 的縮寫，也是觀察股東權益（由股東提供的資金 ＋ 保留盈餘）所產生之利潤多寡的指標。

$$\text{ROE} = \frac{\text{淨利}}{\text{股東權益}} = \underbrace{\frac{\text{淨利}}{\text{營業額}}}_{\text{（銷售淨利率）}} \times \underbrace{\frac{\text{營業額}}{\text{總資產}}}_{\text{（總資產周轉率）}} \times \underbrace{\frac{\text{總資產}}{\text{股東權益}}}_{\text{（財務槓桿）}}$$

$$= \underbrace{\frac{\text{淨利}}{\text{總資產}}}_{\text{（總資產報酬率＝ ROA ＝ Return on Assets）}} \times \underbrace{\frac{\text{總資產}}{\text{股東權益}}}_{\text{（財務槓桿）}}$$

ROE 代表了企業運用股東所提供資金的有效程度，是一項非常重要的指標。而之所以如上這樣分解 ROE 是為了讓讀者能充分理解其中各項目的內涵，並進一步思考該如何提高 ROE。

顯示於資產負債表左側的資產（股票、土地等）原是以購買成本來記錄（歷史成本法），不過現在的會計趨勢改走向市場價格原則、連結導向，告別了未實現收益管理，也不再能利用子公司來掩飾虧損。而這樣的趨勢正表明了企業應重視其核心業務，並以健全經營為目標。

Session
7

The Cash Flow
Statement

現金流量表

麻里已徹底理解損益表與資產負債表。
以往這樣大概就算掌握企業商務所需之數據，
可稱得上是合格了。不過，
就現在的世界趨勢來說，越來越重視現金流。
那麼所謂世界商業趨勢的現金流到底是指什麼？

CASE 7   The Cash Flow Statement

💿 MP3 19

Fred walks over to Mari.
He recalls Mari was going to give her investment proposal soon.
But he knows he has to help her some more.

Fred: Mari, when did you say you were going to make your investment proposal to Ms. Jackson?

Mari: In two weeks time. As far as I'm concerned, I'm ready. I have my income statement and balance sheet all lined up in addition to my great business scenario!

Fred: I'm afraid there is more.

Mari: Oh, no! It's not number stuff again, is it? It is, isn't it, judging from the fact it is coming from you. I should know better.

Fred: Mari. I am not doing this to make your life miserable. I am doing this for you!

Mari: (Sarcastically) Sure it is for me! Do you know how many days I had to burn the midnight oil? I need a vacation.

Fred: You are not giving up, are you, Mari?

(Continued on page 104)

福瑞德走到麻里跟前。
他記得麻里不久後就要報告投資提案了，
但他知道自己必須再幫她一點忙。

福瑞德：麻里，妳說妳是什麼時候要向傑克森女士報告投資提案？

麻　里：兩個星期過後。就我的部分看來，我準備好了。我把損益表和資產負債表都備妥了，並且加上了很棒的企業情境！

福瑞德：恐怕沒這麼簡單。

麻　里：噢，不會吧！不會又是數字方面吧？從你的話裡來判斷，就是，對吧？我應該更清楚的。

福瑞德：麻里。我這麼做並不是要讓妳的日子難過。我這麼做是為了妳好。

麻　里：（語帶挖苦）當然是為了我好！你知道我熬夜熬了多少天嗎？我需要休個假。

福瑞德：妳不會放棄吧，麻里？

（下接第 105 頁）

✄ Key Words

☐ **line up** 備妥

☐ **in addition to …** 加上……

☐ **number stuff** 數字方面

☐ **know better** 應該（對事物）有不只如此的了解、不至於如此愚笨（有時會接著用 than，然後再敘述具體的行為或內容）

　　cf. The president should know better than to expand blindly. 總裁應該知道不該盲目擴張。

☐ **make one's life miserable** 讓人的日子難過（也可說成 make one's life a misery）

　　cf. She did everything to make his life a misery. 她想盡了辦法讓他的日子難過。

☐ **burn the midnight oil** 挑燈夜戰；熬夜

　　eg. Product launch was near, and more and more team members were burning the midnight oil. 產品發表的時間近了，越來越多的組員們在挑燈夜戰。

(Continued from page 102)

Mari: No, of course not. It's not my style. As the cliché goes, I have never been a quitter. But numbers are not my cup of tea!

Fred: They will be. In fact, it's not as bad as you might think after you have successfully mastered the income statement and the balance sheet. It's called a cash flow statement.

Mari: What does it tell you on top of what you already know from the other two?

Fred: Well, it can tell you many things. For example, it tells you if you are using or generating cash.

Mari: Doesn't my income statement tell me all that?

Fred: Profit and loss numbers in your income statements and cash flow figures are not exactly the same.

Mari: I am confused!

（續第 103 頁）

麻　里：不會，當然不會。那不是我的作風。套句老話，我從來就不是半途而廢的人。但數字並不是我的強項！

福瑞德：會是的。事實上，在妳順利搞懂損益表和資產負債表後，事情並沒有妳所想的那麼棘手。它叫做現金流量表。

麻　里：除了從另外兩種報表中已經知道的以外，它還能告訴你什麼？

福瑞德：嗯，它可以告訴妳很多事。比方說，它會告訴妳，妳是在花現金還是賺現金。

麻　里：損益表不是就說明一切了嗎？

福瑞德：損益表上的獲利和虧損數字跟現金流量數字並不全然相等。

麻　里：我聽糊塗了！

✂ Key Words

☐ **cliché** [kliˋʃe] *n.* 陳腔濫調

☐ **quitter** [ˋkwɪtɚ] *n.* 半途而廢的人（"I have never been a quitter." 是美國前總統尼克森在發表辭職演說時提到的一句話）

☐ **one's cup of tea** 某人的強項；某人喜歡的事情
　eg. Gossiping is just not my cup of tea. 我沒興趣說人閒話。
　cf. That's another cup of tea. 那另當別論！

☐ **on top of ...** 加在……上

☐ **generate** [ˋdʒɛnəˌret] *v.* 產生

The Cash Flow Statement shows the cash coming in and out of a company over a period of time.

Cash Inflows–Cash Outflows = Change in Cash Position for the Period

* Cash Inflow = Decrease in Assets or Increase in Liabilities or Equity
* Cash Outflow = Increase in Assets or Decrease in Liabilities or Equity

The Cash Flow Statement is divided into three sections: Operating, Investing and Financing activities.

● Operating Cash Flow
This represents the cash that a company obtains from its business operations. This is calculated by making adjustments to the net profit number. These adjustments are necessary since the income statement is based on the accrual method of accounting, that is, both cash and credit transactions are included. Thus, a company needs to account for the credit transactions by looking for changes in the current (operating) accounts (for both assets and liabilities) of the Balance Sheet. In addition, non-cash expense items such as depreciation must be added back.

● Investing Cash Flow
This represents cash that is being invested (bought) or divested (sold) in such things as securities, factories and equipment, or business acquisitions. These are usually necessary outlays to ensure the future growth of the company.

● Financing Cash Flow
This represents the external sources of cash such as bank loans (both receipt and payment), other long-term loans, sale or purchase of shares and payment of dividends.

(Continued on page 108)

現金流量表所呈現的是企業在某一段期間流進和流出的現金。

現金流入 − 現金流出 = 期間內的現金變化狀況

* 現金流入 = 資產減少或者負債或權益增加
* 現金流出 = 資產增加或者負債或權益減少

現金流量表分為三部分：營業、投資和融資活動。

● 營業活動現金流量

這代表企業從經營業務中所獲得的現金。它是靠調整淨利數字所計算出來。這些調整有其必要，因為損益表是以會計的應計法為基礎，亦即現金和信用交易都包含在內。因此，企業須找出資產負債表上的經常（營業）帳變化（包括資產和負債），以藉此說明信用交易。此外，像折舊這種非現金的費用項目則必須加回去。

● 投資活動現金流量

這代表對證券、廠房和設備之類的東西或者事業收購所投入（買進）或取回（賣出）的現金。這些通常是確保企業未來成長的必要花費。

● 融資活動現金流量

這代表來自外部的現金，比方像銀行貸款（收付都算）、其他長期貸款、買賣股票和配股。

（下接第 109 頁）

Chapter
2
會計與財務

✂ Key Words

□ **inflow** [ˋɪnˌflo] *v.* 流入
□ **accrual** [əˋkruəl] *n.* 應計項目
□ **account for** 說明
□ **add back** 加回去
□ **acquisition** [ˌækwəˋzɪʃən] *n.* 收購
□ **receipt** [rɪˋsit] *n.* 收取；收據

□ **outflow** [ˋautˌflo] *v.* 流出
□ **transaction** [trænˋzækʃən] *n.* 交易
□ **account** [əˋkaunt] *n.* 帳
□ **divest** [dəˋvɛst] *v.* 取回
□ **outlay** [ˋautˌle] *n.* 花費

(Continued from page 106)

The common denominator in all of this is CASH! Without it, a company would eventually go out of business. To a banker, the Cash Flow Statement is probably the most important financial statement, since it will get repaid through the company's cash, NOT the company's profits.

(Sheehan)

ABC Company

Cash Flow Statement   Period Ending December 31, 2011   *(In millions $)*

Operating Activities		
Net Profit	110	
Depreciation	20	
Changes in operating assets and liabilities		
Increase in Accounts Receivable	(5)	
Decrease in Inventory	10	
Increase in Notes and Accounts Payable	10	
Decrease in Current Portion of Long-term Debt	(5)	
Cash from Operating Activities		140
Investing Activities		
Purchases of PP&E	(50)	
Cash Used in Investing Activities		(50)
Financing Activities		
Decrease in Long-term Debt	(10)	
Share Issued	10	
Dividends	(80)	
Cash Provided (Used) in Financing Activities		(80)
Increase in Cash		10
Cash at the beginning of the year		10
Cash at the end of the year		20

⁂( ) = minus

（續第 107 頁）

　　而這一切的公約數就是現金！少了它，企業到最後就會倒閉。對銀行業者來說，現金流量表大概是最重要的財務報表，因為它取得還款靠的是該企業的現金，而不是該企業的獲利。

ABC 公司

現金流量表　截止期 2011 年 12 月 31 日　　　　　（*單位：百萬美元*）

營業活動		
淨利	110	
折舊	20	
營業資產和負債變化		
增加應收帳款	(5)	
減少存貨	10	
增加票據和應付帳款	10	
減少一年內到期長期債務	(5)	
營業活動所得現金		140
投資活動		
購買 PP&E	(50)	
投資活動所用現金		(50)
融資活動		
減少長期債務	(10)	
發行股票	10	
股利	(80)	
融資活動所提供（用）現金		(80)
增加現金		10
年初現金		10
年末現金		20

※（　）= 減去

現金的進出記錄表 ＝ 現金流量表

❏ 觀察公司在一定期間（通常是一年）內的現金進出記錄就是所謂現金流量的概念，而可讓我們了解公司是否產生了現金、是否使用了現金的正是現金流量表。

❏ 或許有人會覺得，要觀察公司狀況看損益表不就行了嗎？但很可惜，光看損益表是不夠的。其理由主要有以下兩點：

① 損益表並不是基於實際的現金動向（現金收付實現制）來製作，而是依據商品是否已售出、費用是否已產生，亦即以實際狀況為準的權責發生制原則 (The Accrual Principle) 來製作（例如還沒收到現金便可算入銷售額的「賒帳購物」、實際上沒有拿出現金支付的折舊卻會做為費用計入等）。因此靠損益表是無法看出實際上是否產生了現金或使用了現金。

② 損益表只計算與商品及服務銷售有關的金額（例如，即使因為投資大型設備而支付了大量現金，在損益表裡也只會增加少量的折舊；又或是雖然償還了大量債務，在損益表裡也只看得到利息稍微減少了而已）。

❏ 現金流量可依據企業活動的內容而分為三類：

① 營業活動產生的現金流量 ＝ 由營業活動所產生的現金收支
② 投資活動產生的現金流量 ＝ 由投資活動所產生的現金收支
③ 融資活動產生的現金流量 ＝ 由融資活動所產生的現金收支

現金流量表的製作方法

請以 P.111 的表 1 為中心，並依需要對照參考 P.112、P. 113 的表 2 (Income Statement) 與表 3 (Balance Sheet)。

❶ 營業活動產生的現金流量 (Cash from Operating Activities)

● 淨利、折舊

首先將不屬於現金支出的折舊（Depreciation，表 2 的 ①）20 加上淨利（Net Profit，表 2 的 ②）110。除此之外，還有哪些項目會影響到現金的進出呢？資產負債表左側顯示的是資金用途，右側則為資金來源，因此只要觀察資產負債表所有項目在一年內的變化，便能掌握現金的進出情形（表 3 改採上下配置）。

資產（資金用途）	現金	負債＋資本（資金來源）	現金
＋	－	＋	＋
－	＋	－	－

※ ＋ 代表增加，－ 代表減少

● 流動資產

應收帳款（Accounts Receivable，表 3 的 ③）由 75 變成 80，增加了 5。採取「賒帳」方式的銷售收入增加，就代表自己公司的現金壓力增加，也就等於有現金支出。因此要減去 5。另外存貨（Inventory，表 3 的 ④）由 50 減為 40，少了10。而存貨減少代表公司可以少使用一些現金，因此等於有 10 的收入。（接下頁）

表 1 **ABC Company**

Cash Flow Statement   Period Ending December 31, 2011   *(In millions $)*

Operating Activities		
Net Profit	110	
Depreciation	20	
Changes in operating assets and liabilities		
Increase in Accounts Receivable	(5)	
Decrease in Inventory	10	
Increase in Notes and Accounts Payable	10	
Decrease in Current Portion of Long-term Debt	(5)	
Cash from Operating Activities		140
Investing Activities		
Purchases of PP&E	(50)	
Cash Used in Investing Activities		(50)
Financing Activities		
Decrease in Long-term Debt	(10)	
Share Issued	10	
Dividends	(80)	
Cash Provided (Used) in Financing Activities		(80)
Increase in Cash		10
Cash at the beginning of the year		10
Cash at the end of the year		20

※（   ）＝ minus

● 流動負債

應付票據與應付帳款（Notes and Accounts Payable，表 3 的 ⑤）從 60 變成 70，增加了 10。由於是不必付錢的「賒帳」金額增加了，故等於現金增加 10。

● 預定於一年內償還的長期債務

從 20 變成 15，少了 5（Current Portion of Long-term Debt，表 3 的 ⑥）。透過融資而得的資金少了 5，所以現金要減去 5。

至此便能算出一般營業活動所產生的現金為 140。

❷ 投資活動產生的現金流量 (Cash Used in Investing Activities)

● 有形固定資產

有形固定資產（PP&E，表 3 的 ⑦）從 100 變成 150，增加了 50。由於是使用現金造成的金額增加，所以現金要減 50。

❸ 融資活動產生的現金流量 (Cash Provided / Used in Financing Activities)

● 固定負債

長期負債從 40 變成 30，減少了 10（Long-term Debt，表 3 的 ⑧）。負債減少，對公司來說就等於是現金減少了，因此要減去 10 (Decrease in Long-term Debt)。

● 資本

接著看看股東所提供的資金。實收資本（Paid-in Capital，表 3 的 ⑨）從 35 變成 45，增加了 10。也就是透過發行新股而達成增資動作。而這當然要算成現金收入，所以要加 10 (Share Issued)。

表2 ABC Company

Income Statement   Period Ending December 31, 2011   *(In millions $)*

	2010	2011
Sales	750	800
Cost of Goods Sold	300	320
Gross Profit	450	480
SG&A	280	300
① Depreciation	20	20
Operating Profit	150	160
Other Income	10	15
Income Taxes	60	65
② **Net Profit**	**100**	**110** ⑪

● 保留盈餘

保留盈餘（Retained Earnings，表 3 的 ⑩）從 60 變為 90，增加了 30。雖然收益淨額為 110（表 2 的 ⑪），但保留盈餘只增加了 30。那麼 110 與 30 之間相差的 80 跑到哪兒去了？是做為股利支付給股東了，亦即對公司來說是一筆現金支出，因此要減去 80 (Dividends)。

☐ 最後，從表 1 來回顧一下整個計算過程。公司因營業活動而產生 140 的現金，於投資活動用掉 50，故剩下 90，又因償還了 10 的長期負債、分發了 80 的股利，使得現金剩下 0。但由於增資了 10，所以最後的結果是現金增加 10。而能夠像這樣「根據數字描繪出整體狀況」是很重要的。

（藤井）

表3　ABC Company

Balance Sheet　　Fiscal Year-end (FYE)12/31　　　　　　　　　　*(In millions $)*

ASSETS	2010	2011
Current Assets		
Cash	10	20
③ Accounts Receivable	75	80
④ Inventory	50	40
Total Current Assets	135	140
Fixed Assets		
⑦ PP&E	100	150
Less: Accumulated Depreciation	20	40
PP&E (net)	80	110
TOTAL ASSETS	215	250
LIABILITIES AND SHAREHOLDERS' EQUITY		
Current Liabilities		
⑤ Notes and Accounts Payable	60	70
⑥ Current Portion of Long-term Debt	20	15
Total Current Liabilities	80	85
Non-current Liabilities		
⑧ Long-term Debt	40	30
Shareholders' Equity		
⑨ Paid-in Capital	35	45
⑩ Retained Earnings	60	90
Total Shareholders' Equity	95	135
TOTAL LIABILITIES AND SHAREHOLDERS' EQUITY	215	250

CASE 7 The Cash Flow Statement

◎ MP3 21

Bill is an MBA and an assistant accounts and finance manager.

He and Mari are good friends.

They are having a casual conversation after work at their favorite restaurant bar.

Mari: Gee, Bill. This cash flow statement tells you a lot of things, doesn't it?

Bill: I would say the cash flow statement is the most important of the three financial statements.

Mari: I can see why you are saying that. But it's really funny, though.

Bill: What's so funny?

Mari: As far as I can recall, it's only recently that we started talking about cash flow in Japan. We did talk about income statements and balance sheets but not much about cash flow statements for a long time.

Bill: Do you know the famous line? "Show me the money." In business, cash is everything. You know what one of my business school professors used to say?

Mari: What is it, Bill?

Bill: "Never run out of cash!"

Mari: It sounds so obvious.

Bill: Yeah, but is it? You went through a whole process of creating income statements, balance sheets and cash flow statements. You know companies can go bankrupt even when they are showing profit in their income statements.

Mari: Oh?

(Continued on page 116)

解決問題！ 現金流量表

比爾是企管碩士，並且是財會副理。
他和麻里是好朋友。
下班後，他們在最喜歡的餐廳酒吧閒聊。

麻里：哇塞，比爾。這個現金流量表告訴你的東西還真不少，不是嗎？

比爾：在三種財務報表裡，我會說現金流量表是最重要的。

麻里：我看得出來為什麼你這麼說。不過真的很好笑。

比爾：什麼東西這麼好笑？

麻里：就我記憶所及，直到最近，我們才開始談在日本的現金流量。我們有很長的
　　　時間都在談損益表和資產負債表，對現金流量表則著墨並不多。

比爾：妳知道那句名言嗎？「把錢拿出來。」在生意上，現金就是一切。妳知道我
　　　有一位商學院的教授以前常怎麼說嗎？

麻里：怎麼說，比爾？

比爾：「千萬別把現金花光！」

麻里：聽起來再顯而易見不過了。

比爾：是啊，但真是如此嗎？妳經歷了編製損益表、資產負債表和現金流量表的整
　　　個過程。妳知道公司即使在損益表上呈現出獲利，也會破產。

麻里：哦？

（下接第 117 頁）

✄ Key Words

☐ **financial statements** 財務報表

☐ **Show me the money.** 把錢拿出來（意即「不論如何，先讓我看到錢再說。」，為有名
的電影台詞）

☐ **obvious** [ˋɑbvɪəs] *adj.* 顯而易見的

☐ **go through ...** 經歷……
　　eg. The company went through bankruptcy once. 公司曾經歷過破產。

☐ **show profit** 呈現出獲利

(Continued from page 114)

Bill: Let's say you are making a handsome profit. But if your customers don't pay as quickly as you have to pay your creditors, what happens?

Mari: You have to increase your borrowing to finance that transaction.

Bill: Exactly! What happens if your bankers decide not to give you any more loans? You go belly up, right?

Mari: Right. And I think that's what happened to a lot of Japanese companies when our bubble economy burst.

Bill: Right. How is your new company looking?

Mari: It's looking OK. If everything goes as planned, we will be generating cash by the third year of our operation.

Bill: What are you going to do with the cash?

Mari: We will spend roughly half of it for the second-stage investment and the other half to reduce our borrowings.

Bill: That seems like a reasonable thing to do. Mari, always remember. "Cash is king. Without the green a business cannot function."

Mari: The message is loud and clear!

（續第 115 頁）

比爾：假定妳的獲利很亮眼，但要是顧客付款不如妳必須付給債權人的那麼快，那會怎樣？

麻里：你必須增加借貸來為那筆交易融資。

比爾：正是！要是妳的債權銀行決定不給妳任何增貸，那會怎樣？妳就掛了，對吧？

麻里：對。而且我想，那就是很多日本公司在我們的泡沫經濟發生時所遇到的情況。

比爾：沒錯。妳的新公司看起來怎麼樣？

麻里：看起來還好。假如一切按計畫進行，等營運到第三年時，我們就會有現金進帳。

比爾：妳會怎麼處理現金？

麻里：我們大概會把其中一半花在第二階段的投資上，另一半則用來降低借貸。

比爾：這似乎是個合理的做法。麻里，永遠要記得「現金為王。沒有鈔票，企業就動不了。」

麻里：你的話有如暮鼓晨鐘！

Chapter
2
會計與財務

Key Words

☐ **handsome** [ˈhænsəm] *adj.* 亮眼的

☐ **creditor** [ˈkrɛdɪtə] *n.* 債權人

☐ **borrowing** [ˈbɑroɪŋ] *n.* 借貸

☐ **finance** [faɪˈnæns] *v.* 融資

☐ **transaction** [trænˈzækʃən] *n.* 交易

☐ **loan** [lon] *n.* 貸款

☐ **go belly up** 掛掉（指破產倒閉）

☐ **the green** 錢的俗稱（源自 greenback〔背面為綠色的東西，也就是指美鈔〕這個字）

☐ **loud and clear**（如暮鼓晨鐘般）響亮清楚

Sheehan 觀點

Cash In / Cash Out

There may be times when a company may show a net loss on its income statement but a positive operating cash flow. Or, just the opposite, it may show a net profit with a negative operating cash flow. This is primarily due to two factors: the amount of non-cash expenses on the income statement and the amount of credit transactions as reflected on the balance sheet. "Capital intensive" businesses (i.e. automobile manufacturing) typically have a large number of fixed assets and, therefore, a large amount of depreciation expense. This may result in a net loss but in a positive operating cash flow since depreciation is added back. On the other hand, a company with a high percentage of credit sales may have a net profit but a negative operating cash flow, as the receivables have yet to be collected and turned into cash. Or, a company may be using more trade debt (accounts payable) to finance its operations (working capital), which will be reflected in a higher operating cash flow.

In order to get a better idea of a company's cash flow, we look at the Average Days Receivable, Average Days Inventory, and Average Days Payable. When you add the Days Receivable with the Days Inventory you get the operating cycle of a company, which is essentially how long it takes a company to convert a product into cash. Days Payable will finance part of that cycle, with the remainder being financed through short-term bank borrowing.

翻譯

現金收入／現金支出

在某些時候企業或許會出現損益表是淨損但營運現金流量卻為正的情況。或者恰好相反，它可能會出現淨利和負營運現金流量的狀況。之所以會如此有兩方面的因素：損益表上的非現金費用金額，以及資產負債表上所反映出的信用交易金額。「資本密集」產業（例如汽車製造）一般都會有大量的固定資產，所以折舊費用的金額也會很高。這可能會導致淨損但營運現金流量為正，因為折舊要加回去。另一方面，賒銷比例偏高的公司則可能出現淨利但營運現金流量為負，因為應收帳款還有待收回並轉成現金。或者公司可能是用較多的貿易債務（應付帳款）來替營運融資（營運資金），反映出來的就會是營業現金流量較高。

為了對企業的現金流量有更充分的了解，我們來談談平均應收天數、平均庫存天數和平均應付天數。把應收天數加上庫存天數，算出來的就是一家公司的營業週期，而營業週期基本上就是指公司把產品轉換成現金所需要的時間。應付天數可以為此週期融資一部分，其餘的則要靠短期銀行借貸來融資。

藤井觀點

　　從現金流量表便可看出公司是否產生了現金，又是否使用了現金。此外，舉凡現金的產生方式、使用方式，以及與營業、投資和融資等的關係，也都能從現金流量表中看出端倪。而所謂公司變大，其實也就是公司產生出了現金的意思。

　　我想現在各位已能理解為什麼在損益表上雖然就會計層面來說有獲利，但現金流量卻可能減少。若無法靠借貸等方式來彌補負的現金流量，公司就會破產。這正是所謂即使會計上有獲利，卻因現金週轉不靈而造成的「成長性破產」。

　　光看依權責發生制原則製作成的損益表是看不出現金的流動狀況的。而掌握現金流動的關鍵就在於現金流量的管理，所以才要根據損益表和資產負債表來製作出現金流量表。

　　在前面的對話中曾出現 "Cash is king."、"Show me the money."、"Never run out of cash." 等說法，這些並不只是單純的英文句子而已，其中可是濃縮了全球通用的經營管理精華呢！

　　接下來讓我們整理一下資產負債表各項目的增減與現金增減之間的關係。資產負債表的左側（資產）為資金用途。資金用途減少，手邊的現金就會增加；反之若資金用途增多，手邊的現金就會減少。而資產負債表的右側（負債與業主〔股東〕權益）為資金來源。資金來源增多，手邊的現金就會增加；反之若資金來源減少，手邊的現金便會減少。接著再以圖表和公式來觀察這樣的關係。首先，會計年度開始與結束時的資產負債表分別如下所示。其中 C 和 C' 代表現金，A 和 A' 代表現金以外的資產，D 與 D' 則代表負債，E 與 E' 是股東權益。

會計年度開始時的資產負債表	
資產（現金）C	負債 D
資產（現金以外的）A	股東權益 E

$$C + A = D + E \quad (①)$$

會計年度結束時的資產負債表	
資產（現金）C'	負債 D'
資產（現金以外的）A'	股東權益 E'

$$C' + A' = D' + E' \quad (②)$$

② － ① 可統整為　$C' - C = (D' - D) + (E' - E) - (A' - A)$

　　會計年度期間的現金變化就等於將負債的增加金額加上股東權益的增加金額，再減去現金以外的資產增加金額。也就是說，資產負債表右側的增加金額會增加現金，左側的增加金額則會造成現金減少。一邊觀察現金流量表一邊在腦海中描繪一整年內的營運狀況，可說是非常重要的一件事。

NOTES

Session
8

The Time Value
of Money

資金的時間價值

麻里終於徹底理解三種財務報表,實在可喜可賀!
就一般的業務工作及掌握公司內部狀況來說,
這三種「會計」上的報表就很足夠了。
但若是進行投資決策還得考慮「資金的時間價值」,
故必須具備「財務」方面的概念才行。

CASE 8 The Time Value of Money

🔊 MP3 22

Mari is showing the three sets of financial statements to Fred.
When Mari started, she knew nothing about them.
But after much effort, she has mastered them all.
She is proud of herself.

Mari: Fred! I have right here in my hand three sets of financial statements. They are income statements, balance sheets and cash flow statements. My scenario is impeccable. Don't tell me I need anything else.

Fred: Mari, you have done very well. But I have to tell you that you are missing one very important analysis.

Mari: (Disturbed) Give me a break! Do you have something against me?

Fred: No, no, no. My intention is to take you to your goal, step by step, one subject at a time especially since you are new in this field.

(Continued on page 124)

麻里把三份財務報表拿給福瑞德看。
剛開始的時候，麻里對它們一無所知。
但經過多番的努力後，她已全部瞭若指掌。
她頗為自豪。

麻　　里：福瑞德！我可是帶了三份財務報表到這裡來，有損益表、資產負債表和現金流量表。我的方案無懈可擊。可別告訴我，我還需要什麼別的。

福瑞德：麻里，妳做得非常好。但我必須告訴妳，妳漏掉了一項非常重要的分析。

麻　　里：（語帶煩亂）饒了我吧！你是在找我麻煩嗎？

福瑞德：不不不。我的目的是要把妳一步步帶往目標，一次一個課題，尤其是因為妳在這方面是個新手。

（下接第 125 頁）

🔧 Key Words

- [ ] **scenario** [sɪˋnɛrɪˏo] *n.* 情節；劇本（在此是指有關為何需要投資的來龍去脈）
- [ ] **impeccable** [ɪmˋpɛkəbl] *adj.* 無懈可擊的
- [ ] **Don't tell me ...** 可別告訴我
    eg. Don't tell me we have used up all our cash!
    可別告訴我，我們的現金全花光了！
- [ ] **miss** [mɪs] *v.* 漏掉
- [ ] **Give me a break!** 饒了我吧！
- [ ] **Do you have something against me?** 你是在找我麻煩嗎？
- [ ] **at a time** 一次

(Continued from page 122)

Mari: (Still angry) I am new all right. But you don't want to "strangle me with cotton" or make "a frog in slowly-boiling water" out of me!

Fred: (Puzzled) I don't understand.

Mari: I am saying you are killing me slowly!

Fred: No! Don't act like a child. Let's get down to business. You understand the concept of interest, don't you?

Mari: Yeah. I gain interest if I put my money in my bank account! If that's what you are talking about!

Fred: Yes. Then let me ask you this. If I say I'd give you 10,000 yen today or one year later, when would you take the money?

Mari: I may not be a financial genius. But I am not that naive, either. Now, of course! I sure could use some cash now, you know.

Fred: That's exactly what I am talking about. The time value of money!

Mari: Hmm ...

（續第 123 頁）

麻　里：（還在生氣）我固然是新手。但你可別「用棉花勒死我」或是對我來「溫水煮青蛙」那套！

福瑞德：（語帶困惑）我聽不懂。

麻　里：我是說，你在對我慢性謀殺！

福瑞德：我並沒有！別表現得像個孩子一樣。咱們言歸正傳。妳了解利息的概念吧？

麻　里：了解。假如我把錢存到我的銀行戶頭，我就會領到利息！假如你說的是這件事的話！

福瑞德：是的。那我這麼問妳。假如我說我今天或一年後會給妳 1 萬日圓，那妳要什麼時候拿錢？

麻　里：我或許不是財務天才，但我也沒那麼天真。當然是現在啦！你是知道的，我現在需要一些現金。

福瑞德：嗯……

✄ Key Words

- ☐ **all right** 沒錯；確實是
- ☐ **strangle me with cotton** 用棉花勒死我（為日文諺語的直譯，文中麻里因為火大而不小心講出日式英語來）
- ☐ **a frog in slowly-boiling water** 溫水煮青蛙（讓青蛙待在水中慢慢加熱，青蛙就不會跳出來而會被煮熟，用此比喻太晚才發現情況不妙）
- ☐ **get down to business**（廢話少說）開始做正經事；言歸正傳
- ☐ **concept** [ˋkɑnsɛpt] *n.* 概念
- ☐ **interest** [ˋɪntərɪst] *n.* 利息
- ☐ **financial genius** 財務天才
- ☐ **naive** [nɑˋiv] *adj.* 天真的

MP3 23

The time value of money simply states that a dollar today has more value than a dollar a year from now. So when a company invests money in a new piece of equipment or in a new acquisition, it expects a certain return on its investment.

Project Analysis (using the Net Present Value Method)
When evaluating a potential investment there are three things to consider: Initial Cost or Cash Outlay, Projected Cash Flow, Discount (Hurdle) Rate.

1. Initial Cost or Cash Outlay
This includes the actual investment cost as well as any other initial costs related to that investment.

2. Projected Cash Flow
Here a company looks at the incremental (additional) cash flows that will result from the investment. Usually, the projected cash flow period covers the expected life of the investment. Once this is done, however, the projected cash flow needs to be compared to the cost of the investment using today's dollars (present value). We call this Discounted Cash Flow (DCF).

3. Discount (Hurdle) Rate
In order to discount the future cash flow a company needs to set a target or hurdle rate. This represents the minimum level of return that a company must obtain in order for an investment to be acceptable. The hurdle rate usually is related to a company's cost of capital, that is, how much it would cost the company to raise the money through outside sources (debt or equity).

(Continued on page 128)

　　資金（貨幣）的時間價值就是說，今天的一塊錢到了一年後會比一塊錢要值錢。所以當企業把錢投資在一套新設備或新的收購上時，它會指望得到一定的投資報酬。

專案分析（利用淨現值法）

　　在評估潛在投資時，有三件事要考慮：初始投資成本或現金支出、預計現金流量、折現（臨界點報酬）率。

1. 初始投資成本或現金支出

　　這包括實際投資成本以及其他任何跟該投資有關的初始成本。

2. 預計現金流量

　　企業在這方面所要看的是投資所帶來的增額（新增）現金流量。預計現金流量的期間通常會涵蓋投資的預期壽命。不過一旦完成後，預計現金流量就需要用現在的幣值（現值）來跟投資成本比較。我們稱此為折現現金流量 (DCF)。

3. 折現（臨界點報酬）率

　　為了替未來的現金流量折現，企業必須訂出目標或臨界點報酬率。這代表企業為了讓投資可以被接受所必須達到的最低報酬水準。臨界點報酬率通常跟企業的資金成本有關，亦即，公司要花多少錢才能從外部來源（債務或權益）募集到資金。

（下接第 129 頁）

⚒ Key Words

- ☐ **acquisition** [ˌækwəˋzɪʃən] *n.* 收購
- ☐ **return** [rɪˋtɜn] *n.* 報酬
- ☐ **projected** [prəˋdʒɛktɪd] *adj.* 預計的
- ☐ **discount rate** 折現率
- ☐ **incremental** [ˌɪnkrəˋmɛntl̩] *adj.* 增加的
- ☐ **capital** [ˋkæpətl̩] *n.* 資金
- ☐ **raise** [rez] *v.* 募集

(Continued from page 126)

Net Present Value (NPV)

The NPV of a project or investment is determined by the following:

> **Present Value of Projected Cash Flow – Initial Cost = NPV**

The project will be approved if the NPV is zero or higher. If the NPV is negative, the project will be rejected as it does not meet the company's required rate of return.

Other Investment Evaluation Strategies

- **Internal Rate of Return (IRR)**—Calculates the discount rate that will give you a zero NPV. This method may be useful when comparing several investment alternatives, choosing the one with the highest IRR.

- **Payback Method**—Estimates the number of years it will take to recover the initial investment. This method, however, does not consider the time value of money.

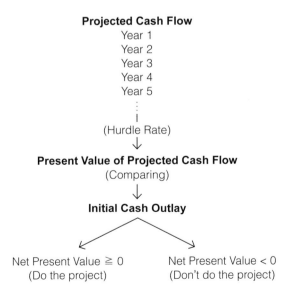

(Sheehan)

（續第 127 頁）

淨現值 (NPV)

專案或投資的淨現值由下列公式來決定：

> 預計現金流量的現值 － 初始投資成本 ＝ 淨現值

　　假如淨現值在零以上，專案就會獲得核准。假如淨現值為負，專案就會遭到否決，因為它達不到公司所要求的報酬率。

其他的投資評估策略

- 內部報酬率 (IRR)──計算出會讓淨現值為零的折現率。在比較好幾個投資選項時，這種方法或許派得上用場，藉以選出內部報酬率最高的那個。
- 回收期間法──估計初始投資要花幾年才能回本。不過，這種方法並沒有考慮到資金的時間價值。

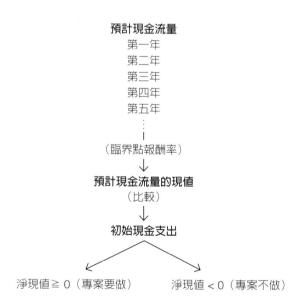

預計現金流量
第一年
第二年
第三年
第四年
第五年
⋮
（臨界點報酬率）
↓
預計現金流量的現值
（比較）
↓
初始現金支出

淨現值 ≧ 0（專案要做）　　　淨現值 < 0（專案不做）

Chapter

2

會計與財務

時間會影響金錢的價值！

❏ 把錢存進銀行，就會生出利息。今天將 1 美元存進銀行，一年後便會多於 1 美元。反過來說，一年後的 1 美元，在今天只有不到 1 美元的價值。因此，同樣是 1 美元，今天就到手的話價值比較高。這便是貨幣的時間價值 (time value of money) 的概念。

❏ 企業之所以做某項投資，當然是因為期待將來會有回報。而這裡說的投資回報是指未來此投資所產生出的現金。正因為期待這樣的現金回報，才願意在投資時付出現金。所以，在評估該不該做某項投資時，若是判斷投資後至少能回復到目前的價值那還不算什麼大問題，若是會少於現在必須付出的價值，那就不該投資。

❏ 有幾種方法可做為這項判斷的基準，其中最具代表性的便是一種依據淨現值 (Net Present Value ＝ NPV) 來判定的方法：

> 預計現金流量的現值 － 初始投資成本 ＝ NPV

● 預計現金流量 (Projected Cash Flow)
即預計該項投資將於未來產生的現金流量。通常在投資的有效期間內，每年都會產生。由於是未來的現金，故須折算為現在價值，用該現金流量的現值 (discounted cash flow) 來看。而所謂的折算，是依據某個比率（折現率）來進行反向的複利利息計算，以算出未來現金的現在價值。

● 初始投資成本 (Initial Cost 或 Cash Outlay)
就是指一開始的投資金額。但不只是機械設備等而已，雇用新員工的人事費用與訓練費用等也都包含在內。

● 折現率 (Discount Rate)
企業會因為投資等目的而借錢、融資，但金錢調度一定會有成本。這叫做資金成本 (cost of capital)。折現率便是以此資金成本為基礎計算出來的。而折現率又名「臨界點報酬率 (Hurdle Rate)」，就是指投資等企業活動的收益率至少必須超過金錢調度的成本才行，亦即有最低門檻（hurdle 是指跨欄賽跑用的跳欄，也用來指障礙）的意思。

依據以上公式，若 NPV 算出來是 0 或正值，就表示該專案可執行 (Go)，若為負值，便不可執行 (Not go)。

❑ 例如，若有一項投資的初始投資成本是 1,000 萬美元，專案執行期間為 5 年，預計現金流量為每年 300 萬美金，折現率為 12%。

（單位：100 萬美元）	Yr0	Yr1	Yr2	Yr3	Yr4	Yr5
初始投資成本	− 10					
現金流量		3	3	3	3	3

$$\textbf{NPV} = \frac{3}{(1.12)} + \frac{3}{(1.12)^2} + \frac{3}{(1.12)^3} + \frac{3}{(1.12)^4} + \frac{3}{(1.12)^5} - 10$$

$$= 3（0.893 + 0.797 + 0.712 + 0.636 + 0.567）- 10$$
$$= 3 \times 3.605 - 10$$
$$= 10.815 - 10$$
$$= 0.815 \quad \rightarrow 為正值，故該專案可執行$$

❑ 其他的投資評估方法
- 內部報酬率法（**Internal Rate of Return = IRR**）
指 NPV 為 0 時的折現率。「這項投資能賺幾 percent ？」這類說法指的就是這個 IRR。NPV 是以絕對金額來評估投資，IRR 則是依據回報率（折現率）來評估。在有多項投資選擇的情況下，便可利用此比較性指標來進行評估。另外也有人將 IRR 稱為 ROI (Return on Investment)。

- 回收期間法（**Payback Method**）
指初始投資成本完全回收所需的年數。舉例來說，初始投資成本為 500 萬美元，每年的現金流量若為 100 萬美元，就需要 5 年才能回本。這種算法有個致命的缺點，那就是完全沒考慮到資金的時間價值，不過此指標相當有利於經營管理者的直覺判斷，所以較常使用。

（藤井）

CASE 8 The Time Value of Money

🎧 MP3 24

Mari is giving her investment proposal to Ms. Jackson, Vice President of Marketing. Mari feels she is fully prepared, but is nervous since this is her first investment proposal. Bill is also present.

Mari: I am here today to seek your approval for my new project. The basic concept of the project is to seek an outside manufacturing facility for our highly successful new chewing gum "Tropico" and also to expand our business outside Japan.

Jackson: Whose idea is it?

Mari: It is mine, Ms. Jackson.

Jackson: Very well. Let's look at it.

Mari: I have attached for your perusal income statements, balance sheets and cash flow statements of this company for five years.

Jackson: I see you're proposing a joint venture. Why?

Mari: We have known this partner for many years. They have been our distributor in Malaysia from the time we entered the market. They have a thorough knowledge of our product line. They also have very good access to our raw materials there.

Jackson: Good. What's our total exposure?

Mari: Excuse me?

Bill: Ms. Jackson means the total of equity and the loan guarantee.

(Continued on page 134)

解決問題！ 資金的時間價值

麻里要向行銷副總裁傑克森女士報告投資提案。
麻里覺得自己完全準備好了，但卻很緊張，
因為這是她首次的投資提案。比爾也在場。

麻　　里：我今天來這裡的目的是要徵求您批准我的新專案。專案的基本概念是要為
　　　　　我們十分成功的新款口香糖「熱帶風」尋找外面的製造廠，同時把我們的
　　　　　業務擴展到日本境外。

傑克森：這是誰的想法？

麻　　里：是我的，傑克森小姐。

傑克森：非常好。我們來看看吧。

麻　　里：我附上了這家公司五年來的損益表、資產負債表和現金流量表供您審閱。

傑克森：我看到妳提議採合資企業。為什麼？

麻　　里：我們認識這家合夥廠商很多年了。從我們進入那個市場時，他們就是我們
　　　　　在馬來西亞的經銷商。他們對我們的產品線瞭若指掌。他們要取得我們在
　　　　　當地的原料也非常方便。

傑克森：很好。我們的總暴險是多少？

麻　　里：您說什麼？

比　　爾：傑克森小姐的意思是權益和貸款擔保的總額。

（下接第 135 頁）

✖ Key Words

☐ **seek approval** 徵求批准
☐ **perusal** [pəˋruzl] *n.* 審閱
☐ **access** [ˋæksɛs] *v.* 取得
☐ **exposure** [ɪkˋspoʒɚ] *n.* 暴險
☐ **loan guarantee** 貸款擔保

(Continued from page 132)

Mari: Ah, the total risk money! It is a total of US$ 10 million equity plus US$ 20 million bank guarantee. Yes. Our total exposure will be US$ 30 million, Ms. Jackson.

Jackson: What is the net present value of this project?

Mari: As I have shown here, it will be plus US$ 5 million.

Jackson: So we're clear?

Mari: Yes!

Jackson: What about these sales projections?

Mari: I feel very good about them, Ms. Jackson. I made an extensive marketing tour through Asia, spent a lot of time meeting our customers and our distributors. I feel very confident that I can achieve these numbers if we put in the right amount of marketing effort.

Jackson: Let's say I approve this project. Who would be in charge there?

Mari: With your permission, I would like to go there myself.

Jackson: I see. So this is your total package, huh?

Mari: You may put it that way, Ms. Jackson.

Jackson: (Smiles.)

（續第 133 頁）

麻　里：啊，總風險資金！總共是 1,000 萬美元的權益加上 2,000 萬美元的銀行擔保。是的。我們的總暴險是 3,000 萬美元，傑克森小姐。

傑克森：這個專案的淨現值是多少？

麻　里：我列在這邊了，500 多萬美元。

傑克森：所以我們有賺頭？

麻　里：是的！

傑克森：這些銷售的預估呢？

麻　里：我覺得相當不錯，傑克森小姐。我在全亞洲做過廣泛的行銷參訪，花了很多時間拜訪顧客和經銷商。假如我們在行銷上付出適當程度的努力，我覺得非常有把握能達到這些數字。

傑克森：如果我批准這個專案，那裡將會由誰來主導？

麻　里：您允許的話，我會親自前往當地。

傑克森：我懂了。所以這是妳的總體配套，對吧？

麻　里：您可以這麼說，傑克森小姐。

傑克森：（微笑。）

Chapter

2

會計與財務

Key Words

☐ **risk money** 風險資金

☐ **clear** [klɪr] *adj.* 有賺頭的

☐ **feel good** 覺得不錯

☐ **Let's say ...** 假定

　　eg. Let's say I bring him in and talk to him. What do you think?

　　　如果我找他來跟他談談，你覺得怎麼樣？

☐ **in charge** 主導

☐ **with your permission** 你允許的話

　　eg. With your permission, I would rather solve it myself.

　　　你允許的話，我寧可自行解決。

☐ **total package** 總體配套

☐ **put** [pʊt] *v.* 表達（等同於 express 或 state）

　　eg. I wouldn't put it that way if I were you.

　　　假如我是你的話，我就不會這麼說。

Application

Back to the Present

Let's look at an example of an investment decision that would require a Net Present Value calculation. Company A is thinking of buying a new piece of equipment for its factory. The relevant information is as follows:

Initial Cost: $10,000,000
Projected Use: 5 years
Projected Cash Flow: $3,000,000 per year
Hurdle Rate: 12%

Should they make this investment? First, we need to take the future cash flows and discount them back to the present.

This particular problem is known as an annuity since the cash flow amount will be the same from year to year. (This may not always be the case.) Thus, we would look up the discount factor in an Annuity Table. That number (3.605) represents 12% compounded interest over a five-year period. We then multiply it by our annual cash flow of $3,000,000 to get a present value of $10,815,000. After subtracting our initial cost of $10,000,000 we get a Net Present Value of $815,000. This means that it meets the minimum return of 12% and the investment should be made.

翻譯

回到當下

　　我們來看一個投資決策需要計算淨現值的例子。A 公司考慮要為工廠添購一件新設備。相關的資訊如下：

　　初始投資成本：**1,000 萬美元**
　　預估使用　　：**5 年**
　　預計現金流量：**每年 300 萬美元**
　　臨界點報酬率：**12%**

　　他們該做這筆投資嗎？首先，我們必須把未來的現金流量折現回當下。

　　這個特定的問題一般稱為年金，因為現金流量的金額年年都會一樣。（情況不見得永遠都是如此。）因此，我們要從年金表上查出折現係數。這個數字 (3.605)

代表為期五年 12% 的複利。接著我們把它乘以每年現金流量 300 萬美元,就會得到 1,081 萬 5,000 美元的現值。減掉初始成本 1,000 萬美元後,所得到的淨現值是 81 萬 5,000 美元。這表示它達得到 12% 的最低報酬,所以應該要投資。

藤井觀點

若拿 Sheehan 所舉的例子來算算看,就會像第 131 頁所示。以下則進一步用圖來分析此計算過程。

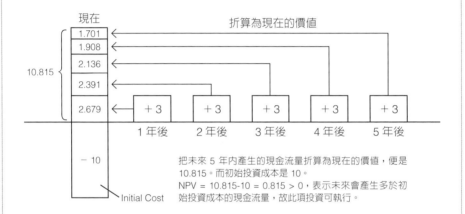

把未來 5 年內產生的現金流量折算為現在的價值,便是 10.815。而初始投資成本是 10。
NPV = 10.815-10 = 0.815 > 0,表示未來會產生多於初始投資成本的現金流量,故此項投資可執行。

NPV 為正值,因此專案可執行。若是依據 MBA Lecture 部分介紹的投資回收期間法來評估,此專案花 3.3 年便能完全回收 (10÷3)。此指標帶給人「似乎很快就能回收了」的感覺,為直覺的評估。相較之下,NPV 則是以數字明確地判定可否,故屬理性的評估標準。

NPV 是透過關注企業藉由投資而於未來產生或使用的現金變化,亦即依據「資金的時間價值」這樣的財務概念來了解投資的真實狀況,以進行可左右公司未來的投資決策。

經營的基礎就在於有效率地運用現金來產生更多現金。所謂經濟附加價值法 EVA (Economic Value Added) 就是指將企業的稅後營業淨利減去投入的資金成本而得之經濟價值,基本上是一種以現金為基礎的概念。

最後,我要為各位介紹哈佛商學院的知名財務金融教授在高級管理課程中灌輸給我的一個重要觀念。那就是,「Make wise investment and never run out of cash.(做出明智的投資,而絕不要把現金用光)」。該課程裡提到的所有財務案例最終都趨同於此概念。這個概念在我後來參與的一個印度合資企業之重建工作上幫了大忙,可說是財務金融方面絕不可少的基礎觀念。在此與各位分享此一明訓,希望對各位將來的經營管理工作能有所助益。

總結 財務報表

After all is said and done ──讓我們做一個總結！

會計是商業的基本語言，公司所有的活動成果最後都會以會計上的數字來呈現。這些數字簡單來說，就像是公司的成績單。在此不過度拘泥細節，我們要看的是會計三大報表各自的主要特性。

三大財務報表的主要特性

分類 (Type)	損益表 (Income Statement)	資產負債表 (Balance Sheet)	現金流量表 (Cash Flow Statement)
定義 (Definition)	會計期間內的銷售額、損益等 (Sales, expenses and profit / loss over a period of time)	在某個特定時間點時公司的財務狀況 (Financial condition of a company on a particular date)	會計期間內的現金收支 (The cash going in and out of the company)
存量／流量 (Stock / Flow)	流量 (Flow)	存量 (Stock)	流量 (Flow)
格式 (Format)	營業額 (Sales) 營業毛利 (Gross Profit) 營業利益 (Operating Profit) 淨利 (Net Profit)	資產 Assets ／ 負債 Liabilities ／ 權益 Equity	營業活動產生的現金流量 Cash flows from operating activities 投資活動產生的現金流量 Cash flows from investing activities 融資活動產生的現金流量 Cash flows from financing activities

Key Takeaway ——這些概念務必徹底掌握！

理解了三大財務報表各自的主要特性後，接著來看看它們彼此間的關連性。這三種報表其實並非各自獨立，而是如「三兄弟（姐妹）」般緊密相連、團結在一起。在此將三者間的關係視覺化為如下的圖表，請一邊觀察圖表，一邊掌握其大略的關連性。

Final Words ——結語

想必各位今後都有機會在各種情況下看到財務報表。就算無法立刻看出端倪，也應養成思考的好習慣，想想該報表到底該對應至前述圖表的何處。

數字是活的（畢竟是代表了還健在的公司的數字，當然是活生生的）。或許有些人容易被密密麻麻的數字給嚇到，若你就是這種人，那麼建議你利用圖表來理解這些數字的意義。「見林不見樹」對於欲以 MBA 思維來處理會計、財務，甚至是經營管理事務者來說，都非常重要，畢竟 Big Picture（綜觀全局）才是 MBA 的精髓所在！

（藤井）

應用 顧客的終生價值

行銷與財務會計的章節已全部結束，在此我們要來研究一個橫跨了這兩個領域的應用問題。

在行銷章節中，我們已學到顧客導向的重要性。然而再怎麼反覆地強調「重要」二字，或許仍有人會覺得「好像沒有什麼眼睛看得到、可具體顯示其重要程度的指標 (tangible index)」。因此，接著就要為各位介紹一個具有公式、可計算出具體金額的概念──「顧客的終生價值」(Customer Lifetime Value = CLV)。顧客的終生價值可利用以下公式計算：

顧客的終生價值 ＝（年利潤總額－顧客維繫成本）÷（1－顧客保留率＋所需報酬率）－顧客取得成本

CLV = (annual profit – retention cost) ÷ (1 – retention rate + required rate of return) – acquisition cost

那麼這個公式是怎麼歸納出來的呢？

舉例來說，扣除維繫成本前的利潤，從某一名顧客身上每年可獲得的、如下所列，其中 P 代表扣除維繫成本前的利潤，r 代表顧客保留率，i 則代表所需報酬率。

第 1 年 ＝ P
第 2 年 ＝ rP
第 3 年 ＝ r^2P
第 4 年 ＝ r^3P
⋯⋯
第 K 年 ＝ $r^{(K-1)}$P
⋯⋯

這位顧客的終生價值該如何計算？這就和計算投資一次後，接著每年預計都能獲利的專案之現在價值一樣，只要算出對公司來說該顧客的 NPV 即可（算式如下所示）。而以下算式的左側，代表了扣除僅只一次的顧客取得成本（相當於 NPV 計算中的初始投資成本）之前的終生價值 (CLV')。

- CLV' = CLV before (+) (one-time) acquisition cost

  $= P[\{1 \div (1 + i) + r \div (1 + i)^2 + r^2 \div (1 + i)^3 + ...\}]......$①
- CLV' $\{r \div (1 + i)\} = P\{r \div (1 + i)^2 + r^2 \div (1 + i)^3 + ...\}......$②
- ① − ②：$\{1 - r \div (1 + i)\}$ CLV' $= P \div (1 + i)$
- CLV' = CLV + (one-time) acquisition cost

  $= P \div (1 - r + i)$

CLV = (annual profit – retention cost) ÷ (1 – retention rate + required rate of return) – acquisition cost

如何？先撇開公式證明不管，至少我們已能將顧客終生價值這個稍微有點抽象的概念確實地數值化了。

MBA 的學習目的其實就是要像這樣整合多個領域的觀念，以期能做出最適當的決策。在此我們看到了一個將財務觀念帶入行銷的有效案例──顧客的終生價值。不過說得更極端些，只要是較基礎的領域，不論是經濟學、賽局理論，還是生物學，只要是能為經營管理問題帶來新觀點與新解決辦法的一切，都可加以活用──這或許正可說是 MBA 式的思維。

此外，雖然 MBA 的各科目一般都由專精於各領域的老師分別教授，但學習的人不應只滿足於各領域的特有知識及技術層次，而應追求綜合性的理解與應用。也就是說，行銷、銷售、生產製造、研究開發、物流等的功能、角色在一個企業裡原本就應是緊密相連的，我們不該忽視此種橫向連結，不該只追求局部完美，而應透過橫向串連的方式，來求取綜合性的最佳解決方案。而這也正是本書的目標。我們要綜覽全局，根據問題，從工具箱裡取出多樣最適合的工具，並設法解決問題。這才是 MBA 式的、一般管理 (general management) 的思考方式。

（藤井）

NOTES

Chapter 3

Human Resources and Organization

人力資源與組織

人是資產

Chapter 3　人力資源與組織

　　若說事業的成功或失敗全繫於「人」所營運的組織，真是一點也不為過。甚至可說「人決定了企業的命運」。不過現在的企業，真的是能讓人抱著信念與熱情奮鬥的地方嗎？

　　日本有家報紙曾刊登出一篇特別報導，探討日本人獲得國際賽事金牌及諾貝爾獎的人數相對於日本的經濟實力來說少了很多的原因。而其結論有以下三項：

- 最主要是欠缺動機。
- 日本人較不愛冒險。
- 日本的風俗民情不容許異端存在。

　　而這剛好也符合日本的企業文化！筆者覺得這些特性與日本一般企業避免風險、依據年資決定平均員工待遇等的態度簡直如出一轍！

　　另外，很不幸的是，日本企業常有的性騷擾及內線交易等事件，今後恐怕也不會絕跡。別說是事件本身了，就連企業在事件發生後的反應很多也都令人摸不著頭緒。也難怪總是會被指責說透明度 (transparency) 及責信 (accountability) 不夠。

　　有鑑於此，本章便從「人與組織」的多項相關議題中，挑出了如下的四個主題來探討。

1. 企業文化 (Corporate Culture)
2. 績效導向制度 (Performance-based System)
3. 職場歧視 (Discrimination in the Workplace)
4. 企業倫理 (Business Ethics)

　　很多日本企業為了能在由 IT 所帶來的環境巨變中生存下去，正力圖大幅改變其「人與組織」。然而不論環境如何變化，不斷開創出各種新事業的，依舊是由「人」所構成的組織。

Corporate Culture

企業文化

俊恩是一位年輕的業務員。
為了提出醞釀已久的海外事業企劃，
出席了投資前的委員會議。
他事先已做足了準備工作，
對於各項數字及投資的正確性都充滿信心，
但自信滿滿的俊恩卻碰上了意料之外的困難。

CASE 9　Corporate Culture

◎ MP3 25

Steve comes to Jun's desk to find out what happened at the pre-investment committee meeting. Jun has been working very hard on it.

Steve: How did the pre-investment committee go?

Jun: I can't believe it. They came up with a hundred reasons why we shouldn't do this project.

Steve: Why? All the numbers were good and your scenario is perfect as far as I can tell.

Jun: It's not the numbers or the scenario!

Steve: Tell me exactly what happened.

Jun: For one thing, they seem to think I am too young to propose a project like this, to say nothing of running the new venture!

Steve: That's ridiculous. What else did they say?

Jun: They said they have never done anything like this before. So we should avoid it at all costs. One of them even picked on small typos!

Steve: Wow! I can't believe it.

Jun: What do you think?

Steve: I think you might be dealing with something deep-rooted here.

Jun: Deep-rooted?

Steve: Yes. I think it's this company's corporate culture!

Jun: Culture, huh?

✖ Key Words

☐ **pre-investment committee** 投資審查委員會（pre- 是代表「⋯⋯前的」之意的前綴詞）

☐ **go** [go] *v.* 開展；進行、進展（用 How did ... go? 的句型便可表達「⋯⋯的結果如何？」之意）

☐ **scenario** [sɪˋnɛrɪˏo] *n.* 局面；事態

☐ **for one thing** 首先；一則

史提夫來到俊恩的辦公桌前，以打聽投資審查委員會的開會情況。
俊恩曾為了他的簡報做了許多努力。

史提夫：投資審查委員會開得怎麼樣？

俊　恩：我真不敢相信。對於我們為什麼不應該做這個專案，他們提出了一百個理由。

史提夫：為什麼？所有的數字都很好，而且就我來看，你的狀況分析也無懈可擊。

俊　恩：問題不在於數字或分析！

史提夫：告訴我到底發生了什麼事。

俊　恩：首先，他們似乎認為我太年輕，提不出像這樣的專案，更別說是主持新事業！

史提夫：那真是荒謬。他們還說了什麼？

俊　恩：他們說他們以前從來沒做過任何一件像這樣的事，所以我們應該不計一切代價來避免。其中有個人甚至拿小小的打字錯誤來大作文章！

史提夫：哇！我真不敢相信。

俊　恩：你有什麼想法？

史提夫：我想你可能觸及了這裡根深蒂固的一面。

俊　恩：根深蒂固？

史提夫：是的。我想這就是這家公司的企業文化！

俊　恩：文化，嗯？

✄ Key Words

☐ **to say nothing of …** 更別說

☐ **at all costs** 不計一切代價

☐ **pick on** 找麻煩；欺負；挑剔

　　eg. The committee members picked on his proposal from every angle.
　　委員從各個角度來挑剔他的提案。

☐ **typo**（口語）打字、輸入錯誤（typographical error 的簡化說法）

☐ **deal with** 處理；應付

　　eg. The HR manager sensed that he might be dealing with something dreadful.
　　人資經理察覺到，自己處理的可能是件極棘手的事。

　　cf. I refuse to deal with that company any longer. 我再也不跟那家公司打交道了。

☐ **deep-rooted** 根深蒂固的

☐ **corporate culture** 企業文化

Chapter **3** 人力資源與組織

Just like countries, every company in the world has its own values, beliefs and norms of behavior, which makes up its corporate culture. Many business deals never succeed because of the failure of companies to recognize the importance of corporate culture in assessing risk, making decisions and rewarding performance. This is especially true when it comes to M&A (Merger & Acquisition) situations, where post-merger integration may require dealing with entirely different or even incompatible cultures.

Although each company is unique, many cultural factors are influenced by the country in which it is based. For this reason, many Japanese companies tend to be a bit more risk-averse than their Western counterparts, meaning they may be willing to accept a lower return for safer investments. Decisions also tend to take longer due to the focus on building consensus ("nemawashi"). Finally, although changing, Japanese organizations still put a greater emphasis on seniority, the feeling being that those with more experience tend to make better decisions.

(Sheehan)

　　就跟國家一樣，全世界的每家公司都有自己的價值、信仰和行為規範，而這些就構成了它的企業文化。有很多交易一敗塗地，就是因為公司在評估風險、決策和酬賞表現時，沒有體認到企業文化的重要性。在遇到購併 (M&A) 的情形時，這點尤其明顯，因合併後的整合可能需要應付截然不同、甚至是格格不入的文化。

　　雖然每家公司都是獨一無二的，但有很多文化因子會受到它所處之國家的影響。基於這個原因，有很多日本企業對於規避風險的傾向會比西方的公司要高一點，這代表它們可能願意接受較安全的投資所帶來的較低報酬。決策時間往往也會比較久，因為建立共識（「根回」）非常重要。最後，雖然正在改變，但是日本的機構還是比較強調年資，並覺得有經驗的人決策品質較佳。

Chapter

3

人力資源與組織

⚒ Key Words

☐ **norm** [nɔrm] *n.* 規範（norm of behavior 指「行為規範」）

☐ **business deal** 生意往來；交易

☐ **assess** [əˋsɛs] *v.* 評斷；對……進行估價、評價

☐ **reward** [rɪˋwɔrd] *v.* 酬賞；獎勵

☐ **post-merger** 合併後的（post- 是表示「……之後」之意的前綴詞）

☐ **integration** [ˌɪntəˋgreʃən] *n.* 整合

☐ **incompatible** [ˌɪnkəmˋpætəbl] *adj.* 格格不入的

☐ **risk-averse** 規避風險

☐ **nemawashi**【日語】根回（根回是指在移植植物之前，會對土壤、根部做些護理才移植。在日本的企業文化中也有此一特徵，即領導者在做決策時一般都會得到相關人的認可，並設法將所有成員的意見都統一起來。）

☐ **put emphasis on ...** 強調

☐ **seniority** [sinˋjɔrətɪ] *n.* 年資

企業文化由過去的成功經驗所形成

❏ 在前面的 MBA Lecture 中提到，企業固有的規則、價值觀及行為準則等構成了所謂的「企業文化」。那麼這樣的企業文化又是如何形成的呢？

❏ 事實證明，「企業文化」是從該企業「過去的成功經驗所產生並形成的」。

❏ 以日本為例，從戰後的殘破中發展茁壯而成的許多日本企業，由於是在「沒有東西可失去」的狀況下起步，故為了能有飯吃，只要是能賺錢的事全都願意做。而一旦失敗，就立刻改做別的，藉由反覆克服這樣的挑戰，最後終於能獲得成功。

❏ 可是當國家整體的復興已達成，情勢好轉，企業便進入守成狀態。由於有了「大家一起仔細地思考，再謹慎地行動」、「至今為止都是這麼做，效果一直很好，所以維持原樣就好」、「我們公司之所以能有今天，都要歸功於許多偉大的前輩」這些思維，「決策速度太慢」、「集體主義」、「遵循前例原則、經驗論」、「年資制度」等問題便應運而生。

❏ 習慣守成的結果最後變成了「成功的詛咒」。亦即，基於「至今為止都是這麼做，效果一直很好，所以維持原樣就好」(If it ain't broke, don't fix it!) 這個理由，否定了改革企業文化的必要性。

❏ 當今雖有許多人高唱創造性的破壞及改革之必要性，但若將企業文化定義為「由過去的成功經驗所形成的價值觀及行動規範」，想必大家就會理解要改變企業文化有多麼地困難。換句話說，要改變企業文化，就必須捨棄過去的成功模式 (formula)，而更進一步來說，就是必須達成某種形式的「自我否定」。

❑ 20 世紀末的美國以資訊革命讚頌了全世界春天的來臨，但千萬別忘了，許多現在成功的企業在過去與日本企業競爭時可是被打得落花流水，甚至經歷過多次失敗。即使是今日成功企業的最佳代表 Apple 公司，也曾面臨破產危機。就連帶領 Apple 走向今日的成就、被譽為傳奇的史帝夫 ‧ 賈伯斯，也一度被該公司掃地出門。但賈伯斯後來回到 Apple，漂亮地達成了許多知名經理人都無法達成的任務──讓 Apple 公司起死回生。

❑ 企業改革要能成功，就要像戰後的日本，或是被日本強攻威脅時的美國那樣，必須具備「這樣不行」、「必須有所行動」這樣強烈的危機意識，以及不怕失敗、凡事皆勇往直前的頑強力量才辦得到！

❑ 而 21 世紀不只是美國、日本，對於面臨歐債危機、全球金融風暴的世界各國來說，企業環境都會變得越來越複雜。今後整個世界將會變成什麼樣子？ BRICs 將會稱霸世界嗎？各國企業看來是正在反覆摸索，試圖找出正確的重生道路。

❑ 我認為，在現在這種看不見未來的時候，聚焦於「原本應該要如何」的「回歸基礎」(back to the basics) 概念更是格外重要。每個人都必須要有熱情，應想著「我能做些什麼」，而不是覺得「應該會有人站出來做些什麼」，並將熱情化為具體的行動。此外，也不能抱著「總有一天」會做的態度，而是要「現在」就行動。若將此觀念以英語表達，就是「If not you, then who? If not now, then when?」，用中文說就是「如果不是你，那是誰？如果不趁現在，更待何時？」，請各位務必再三咀嚼並用心體會其中含意。

❑ 置身於嚴峻的經營環境卻還能夠持續成長的企業，和能夠從看似絕望的情況下躍然重生的企業是有共通點的。而這共通點就是「一定要有所行動」的「熱情」。我認為，只有能勇敢告別過去的慣例和成功經驗並滿懷熱忱地迎接挑戰的人，才能獲得勝利女神的青睞。

(藤井)

CASE 9　Corporate Culture

🎧 MP3 27

Jun just attended the investment committee meeting to seek the approval of his new project.
Mr. Martin, Jun's boss, also attended the meeting.
Steve has been eagerly waiting for Jun to hear the outcome.

Steve: How was the investment committee?

Jun: Oh, Mr. Martin was fantastic!

Steve: I bet he knew his numbers inside out. He also gave his usual convincing speech about how this project is a perfect fit for the overall corporate goals. Right?

Jun: Right!

Steve: So it was a smooth ride all the way through, huh?

Jun: Not quite. They used the same old tricks. But this time they were a bit more formal and tactful.

Steve: What did they say?

Jun: In a nutshell, they said we have never done this in the past and we don't have adequate knowledge or experience with that country.

Steve: Did they also say that you were too young?

Jun: In a roundabout but unmistakable way. Yes.

(Continued on page 154)

✄ Key Words

☐ **outcome** [ˈaʊtˌkʌm] *n.* 結果
☐ **fantastic** [fænˈtæstɪk] *adj.* 極好的；了不起的
☐ **I bet ...** 我敢打賭
☐ **inside out** 一清二楚
☐ **convincing** [kənˈvɪnsɪŋ] *adj.* 令人折服的
☐ **fit** [fɪt] *adj.* 合乎

152

俊恩剛剛出席了投資委員會的會議，以尋求批准他的新專案。
俊恩的老闆馬丁先生也出席了會議。
史提夫迫不及待地等著向俊恩打聽結果。

史提夫：投資委員會怎麼樣？

俊　恩：噢，馬丁先生真厲害！

史提夫：我敢打賭，他把數字掌握得一清二楚。他還發表了一貫令人折服的談話，說這個專案完全合乎公司的整體目標，對吧？

俊　恩：對！

史提夫：所以從頭到尾都進行得很順利囉？

俊　恩：不完全是。他們使出了同樣的老把戲。可是這次他們稍微客氣、圓滑一點。

史提夫：他們怎麼說？

俊　恩：大體上，他們是說我們過去從來沒這麼做過，而且我們對那個國家缺乏足夠的知識和經驗。

史提夫：他們是不是也說你太年輕了？

俊　恩：是的。話說得拐彎抹角地卻*毋庸置疑*。

（下接第 155 頁）

✖ Key Words

- [ ] **goal** [gol] *n.* 目標
- [ ] **ride** [raɪd] *v.* 進行
- [ ] **all the way through** 從頭到尾
- [ ] **Not quite.** 不完全是。
- [ ] **old tricks** 老把戲
- [ ] **tactful** [ˋtæktfəl] *adj.* 圓滑的
- [ ] **in a nutshell** 概括地說
     eg. Just give me your report in a nutshell. 只要概括地跟我報告一下就好。
- [ ] **roundabout** [ˋraʊndəˏbaʊt] *adj.* 拐彎抹角的
- [ ] **unmistakable** [ˏʌnməˋstekəbl] *adj.* 毋庸置疑的

(Continued from page 152)

Steve: What did Mr. Martin say?

Jun: Boy, was he mad! He said the risk-averse culture of this company is going to stifle us to death. He said none of the reasons against his proposal were good enough.

Steve: Yeah?

Jun: He also said if the top management wants this company to go anywhere in the next century, we must change so that innovation and risk-taking are encouraged. He even said the management should give an opportunity to a young, aggressive guy like me. He finally said if this project doesn't succeed, he would be personally responsible.

Steve: He said that? How did you feel?

Jun: "Impressed" is putting it mildly. I was touched. I am determined to make this project a success not just for me, but also for the company and for Mr. Martin!

Steve: I will give you all the help you need, too, Jun.

（續第 153 頁）

史提夫：馬丁先生怎麼說？

俊　恩：好傢伙，他大發飆！他說這家公司規避風險的文化會把我們扼殺掉。他說反對他的理由沒有一個夠充分。

史提夫：是嗎？

俊　恩：他還說，假如管理高層想讓這家公司存活到下個世紀，我們就必須推動變革以鼓勵創新和冒險。他甚至說，管理階層應該要給像我這樣有企圖心的年輕人一個機會。他最後說，要是這個專案不成功，他會自請負責。

史提夫：他這麼說？你有什麼感覺？

俊　恩：說「佩服」是客氣了一點。我很感動。我下定決心要把這個專案做成功，不只是為了我，更是為了公司以及馬丁先生！

史提夫：我也會給你所需要的一切幫忙，俊恩。

Chapter

3

人力資源與組織

Key Words

☐ **Boy!** 好傢伙！

☐ **was he mad** 他大發飆（用倒裝句型來表示強調）

☐ **stifle to death** 扼殺

☐ **innovation** [ˌɪnəˈveʃən] *n.* 創新

☐ **aggressive** [əˈgrɛsɪv] *adj.* 有企圖心的

☐ **go anywhere** 存活

☐ **put it mildly** 說得客氣一點

☐ **be touched** 感動

☐ **be determined** 下定決心

Sheehan 觀點

Mission Accomplished

Imagine you're a Japanese employee of a company that has been recently acquired by an American company. Within the first four weeks, 10% of your fellow co-workers have been given their "pink slip" (fired). Your new American boss is very demanding. He wants you to write up a detailed job description and list your specific goals for the coming year. (These goals, of course, must be quantifiable.) After you have done this, your boss assigns you as head of a new project team. You are quite surprised, given your relatively young age and lack of experience. He tells you that you must do whatever it takes to complete the project within one month and not to bother him unless it's urgent. You assemble your project team based on individual ability and expertise. Most of the members are as young as or younger than you. You hold weekly staff meetings where everyone is encouraged to speak their minds as well as challenge other opinions. You notice that these meetings tend to be shorter yet more interactive than previous ones held in the Japanese company. After some time you notice one of the project team members is not quite pulling his weight. You tell him that the team is depending on everyone to make this project a success. His attitude does not improve so you turn to your American boss. He tells the disgruntled employee to shape up or ship out. Within another week the employee is gone from the company. You continue on with the project. The deadline is nearing. You begin to fear that your career is now on thin ice. You start to adopt some of your American boss's traits—using a more direct, confrontational style to communicate the sense of urgency to your project team members. To motivate them, you promise bonus incentives if they meet the deadline. It works. The project is completed on time and senior management is pleased with the results. You are a hero, at least for now.

翻譯

完成使命

　　試想你是一位公司最近被一家美國公司所收購的日本員工。在頭四週裡，有一成同事收到「停止雇用通知」（被炒了魷魚）。你的新美國老闆非常嚴苛。他要你寫一份詳細的工作說明書，並列出隔年的具體目標。（當然，這些目標必須要能量化。）在你做完這件事後，老闆就派你去當新專案團隊的負責人。你大感意外，因為你的年紀相當輕，而且缺乏經驗。他告訴你，你必須想盡一切辦法在一個月內

把專案完成，而且別去煩他，除非有緊急狀況。你依照個人的能力和專長，組成了專案團隊。大部分的成員都跟你一樣年輕，或是比你年輕。你每週都開幹部會議，並鼓勵大家說出自己的心聲並挑戰其他的意見。你注意到，這些會議常比之前在日本公司裡所舉行的會議要短，但互動性卻較強。過了一段時間後，你注意到專案團隊有一位成員不太用心。你告訴他說，團隊要靠每一個人才能把這個專案做成功。他的態度並沒有改善，於是你就向美國老闆報告。他跟這名不滿的員工說，不好好幹就滾蛋！又過了不到一星期，這個員工就從公司消失了。你繼續做專案。截止期限就快到了，你開始害怕，頓時感到自己的職業生涯岌岌可危。你開始仿效美國老闆的一些特色——採用更為直接與強硬的作風來向專案團隊的成員傳達急迫感。為了激勵他們，你承諾假如能趕上截止期限就發獎金。它奏效了。專案準時完成，結果讓管理高層很高興。你成了英雄，起碼當下是如此。

藤井觀點

我曾聽過某家龍頭企業的老闆這麼說，「日本的公司具有獨特的企業文化，很不容易改變」。真的是這樣嗎？

於 20 世紀接近尾聲時，在日本的汽車製造業界有兩位外籍老闆奮力地進行了日本傳統企業文化的改革。而這兩位老闆是否成功地改變了「很難改變的日本傳統企業文化」呢？

首先，抱著必勝決心執行再生計畫的 A 老闆明白表示：「若無法由虧轉盈，我就辭職謝罪」。這就等於是自斷退路。而對這家公司所知甚深的一位日本教授則提出了這樣的意見：「雖然大刀闊斧地執行了日本人管理團隊都做不到的事確實了不起，而且在這方面也獲得了相當正面的評價，不過，這做法是否有考慮到那些因而受害之相關業務合作夥伴的感受呢？」

我曾聽過另一位外籍 B 老闆的演講。令我印象深刻的是，在這位試圖將 MBA 理論真正實踐於日本企業，當時還不到 40 歲的年輕老闆眼中閃耀的光輝與熱情。畢業於哈佛商學院的他擁有遠大的願景和極優秀的領導能力，他想徹底地改變公司。

兩位老闆的改革是否成功？

打從一開始我就認為成功的可能性很高，而之後這兩人在商場上的活躍程度大家也都有目共睹。A 老闆在達成傲人的 V 型復甦後，現在繼續為該公司積極推展全球業務。B 老闆則在完成其日本的任務後，回到汽車業三巨頭之一的總公司，在 40 幾歲時就當上了北美地區的總裁。這裡的重點就在於，這兩人都是高明的改革領導者。

那麼，日本人就無法改變「企業文化」、無法達成大規模的「企業改革」嗎？當然不是這樣。比如，也有一些日籍領導者為了避免造成全球化的障礙，在明知公司內部會有強大反對聲浪的情況下，仍將公司內部所使用的官方語言從日文改成了英文，並且積極雇用來自世界各地的外籍員工。歸根究柢，我想問題癥結就在於領導者是否具有無畏艱難、貫徹實行的強烈信念與執行力！

NOTES

Session 10

Performance-based System

績效導向制度

俊恩的新事業提案已獲得認可，
終於要邁向執行階段，
他開始採取具體行動，
但他看起來卻一點兒也不開心。
他在人事部的朋友，
擔任副理職務的史帝夫跑來找他聊一聊。

CASE 10 Performance-based system

◎ MP3 28

Steve is a keen supporter of Jun's new project.
But Jun doesn't look too excited. Steve talks to Jun to find out why.

Steve: I thought I would see a happy face now that your project has been officially okayed. But you look down.

Jun: Do I?

Steve: Come on, Jun! Keep your chin up!

Jun: I guess I could try.

Steve: You worked so hard for it. All you have to do now is go ahead with it, right? Get the right people and ...

Jun: That's it. Getting the right people ...

Steve: You must be joking. There are plenty of good people in this company. I am sure many of them would be happy to work on your project!

Jun: It's not as simple as that.

Steve: OK. What's the problem?

Jun: I talked to some of the guys who I think would be good for this project. They all said it's an interesting project. But they are not committing themselves ...

Steve: Why do you think that is?

Jun: I asked one of them. He said his plate was full with what he's got already.

Steve: Is that it?

Jun: And he said why should he have to work more than he has to, especially when he knows he won't get paid any more for working on this project!

Steve: I see. Maybe I have an idea.

Jun: Oh, yeah?

問題發生！ 績效導向制度

史提夫是俊恩新專案的堅定支持者。
可是俊恩看起來並不是太興奮。史提夫和俊恩談話以了解緣由。

史提夫：既然你的專案正式過關了，我以為我會看到開心的表情。可是你看起來悶
　　　　悶不樂的。

俊　　恩：有嗎？

史提夫：別這樣，俊恩！打起精神來！

俊　　恩：我想我可以試試看。

史提夫：你為了它這麼拚命。你現在要做的就是把它推展下去，對吧？找到對的人
　　　　和⋯⋯

俊　　恩：重點就在這兒了。找到對的人⋯⋯

史提夫：你一定在開玩笑吧。這家公司的優秀人才可多著呢。我確信有很多人都會
　　　　樂意參與你的專案！

俊　　恩：沒那麼簡單啦！

史提夫：好，那問題在哪裡？

俊　　恩：我跟一些我認為適合這個專案的人談過。他們全都說專案很有意思，可是
　　　　卻不願投入⋯⋯

史提夫：你覺得為什麼會這樣？

俊　　恩：我問了其中一人，他說他手上的事已經讓他忙得不可開交了。

史提夫：真是這樣嗎？

俊　　恩：他還說，他為什麼非得做本分以外的事不可，尤其是在知道做這個專案不
　　　　會多領到一毛錢後！

史提夫：我懂了。也許我有個主意。

俊　　恩：噢，是嗎？

✖ Key Words

☐ **Keep your chin up!** 打起精神來！

☐ **go ahead with ...** 把⋯⋯推展下去

☐ **That's it.** （聽了對方的話後）重點就在這兒了。

☐ **commit oneself** 使投入

☐ **one's plate is full** 手上的事已忙得不可開交

☐ **Is that it?** 真是這樣嗎？

MP3 **29**

As an illustration, let's take a look at a salesman in the US and compare him with his counterpart in Japan.

A salesman in the US meets and exceeds his quota (goal) by 40% for the third consecutive year. He gets a big performance bonus, a large raise in his base salary and a promotion to sales manager. A salesman in Japan does the same thing and gets a pat on the back (maybe) and a desk closer to his boss. He's too young yet to be considered for promotion and his bonus / raise has been pre-determined by his age and job function. But the good thing is that he is confident of having a job with the same company for the remainder of his life. The US salesman may lose his job if he doesn't continue to perform well in the future. This is essentially the difference between performance- and seniority-based systems.

Seniority-based System versus Performance-based System

For many years Japanese have built their economic fortunes on the seniority system. This system placed greater emphasis on age and experience when determining pay and promotion opportunities. It also implicitly (by informal understanding) guaranteed lifetime employment for all workers. Surprisingly, this system was actually based on some of the practices of major US corporations such as IBM during the post-war period.

(Continued on page 164)

　　為了舉例說明，我們來看看美國的業務員，並拿他來跟日本的業務員比較。

　　一位美國的業務員連續第三年達到配額（目標），並超標 40%。他拿到了高額的績效獎金，底薪也大幅調升，並升任為業務經理。日本的業務員做了同樣的事，得到的則是拍背鼓勵（也許有）以及辦公桌更靠近老闆。他太年輕了，還不在升遷的考量之列，獎金／加薪則是依照他的年紀和職能，早就決定好了。但好處在於，他有把握下半輩子都可以在同一家公司工作。美國的業務員要是將來沒有繼續表現優異，可能就會丟掉飯碗。這基本上就是績效導向和年資導向制度的差別。

年資導向制度對比績效導向制度

　　多年以來，日本的經濟富饒都是建立在年資制度上。這套制度在決定薪資和升遷機會時，比較強調年齡與經驗。它也（非白紙黑字地）隱約保證所有的員工都是終身雇用。令人意外的是，這套制度其實是承襲自像 IBM 這種美國大企業在戰後期間的部分做法。

（下接第 165 頁）

✂ **Key Words**

- ☐ **illustration** [ɪˌlʌsˋtreʃən] *n.* 舉例說明
- ☐ **quota** [ˋkwotə] *n.* 配額
- ☐ **consecutive** [kənˋsɛkjutɪv] *adj.* 連續的
- ☐ **performance** [pɚˋfɔrməns] *n.* 績效
- ☐ **raise** [rez] *n.* 加薪
- ☐ **pat** [pæt] *v.* 拍
- ☐ **job function** 職務功能
- ☐ **remainder** [rɪˋmendɚ] *n.* 剩餘
- ☐ **implicitly** [ɪmˋplɪsɪtlɪ] *adv.* 暗示地

(Continued from page 162)

On the other hand, a performance-based system emphasizes results. Pay and promotion is based largely on individual merit (accomplishments). As a result, many younger people hold key positions in companies and make large salaries. However, this system also punishes individual failure. An often-heard phrase in companies is "What have you done for me lately? "Lifetime employment guarantees don't exist and frequent job (company) changes are common.

Advantages of a Performance-based System
★ Rewards high achievers
★ Encourages risk-taking
★ Attracts top talent

Disadvantages of a Performance-based System
★ Focuses on the short-term
★ De-emphasizes group efforts
★ Leads to higher employee turnover

(Sheehan)

（續第 163 頁）

　　另一方面，績效導向制度則強調結果。薪資和升遷主要是看個人的功績（成就）而定。因此，有很多比較年輕的人會在公司位居要職，並領取優渥的薪水。不過，這種制度也會懲處個人的失敗。有一句常在公司裡聽到的話，那就是「你最近替我做了什麼？」終身雇用的保證並不存在，常換工作（公司）也司空見慣。

績效導向制度的優點

★ 酬賞高成就人員

★ 鼓勵冒險

★ 吸引頂尖人才

績效導向制度的缺點

★ 側重短期

★ 不強調團體的努力

★ 導致員工較高的流動率

Chapter

3

人力資源與組織

Key Words

☐ **merit** [ˋmɛrɪt] *n.* 功勞

☐ **accomplishment** [əˋkɑmplɪʃmənt] *n.* 成就

☐ **reward** [rɪˋwɔrd] *v.* 酬賞

☐ **de-emphasize** [diˋɛmfəˏsaɪz] *v.* 不強調

☐ **turnover** [ˋtɝnˏovə] *n.* （人員）更換（率）

如何成功實行績效導向制度？

所謂的績效導向，就是重視績效、獎勵績效的制度。因此，員工的薪資報酬與升遷等都是依據該名員工所達成的績效來決定。

❑ 現在是因 IT 化、全球化、解除管制而形成的大競爭 (mega competition) 時代。在這樣的經營環境中，許多企業都認為繼續沿用「年資制度」(seniority system) 及「終身雇用」(life-time employment) 制是無法生存下去的。於是以這些企業為中心，有越來越多的公司開始引進績效導向制度。

❑ 然而若是為了流行，僅僅引進了新制度的形式，那就很可能只會造成混亂，甚至讓狀況變得比以前更糟。

❑ 為了能成功實施績效導向制度，有人設計了一種叫做目標管理 (Management By Objectives = MBO) 的方法。這是一種著重於確實執行目標設定與回饋工作的系統。以下便以 MBO 為基礎，整理出我所認為的具體關鍵成功因素 (Key Success Factors = KSF)。

成功實行績效導向制度的十誡

目標 (Objectives)

① Match!   業務目標必須與組織的目標一致。

② Specify!   要具體指定成果，盡可能量化。

③ Agree!   主管要與員工本人討論，必須讓彼此都贊同才行。

④ Achievable!   不會太簡單也不會太難，只要努力就可能達成。

⑤ Flexible!   當環境改變時，要能夠隨之彈性變化。

回饋 (Feedback)

⑥ Record!   必須基於事實（將感情、感覺排除在外）。

⑦ No surprises!   回饋不只在年末，應依需要隨時進行。

⑧ Support!   主管應盡力協助屬下達成目標。

⑨ Develop! 不可忘記培育人才的立場。

⑩ Judge results, not talents! 不可將績效和才能混為一談。

❏ 讓我們再以日本企業現狀為例。近年來受日本本身經濟衰退及新興國家經濟大幅
成長的影響，日本企業可說是毫無活力可言，為了生存而進行的企業整併等消息
也時有所聞。不過，若只是單純的合併，那也不過是形成了較大的弱者聯盟而
已。能夠確實規劃出合併後的經營方案並加以執行，才是成功的關鍵所在。正因
為多年來各公司所建立的企業文化不盡相同，要彼此融合可說是非常困難。

　　有越來越多很長一段時間不碰「聘雇」事宜的企業開始著手處理聘雇問題。
而由於瀕臨破產的公司也不少，因此就算有經營管理者把「精簡人力」當成最後
的王牌來實行，也一點都不奇怪。但這難道不也是一種「盲從」的做法？對企業
來說，人是最重要的資產，一味的精簡人力是否顯示只被眼前的成本削減所迷
惑，而沒能以中長期的角度來分析？若能確實施行此處所討論的主題「績效導向
制度」，應該就有可能讓組織恢復活力、充滿能量。

❏ 在此單元 MBA Lecture 部分，Sheehan 也曾提到過，績效導向不是只有好的一
面，當然也有其壞的一面。若只是隨著「績效導向」、「績效主義」等言論起舞，
肯定會令員工身心俱疲、困惑混亂，使整個公司瀰漫著倦怠感、挫敗感。在每一
件事上，大家都會對試圖引進新制度的管理階層冷眼相待，抱著「應該過一陣子
就沒事了吧」的態度，激不起熱情的員工們只會繼續低著頭，和以往一樣默默地
完成同樣的工作。因此，重要的是，要冷靜地回頭思考一遍自己公司的處境，弄
清楚今後應採取的姿態與路線，然後想出最適合自己公司的制度並加以推行。

（藤井）

CASE 10 Performance-based System

 MP3 30

With the help from his friend Steve, Jun thought he found a solution to his problem.
But the current system does not accommodate this new idea of his.
He comes to see Mr. Evans to negotiate.

Jun: But Mr. Evans! I need these people. And I need them under a different pay system.

Evans: What you are saying is totally outrageous! I've got a system to run and I will not tolerate any deviation from it!

Jun: You were at the investment committee meeting. Remember what Mr. Martin said. We have to be more innovative and risk-taking!

Evans: What he said is good in theory. But how are we going to do it? We are a tradition-bound company.

Jun: But you think what he said is good. I can't believe you are saying that.

Evans: Well, there are all kinds of problems I can see. Why rock the boat?

Jun: Mr. Evans. I will show you how it works. I am proposing a project team. The people I am going to ask for will leave their current assignments temporarily. They will become my team members. I would also like to use a performance-based pay system.

(Continued on page 170)

解決問題！　績效導向制度

靠著朋友史提夫的幫忙，俊恩認為自己為問題找到了辦法。
但現行的制度無法通融他的這個新構想。
他便來找艾凡斯先生協商。

俊　　恩：可是艾凡斯先生！我需要這些人，而且我需要他們適用不同的薪資制度。

艾凡斯：你所說的完全是無理取鬧！我有一套制度在運作，而且我不會容忍它有任何的偏差！

俊　　恩：您有去投資委員會開會。別忘了馬丁先生是怎麼說的。我們必須更加創新與冒險！

艾凡斯：他所說的在理論上可行。可是我們要怎麼做？我們是一家有傳統包袱的公司。

俊　　恩：可是您認為他所說的是對的。我不敢相信您會說出這種話。

艾凡斯：嗯，我看得出來會有種種的問題。為什麼要沒事找麻煩？

俊　　恩：艾凡斯先生。我告訴您我要怎麼做。我要組一個專案團隊。我要的人必須暫時調離現職，他們將成為我的組員。我還要採用績效導向的薪資制度。

（下接第 171 頁）

✂ Key Words

☐ **current system** 現行的制度
☐ **accommodate** [əˋkɑməˌdet] *v.* 通融
☐ **outrageous** [autˋredʒəs] *adj.* 無理；可憎的
☐ **tolerate** [ˋtɑləˌret] *v.* 容忍
☐ **deviation** [ˌdivɪˋeʃən] *n.* 偏差；越軌
☐ **innovative** [ˋɪnoˌvetɪv] *adj.* 創新的
☐ **be good in theory** 在理論上可行
☐ **tradition-bound** 有傳統包袱的
☐ **rock the boat** 沒事找麻煩
　　eg. Don't rock the boat by making unreasonable requests.
　　　　不要沒事找麻煩，提出不合理的要求。
☐ **assignment** [əˋsaɪnmənt] *n.* 職務

(Continued from page 168)

Evans: Why performance-based?

Jun: This is a totally new business. I need committed professionals who are self-driven and not afraid of taking risks, and who would be rewarded for doing so.

Evans: Well, that would be highly unusual.

Jun: Mr. Evans. I recall you yourself trying to introduce a performance-based compensation system some time ago.

Evans: Indeed. I was shot down from all directions.

Jun: This is an opportunity to prove that it works and is exactly what this organization needs!

Evans: All right. I will talk to the Senior VP of Administration.

Jun: Thank you, Mr. Evans.

Evans: (Smiling) Maybe I'll be thanking you.

（續第 169 頁）

艾凡斯：為什麼要績效導向？

俊　恩：這是全新的事業。我需要意志堅定的專業人才，能自動自發、不怕冒險，
　　　　而他們會因此獲得酬賞。

艾凡斯：嗯，那將會大大地違反慣例。

俊　恩：艾凡斯先生。我記得您本身在前一段時間也嘗試過要引進績效型的薪酬制
　　　　度。

艾凡斯：的確。不過來自四面八方的反對聲浪把我打了回票。

俊　恩：這是個證明它有效的機會，而且這正是這個組織所需要的！

艾凡斯：好吧。我會跟資深行政副總裁談談看。

俊　恩：謝謝您，艾凡斯先生。

艾凡斯：（笑）也許我才要謝謝你。

Chapter

3

人力資源與組織

✖ Key Words

☐ **committed** [kə`mɪtɪd] *adj.* 意志堅定的

☐ **self-driven** [ˌsɛlf`drɪvən] *adj.* 自動自發的

☐ **be rewarded for ...** 因……而獲得酬賞

☐ **unusual** [ʌn`juʒuəl] *adj.* 不尋常的；奇特的

☐ **recall** [rɪ`kɔl] *v.* 記得

☐ **compensation system** 薪酬制度

☐ **indeed** [ɪn`did] *adv.* 的確

☐ **shoot down** 否決；堅決反對

　　eg. The committee shot down his brave new proposal.

　　　　委員會把他的全新提案給打了回票。

☐ **prove** [pruv] *v.* 證明

☐ **Senior VP** 資深副總裁（VP 是 Vice President 的縮寫，指的是「副總裁」，而很多副總
　　裁的實際權限及責任和台灣的「副總經理」差不多。通常 EVP = Executive Vice President
　　〔執行副總裁〕是僅次於總裁的 No.2 職務）

Sheehan 觀點

A Mixed Bag

Many Japanese companies have been moving more towards a performance-based system when it comes to rewarding and promoting employees. They find that such a system serves to motivate workers to excel while "weeding out" those who do not. Younger workers tend to be more supportive of this new system since it allows them to move ahead faster in the company and be financially rewarded for their efforts. Older workers, however, may be less inclined to support this system as it upsets the status quo. These workers have put in long hours and many years of service under the seniority system in the hopes that they would someday reap the benefits from it. Now that they are, they see no reason to change. As a result of this dilemma, some companies have instituted a hybrid performance / seniority system to gradually introduce change to the company. This type of system is difficult to implement and manage, and actually may cause more problems than its worth, since it increases confusion amongst employees as to how much consideration is given to seniority versus the individual's performance. There's also conflict in the goals and objectives, with performance-driven systems focusing more on short-term results and seniority-driven systems more concerned with long-term stability. In order for performance-based systems to really work, they need to be implemented fully and without diluting them with existing seniority systems.

翻譯

混搭

　　在酬賞和晉升員工方面，有很多日本企業正逐步朝績效導向制度邁進。它們發現這樣的制度可激勵員工更上層樓，同時「淘汰」做不到的人。較年輕的員工往往較支持這種新制度，因為這能讓他們在公司裡升遷得比較快，並可以憑著本身的努力得到金錢上的報酬。不過，較年長的員工可能就比較不願意支持這種制度，因為它打破了現狀。這些員工在年資制底下長時間工作賣命了許多年，希望的就是有朝一日能享受到它的好處。既是如此，他們看不出改變的理由。基於這種兩難的局面，有些企業便訂出了混合績效／年資的制度，以逐漸把變革引進公司。這種制度很難實施與管理，帶來的可能是更多的問題而不是價值，因為它會使員

工更加搞不清楚年資和個人績效的比重為何。目的和目標也會出現衝突，因為以績效為導向的制度比較側重短期的結果，而以年資為導向的制度則與長期的穩定較有關連。如果要讓績效導向制度真正發揮作用，它們就得做全套，而不應摻入現有的年資制來稀釋。

藤井觀點

許多日本企業為了能繼續在 21 世紀維持其雄厚的實力，正計畫做出大幅度的改變。許多企業開始比以往更重視被視為重要的經營資源、能夠改變公司原動力的「人力資本」(human capital)。因此，紛紛嘗試導入與過去完全不同的全新人事系統。

例如，有一家機械貿易公司便成功實行了一種結合「內部招聘制度」與「年薪制」的系統。每年，新的領導者都要招募團隊成員以執行專案，這樣就能讓積極的員工做他自己想做的工作，最後再依據市場價值來判定該員工的年薪，以做為獎勵。

另外，有一家通用電氣機械製造商則是引進了一種特殊的薪資制度，將被稱為遞延支付之薪資的「退休金」改在仍在職時就發放，而該公司很多員工都選擇了這種制度。

雖然不能一概斷定美國企業都採取功績制、績效導向制而日本企業都採取年資制及終身雇用制，但在日本從「年資導向」逐漸轉變為「績效導向」確實已成主要趨勢。

某位世界頂尖企業集團的領導人曾說過：「要企業保障員工的就業根本是不可能的事；能夠保障就業的是顧客，是市場。為了能持續滿足顧客與市場而做的自我改革也可以保障工作。」他還進一步表示：「我們公司不保障員工的就業 (employment)，我們保障的是就業能力 (employability)。」

能夠提供提高就業能力所需之刺激及「空間」的企業才是優秀的企業，也才能夠繼續生存下去。而在個人追求更值得做、條件更好的就業機會的同時，勞動力市場便會更加活絡。這樣的趨勢在成長顯著的 BRICs 各國都非常明顯。我想，煩惱著「該怎麼阻止員工一直想換工作？」這個問題的全球經理人應該不少，但與其想著如何阻擋，還不如改變想法，努力創造出能讓這些優秀員工產生強大向心力的工作環境，使公司蛻變成能夠不斷雇用、訓練、養成傑出人才的組織。

另一方面，在如此巨大的變化中，員工應以 21 世紀商業領袖的姿態，自行承擔責任、培養優秀的能力 (competency) 並努力提高自己的市場價值。

NOTES

Session
11

Discrimination in the Workplace

職場歧視

除了平日一般的業務工作外，
還要忙著準備啟動新事業的俊恩
一連多日都加班到很晚。
另一方面，由於年度結算的期限將近，
會計部的副理琳恩也在加班。
雖說每次年度結算都是這樣，
但連續加班好幾天，實在是累死人了。
終於結束一天工作的琳恩準備要下班。
而這時俊恩跑來找她說話。

CASE 11 Discrimination in the Workplace

🎵 MP3 31

Jun and Lynn are working late in the office. Lynn is about to leave.

Lynn: Boy, I've had enough! I'm calling it a day.

Jun: Yeah. It's getting kind of late, isn't it? Are you going straight home?

Lynn: I'll pick up something to eat first. I am starved!

Jun: Me, too! Lynn, do you like Chinese? I know this great 24-hour place.

Lynn: No. I would rather not.

Jun: Why not? The food there is fantastic. It's one of the trendiest spots.

Lynn: Well, I am really tired, you know.

Jun: I guarantee that you will feel better once you get there. It is a fabulous place.

Lynn: (Shaking her head) No, thank you!

Jun: Well, if you're really tired, we could just pick up some Chinese and take it back to your place.

Lynn: (Angrily) I don't think so!

Jun: Come on, Lynn. What's the problem? You have a boyfriend or something?

Lynn: What business is that of yours? I said no. And I mean NO!

Jun: You have something against Japanese guys?

Lynn: Listen, Jun. It's late. And you are getting into some dangerous territory.

Jun: What do you mean "dangerous"?

俊恩和琳恩在辦公室工作到很晚。琳恩就要走了。

琳恩：媽呀，我受夠了！今天我要到此為止了。

俊恩：是啊。有點晚了，不是嗎？妳要直接回家嗎？

琳恩：我會先去買東西吃。我餓斃了！

俊恩：我也是！琳恩，妳喜歡中式料理嗎？我知道有個很棒的地方 24 小時營業。

琳恩：不喜歡，還是免了。

俊恩：為什麼不喜歡？那裡的菜色一流。它可是最時髦的餐館之一。

琳恩：嗯，你知道，我真的累了。

俊恩：我保證妳到了那裡就會覺得好一些。它是個超讚的地方。

琳恩：（搖頭）不了，謝謝！

俊恩：嗯，假如妳真的累了，我們可以買一些中式料理帶回妳的住處。

琳恩：（很生氣地）我想不必了！

俊恩：別這樣嘛，琳恩。有什麼不對嗎？妳是有男朋友還是怎樣？

琳恩：那關你什麼事？我說了不要，意思就是不要！

俊恩：妳對日本男人有成見嗎？

琳恩：聽好，俊恩。時間晚了。而且你正在步入某種危險境界。

俊恩：妳說的「危險」是什麼意思？

Chapter

3

人力資源與組織

✖ Key Words

☐ **I've had enough.** 我受夠了。

☐ **call it a day** 今天到此為止

☐ **kind of** 有點

☐ **pick up** 買

☐ **be starved** 餓斃了；肚子好餓（還有 I am famished!〔我餓死了！〕這樣的說法）

☐ **I would rather not.** 我寧可不（還是免了）。

☐ **fabulous** [ˋfæbjələs] *adj.* 超讚的；極好的

☐ **Come on.** 別這樣。（用於祈使句以鼓勵某人做某事，尤指促其加速或努力、試一試）

☐ **... or something** 還是什麼的

☐ **business** [ˋbɪznɪs] *n.* 職責；本分

☐ **get into** 步入

© MP3 **32**

Discrimination in the workplace can take many forms and may range from the very obvious (making sexual advances) to the more subtle (telling a racist joke).

Common Forms of Discrimination

- **Sexual discrimination** is probably the most common form of discrimination in the workplace given women's traditional lack of power and leadership in many organizations. Sexual discrimination can be one person trying to coerce (force) sexual favors, using their power and / or the threat of termination. Or, it can be an organization refusing to hire or promote more women into management because they feel women are not "serious" long-term employees.

- With the rapidly aging society, **age discrimination** is becoming a larger issue today. Many companies are restructuring and forcing out older, more expensive workers and replacing them with younger, less-expensive ones. These same older workers may then find it difficult to find new employment because of their age.

(Continued on page 180)

職場歧視會以多種形式出現，從非常明顯的（進行性挑逗）到比較隱晦的（拿種族來開玩笑）都有可能。

歧視的常見形式

- **性別歧視**大概是職場歧視中最常見的，因為有很多組織的女性在傳統上都缺乏權力與領導權。性別歧視可能是一個人試圖利用權勢和／或解雇的威脅來迫使（強迫發生）性關係，也可能是組織拒絕聘用或晉升更多女性到管理階層，因為他們覺得女性不是「有志於此」的長期員工。

- 隨著社會迅速老化，**年齡歧視**如今正成為更大的問題。有很多公司都在進行重組並逼退年紀較大、薪資較高的員工，以年紀較輕又較便宜的員工來取代。這些年紀較大的員工接著就可能會發現，因為年齡的關係，已經很難找到新的工作。

（下接第 181 頁）

✖ Key Words

- ☐ **make sexual advances** 做性挑逗
- ☐ **subtle** [ˋsʌtl̩] *adj.* 隱晦的
- ☐ **racist** [ˋresɪst] *n.* 種族主義者
- ☐ **coerce** [koˋɝs] *v.* 迫使
- ☐ **coerce sexual favors** 迫使發生性關係
- ☐ **termination** [ˌtɝməˋneʃən] *n.* 解雇
- ☐ **restructure** [riˋstrʌktʃɚ] *v.* 重組
- ☐ **force out** 逼退
- ☐ **replace** [rɪˋples] *v.* 代替

(Continued from page 178)

- **Racial discrimination** is, unfortunately, a common practice in many companies. Certain groups of workers may be targeted with offensive comments or jokes because of their racial background. Or worse, they may be denied job opportunities or promotions because companies feel they don't project the "right image. "

- **Disability discrimination** is a newly recognized form of discrimination, although it has been around for many years. People with physical or mental disabilities are often denied employment opportunities or have to work in environments that are not easily accessible to them.

Discrimination Drawbacks
- Expensive lawsuits (legal actions taken against companies)
- Negative publicity (loss of public trust)
- Potential consumer boycotts (refusal to buy certain products)

Discrimination Preventive Measures
- Institute awareness / sensitivity training
- Formalize clear guidelines in company manual
- Establish a zero-tolerance policy

(Sheehan)

（續第 179 頁）

- 不幸的是，**種族歧視**在許多公司裡都是屢見不鮮的事。特定群體的勞工可能會因為本身的種族背景而遭受侮辱性的言語或玩笑。或者更糟的是，他們可能會因為公司覺得他們不符合「正確的形象」而得不到工作機會或升遷。

- **身障歧視**是新被認定的歧視形式，雖然它存在了許多年。身心障礙人士經常得不到雇用機會，或是必須在進出不方便的環境中工作。

歧視為公司帶來的不利
- 訴訟所費不貲（對公司所採取的法律行動）
- 負面宣傳（失去公眾的信任）
- 潛在顧客杯葛（拒絕購買特定產品）

歧視的預防措施
- 進行意識宣導／敏感度訓練
- 在公司手冊中訂出明確的規範
- 訂立零容忍的政策

Chapter

3

人力資源與組織

✄ Key Words

- ☐ **offensive** [əˋfɛnsɪv] *adj.* 侮辱性的
- ☐ **project** [prəˋdʒɛkt] *v.* 投射
- ☐ **be around** 存在
- ☐ **accessible** [ækˋsɛsəbl] *adj.* 易造成不便的
- ☐ **drawback** [ˋdrɔˏbæk] *n.* 缺失；不利
- ☐ **formalize** [ˋfɔrmlˏaɪz] *v.* 使形式化
- ☐ **zero-tolerance** [zɪroˋtɑlərəns] *adj.* 零容忍的（不論是多麼輕微的違規都一律處罰的政策）

不論在何處，歧視都是不被允許的！

❑ 以美國為首的諸多國家都透過公民權 (civil rights) 的形式，以法律保障人民的基本人權。而美國於 1964 年的公民權法第 7 篇（Title VII of the Civil Rights Act of 1964.）便規定了：禁止任何關於種族、膚色、性別、原國籍及宗教等的歧視。

❑ 歧視是對基本人權的侵害。不論是職場中還是職場外的歧視，都不可原諒。而且不管是在世界上的哪個地方，此原則都是不變的。

❑ 工作場所中的歧視包括了對性別、年齡、種族及殘疾人士等的歧視，這些當然都是違法的。而本章所提到的性騷擾屬於性別上的歧視。日本於 1999 年實施了《男女雇用機會均等法》、台灣於 2002 年施行《性別工作平等法》，都將企業應有的關切義務法制化，因此對企業來說，這也成了經營上的重要問題之一。

❑ 依據一項研究顯示，採取陪審團 (jury) 制度的美國，在審判企業與員工間的爭執時，陪審團多半都會偏向於同情員工，而對於企業（也包含外國企業），會做出嚴苛的判決結果。此外其判決 (verdict) 的賠償金額也可能是令人難以想像的天文數字。

❑ 歧視也會為企業帶來難以估計的負面影響。一旦進行訴訟，不但會產生高額的訴訟費用，還必須花費大量時間，職場的生產力當然也會降低。此外，因媒體報導而傳出負面形象後，公司的產品甚至可能被消費者抵制。

❑ 要防止歧視，就必須要有「絕不容許歧視」的明確政策。平常對待員工就要以尊重並顧及其尊嚴 (respect and dignity) 的方式應對，這是最基本的。以下整理幾項相關的具體建議：

① 提出明確的方針，並且書面化（寫明哪些行為是禁止的、違反規定時有何處罰，以及申訴和調查的內部程序等）。

② 舉辦培訓、研討會等訓練課程（說明方針、責任與風險等）。

③ 調查所有的申訴案件（最好能設立專任的負責窗口）。

④ 雇用、解雇員工時要特別小心（有些問題是不能問的，故應事先諮詢專家）。

⑤ 遇到相關問題，務必要徵求公司內部或外部專家的意見。

❏ 我在美國擔任一家製造公司的總裁時正是市場環境最惡劣的時候，因此我曾經努力改善營運狀況並進行裁員。當時裁掉了好幾個人，結果有幾次差點鬧上法院，有幾次則因為被說成是「因歧視而解雇」，結果真的被告上了法庭。在本該全力重建核心業務的重要關頭，卻發生不得不上法庭解決的事情，為此所花費的精力、時間不可謂不多。

❏ 在此為各位介紹一下我在該狀況下學到的一些東西。

首先是公司律師所提出的忠告，那就是「就算企業所做的事都 100% 正確，還是可能被告」。但這並不代表「反正橫豎都會被告，做什麼都沒用」。反而是正因如此，所以「企業必須堅守基本原則，並採取萬全的準備」。另外，負責調停這些案件的一位前法官曾說：「審判是沒有贏家的。勝訴也好敗訴也罷，耗損精力之龐大，都足以毀了一個人的人生，因此就算勝訴，也稱不上是贏家。正因為如此，我們平日就該態度誠懇，謹記時時保持公正，就算不幸被告，也要盡量避免走上法庭審判這條路。」憧憬電視及電影中「法庭戲」的「華麗」場景，而想在法庭上一決勝負的愚勇態度是一定要避免的──此建議對於有機會到美國或其他國家工作的人來說，應是相當寶貴的意見。

❏ 創造一個能讓所有員工引以為傲的工作環境是企業的責任也是義務。而能夠持續努力做到這點的企業，才可能永遠繁榮昌盛。

（藤井）

CASE 11 Discrimination in the Workplace

🎵 MP3 33

The next morning, Jun comes to see Lynn.
He looks serious. Lynn is still angry with him.

Jun: Lynn. Could I talk to you for a minute?

Lynn: What is it, Jun?

Jun: I have to apologize to you for last night. You must have been really offended.

Lynn: Yes. Not only that. I could not get much sleep because I was so upset!

Jun: I am really sorry. I didn't realize the seriousness of what I did until I talked to Steve.

Lynn: Oh? You talked to Steve. What did he say?

Jun: He said what I did was completely uncalled for and totally unacceptable. He said we all have to treat our co-workers with respect and dignity.

Lynn: He is right.

Jun: He also said what I did could be considered sexual harassment which is a form of discrimination in the workplace and should not be allowed.

Lynn: He is right again. So?

(Continued on page 186)

✂ Key Words

☐ **for a minute** 一下
☐ **offended** [əˋfɛndɪd] *adj.* 被冒犯的
☐ **upset** [ʌpˋsɛt] *adj.* 生氣的；苦惱的
☐ **seriousness** [ˋsɪrɪəsnɪs] *n.* 嚴重性

隔天早上，俊恩來找琳恩。
他看起來很嚴肅。琳恩還在生他的氣。

俊恩：琳恩，我可以跟妳談一下嗎？

琳恩：要幹嘛，俊恩？

俊恩：我必須為了昨晚的事向妳道歉。妳一定相當不舒服。

琳恩：是。不只如此，我還睡不太著，因為我氣炸了！

俊恩：我深感抱歉。對於我的行為，我沒意識到它的嚴重性，直到我跟史提夫談過
　　　為止。

琳恩：喔？你跟史提夫談過了。他怎麼說？

俊恩：他說我的行為完全不可取，全然令人不能接受。他說我們都必須以尊重和尊
　　　嚴來對待同事。

琳恩：他說對了。

俊恩：他還說，我的行為可能會被視為性騷擾。這是職場歧視的一種，不應該受到
　　　容許。

琳恩：他又說對了。所以呢？

（下接第 187 頁）

Chapter
3
人力資源與組織

✖ Key Words

☐ **be uncalled for** 沒必要的；沒有理由的
　　eg. The general manager's attack on his plan was totally uncalled for.
　　　總經理對於他的計畫之抨擊毫無道理。
　　eg. His attack on her character is completely uncalled for.
　　　他對她人格的抨擊完全沒有必要。

☐ **unacceptable** [ˌʌnək`sɛptəbl] *adj.* 不能接受的

☐ **co-worker** [`koˏwɜkə] *n.* 同事

☐ **respect** [rɪ`spɛkt] *n.* 尊重

☐ **dignity** [`dɪgnətɪ] *n.* 尊嚴

(Continued from page 184)

Jun: I went to see Mr. Evans and explained what happened.

Lynn: What did he say?

Jun: He said I should apologize to you and never ever do that again. So I came to see you.

Lynn: OK, Jun. Your apology has been accepted. Just don't do it again to me or anyone else.

Jun: I won't, Lynn. And there is more.

Lynn: What is it, Jun?

Jun: Mr. Evans recommended that we compile an employee handbook and specifically state that the company does not tolerate discrimination of any kind. He also suggested that the company provide a seminar on the subject, showing both negative personal and business consequences.

Lynn: At least something good came out of this.

（續第 185 頁）

俊恩：我去見了艾凡斯先生，把情況解釋了一遍。

琳恩：他怎麼說？

俊恩：他說我應該向妳道歉，而且萬萬不可再犯。所以我就來找妳了。

琳恩：好，俊恩。你的歉意我接受。只要別再對我或其他任何人這麼做就好。

俊恩：不會了，琳恩。還有件事。

琳恩：什麼事，俊恩？

俊恩：艾凡斯先生建議我們彙編一本員工手冊，明確載明公司不容忍任何一種歧視。他還建議我們公司就這個主題舉辦一個研討會，說明對個人與企業的負面後果。

琳恩：起碼這件事有了個好的結果。

Chapter

3

人力資源與組織

✂ Key Words

- [ ] **apology** [əˋpɑlədʒɪ] *n.* 道歉；賠罪
- [ ] **And there is more.** 還有件／些事。
- [ ] **compile** [kəmˋpaɪl] *v.* 彙整；編輯
- [ ] **employee handbook** 員工手冊（明確記載了公司的經營方針與員工的行為規範等內容）
- [ ] **specifically** [spɪˋsɪfɪkḷɪ] *adv.* 明確地
- [ ] **state** [stet] *v.* 陳述；說明
- [ ] **tolerate** [ˋtɑləˌret] *v.* 容忍
- [ ] **of any kind** 任何一種的
- [ ] **consequence** [ˋkɑnsəˌkwɛns] *n.* 後果
- [ ] **come out of ...** 由……產生

    eg. Nothing came out of my talks with HR manager.
        我和人資經理的談話毫無結果。

    cf. How did you come out in that lawsuit you had against your former employer?
        你告前雇主的那起官司結果如何？

Illegal and Expensive

Discrimination costs a company in many ways. First and foremost, it is illegal and may cost the company a lot of money in terms of penalties and fines levied by the government, as well as lost opportunities in government contracts. Secondly, it may cost the company money in terms of lawsuits filed by affected employee(s). Many companies have had to pay millions of dollars in compensation to victims of discrimination, including Japanese companies operating in the States. Class action lawsuits represent large numbers of a certain group, making it easier for victims of discrimination to seek redress. Next, the company's reputation is affected in a negative way that may impact the company's sales. This can be exasperated by company or product boycotts led by disgruntled consumers. Many minority groups have effectively targeted businesses that have practiced discrimination on a regular basis. And, on the employment front, companies may find it difficult to hire certain groups of workers. This will drive up hiring costs, especially if the affected group is women (50% of the workforce). Thus, working to alleviate discrimination throughout the organization makes good business sense.

翻譯

違法又花錢

　　歧視會讓公司在許多方面付出代價。首先最重要的是，它違法而且可能會讓公司在政府的裁罰下付出高額的罰款和罰金，並失去取得政府合約的機會。其次，只要受到影響的員工一提起訴訟，公司可能就要花錢。有很多公司，包括在美國營運的日本公司，必須付出好幾百萬美元來賠償歧視的受害者。集體訴訟的官司代表的是人數眾多的特定群體，使受歧視的受害者比較容易尋求救濟。接下來，公司的信譽也會受到負面的影響，這可能會衝擊到公司的業績。要是不滿的消費者對公司或產品發起杯葛，那就更會雪上加霜。有很多少數族群會定期強力監督有歧視行為的企業。而且在雇用方面，公司會發現某些特定群體的勞工很難請到。這會拉高雇用成本，尤其假如受到影響的群體是女性（半數的勞工）的話。因此，設法消弭組織上下的歧視才是妥善的經營之道。

要有效防制職場歧視，必須以對基本人權的尊重為主要前提，而從企業風險管理的角度來看，也必須掌握以下幾項基礎原則。

1. 雇用

在進行招聘員工的面談時，不可詢問與工作能力無關的問題，例如與種族、膚色、宗教信仰、婚姻狀況、出生國家、年齡等有關的問題，都不應詢問。建議最好能事先準備好問題集，並與人事部及律師討論。

2. 解雇

解雇只能基於業務上的理由。由於美國不像日本或台灣有退休年齡的規定，故「因為已經⋯⋯歲了」這樣的解雇理由是不正當的，會被視為年齡歧視。而年齡歧視的對象通常是 40 歲以上的人。在這方面需注意的要點如下：

① 一旦決定解雇，當然會想馬上執行，但很多時候往往會快而不當。即使是因改革而須執行伴隨之解雇策略的組織，在做重整工作時也切忌「躁進」，一定要慎重小心地處理。
② 再次 review，確認決定是否正確。管理階層要站在員工的立場替員工想，這點是很重要的。
③ 不承諾一切公平。「公平性」雖然很重要，但在特定狀況下如何才算公平，雇主與員工的解釋往往不同。
④ 務必事先諮詢公司內的專家或律師。

3. 解決雇用問題的替代方案

若是不幸被捲入訴訟，從時間、成本、生產力下降等面向來看，審判對企業經營來說總是不好的。以下介紹幾個快速又能減少損失的替代解決方案：

① 公司內部的委員會：在公司內部設置申訴處理委員會等組織來應對。
② 談判協商：協商遣散費 (severance pay)。
③ 調停 (mediation)：為了解決紛爭而進入的正式協商程序，其決定雖無約束力，但不失為一種迅速的解決辦法。
④ 仲裁 (arbitration)：由於有法官在場，故與法庭審判類似，但比真正的審判快速，花費也較少，而其決定是有約束力的。

要做重大決定或有疑問時，一定要和人事部及律師等專家討論。當然，前提是平常就要抱著以創造健全工作環境為目標的心態，並配合具體的行動。「Prevention is better than cure.」（預防勝於治療）這句話亦適用於商業經營。務必記住，與每位員工應對時，都該拿出尊重的態度同時顧及其尊嚴，這才是最基本的。

NOTES

Business Ethics

企業倫理

聽説新的面霜產品
被投訴會造成皮膚發炎,
這讓史提夫大驚失色,
立刻跑到俊恩的座位旁。
問清楚情況後的史提夫
認為事態嚴重而顯得十分緊張,
但俊恩卻是一副氣定神閒的模樣。
於是史提夫便逼問著俊恩,
想知道他到底打算怎麼處理。

CASE 12 Business Ethics

◉ MP3 34

Steve rushes to Jun's desk.
Steve looks very upset. Jun, on the other hand, is almost nonchalant.

Steve: I heard that there have been some reports of skin irritation as a result of using our facial cream. What's the story, Jun?

Jun: Well, when our product is used with some soap products, there appears to be some chemical reaction.

Steve: Did you talk to our lab about this?

Jun: Yes, I did. They told me that the product by itself is okay. But when used in combination with certain types of soap, a chemical reaction occurs and causes skin irritation.

Steve: Oh, dear!

Jun: Well, something like this has happened to us before. There is nothing new here. Besides, this could happen to anybody.

Steve: (Disturbed) Yes. But that's no excuse for this current problem!

(Continued on page 194)

史提夫衝到俊恩的辦公桌前。史提夫看起來非常苦惱。
相反地，俊恩看起來卻是一副滿不在乎的樣子。

史提夫：我聽說有一些說使用我們的面霜會造成皮膚過敏的報導。這是怎麼回事，
　　　　俊恩？

俊　恩：嗯，要是我們的產品跟一些肥皂產品一起使用，似乎會產生一些化學反
　　　　應。

史提夫：你跟我們的實驗室談過這件事了嗎？

俊　恩：是的，談過了。他們跟我說，產品本身沒問題。但要是跟某幾種肥皂合併
　　　　使用，就會出現化學反應而使皮膚受到刺激。

史提夫：噢，天哪！

俊　恩：嗯，我們以前就碰過類似的情況。這一點都不算新鮮事。此外，誰都有可
　　　　能碰到這種事。

史提夫：（語帶困擾）是，可是眼前這個問題沒有藉口！

（下接第 195 頁）

Chapter

3

人力資源與組織

🔧 Key Words

☐ **nonchalant** [ˋnɑnʃələnt] *adj.* 滿不在乎的；漠不關心的

☐ **irritation** [ˏɪrəˋteʃən] *n.* 刺激；過敏

☐ **What's the story?** 怎麼回事？

　eg. What's the story on our new project?
　　　我們的新案子是怎麼回事？

☐ **chemical reaction** 化學反應

☐ **lab** [læb] *n.* 實驗室（laboratory 的略稱）

☐ **in combination with ...** 與……合併

☐ **dear** [dɪr] *int.* 天哪

☐ **besides** [bɪˋsaɪdz] *adv.* 此外

☐ **disturbed** [dɪˋstɜbd] *adj.* 受到困擾的

☐ **excuse** [ɪkˋskjuz] *n.* 藉口

(Continued from page 192)

Jun: No. It just goes to show that no product is perfect. Even the most innovative and successful product can be flawed.

Steve: I am afraid you are right.

Jun: You know, Steve. I am in fact very concerned about the impact this incident might have on our sales. It's one of the best products I have ever sold. What happens if more people find out about this?

Steve: (Loudly) "Find out"? You have to let our customers know about this before they "find out"!

Jun: I will, I will, in our own traditional way, you know.

Steve: (Angrily) No, I don't! What exactly do you plan to do?

Jun: Well, what can we do? We will just print an advisory label on the bottle.

Steve: That's it? Don't you think we owe it to our customers to do more than that?

Jun: Why? We are under no legal obligation.

（續第 193 頁）

俊　恩：不。這只證明沒有一樣產品是完美的。連最創新和最成功的產品都會有瑕疵。

史提夫：恐怕你說得有道理。

俊　恩：你知道的，史提夫，事實上，我非常擔心這個事件對我們的業績可能造成的衝擊。這是我所賣過最好的產品之一。假如有更多人察覺了這件事，那會怎麼樣？

史提夫：(提高音量)「察覺」？你必須在顧客「察覺」之前，就讓他們知道這件事！

俊　恩：我會，我會，就用我們自己的傳統方式，你知道的。

史提夫：(語帶憤怒)不，我並不知道！你到底打算怎麼辦？

俊　恩：嗯，我們能怎麼辦？我們只好把警示標籤印在瓶子上了。

史提夫：就這樣？你難道不覺得我們該為顧客做的不只是這樣嗎？

俊　恩：為什麼？我們並沒有這個法律義務。

Chapter

3

人力資源與組織

🔧 Key Words

☐ **go to show ...** 證明了
　　eg. It goes to show that hard work pays off.
　　　這證明了努力工作會有所回報。

☐ **flawed** [flɔd] *adj.* 有瑕疵的

☐ **you know** 你知道的（用來引起對方的注意力或喚起對方記憶的口頭語）

☐ **be concerned about ...** 擔心……

☐ **impact** [ˋɪmpækt] *n.* 衝擊；影響力

☐ **incident** [ˋɪnsədn̩t] *n.* 事件

☐ **advisory** [ədˋvaɪzərɪ] *adj.* 警示的

☐ **That's it?** 就這樣？

☐ **owe** [o] *v.* 應該做

☐ **legal obligation** 法律義務

Ethical Dilemmas

There are many situations where a company may find itself in an ethical dilemma, having to choose between doing what is "right" versus doing what is expedient. For instance, when operating abroad, should workers be paid what is legally required (minimum wage) or be paid what would be considered a more livable wage? Should child labor be used, even if it is legal by local standards? When building a factory, should only local pollution standards be observed, or should the best interests of the local citizens living near the factory be considered? If a product has the potential to be dangerous if used in a certain situation, should this information be disclosed or does it require recalling the product and making the necessary changes, even if this dangerous situation may never materialize? All of these situations involve both legal and ethical considerations. Most companies operate within the rule of law; few operate within a strict code of ethics.

Transparency and Accountability

In order for companies to become more "ethical" in their business dealings, they need to incorporate the two key principles of transparency and accountability.

(Continued on page 198)

道德上兩難的困境

在很多情況下，企業可能會發現自己處在道德上兩難的困境裡，必須在做「對」的事和採取權宜之計間做一抉擇。例如，在海外經營時，是應該給付員工領法定工資（最低工資），還是給付被認為是比較能過日子的工資？即使合乎當地的法令標準，該不該使用童工？在蓋工廠時，應該要只遵守當地的汙染標準，還是應該要考慮到工廠附近當地居民的最大利益？假如某項產品在特定的情況下使用可能會有危險，這樣的訊息該不該揭露，或者是否必須把產品回收並做必要的調整，即使這種危險的情況也許永遠不會發生？這些情況全都同時牽涉到法律和道德的考量。大部分的企業都是依法行事，會依嚴格的道德規範行事的則少之又少。

透明與責信

企業如果要在生意往來上變得更「道德」，就要納入透明與責信這兩個關鍵原則。

（下接第 199 頁）

✘ Key Words

- [ ] **ethical** [ˋɛθɪkl̩] *adj.* 倫理的；道德的
- [ ] **expedient** [ɪkˋspidɪənt] *adj.* 權宜的
- [ ] **livable** [ˋlɪvəbl̩] *adj.* 能過日子的
- [ ] **child labor** 童工
- [ ] **observe** [əbˋzɝv] *v.* 遵守
- [ ] **interest** [ˋɪntərɪst] *n.* 利益；利害
- [ ] **materialize** [məˋtɪrɪəˏlaɪz] *v.* 實現；使具體化
- [ ] **transparency** [trænsˋpɛrənsɪ] *n.* 透明（度）
- [ ] **accountability** [əˏkaʊntəˋbɪlətɪ] *n.* 責信；當責
- [ ] **incorporate** [ɪnˋkɔrpəˏret] *v.* 使併入

(Continued from page 196)

Transparency is about making the decision-making process more open and easier for people outside the company to understand. Many companies still make secretive decisions behind closed doors involving only a few key executives. To most people on the outside (and sometimes inside these organizations) these decisions appear arbitrary since it is difficult to understand how or why they were made. This can create misunderstanding and a sense of mistrust between a company and the public. Transparency needs to start at the top—the Board of Directors. Many boards are still comprised of company insiders who share similar ideas and views. This can lead to "groupthink" where there are no dissenting opinions, even when questionable decisions are made. This can have dire consequences for the company and its "stakeholders". Having a more open board comprised of people from outside the company and industry may help to safeguard against this.

Accountability is about holding individuals responsible for their actions and punishing those who commit illegal or unethical actions. It does not mean finding an easy "scapegoat" in the organization to place all the blame on, or worst, offering up an insincere apology followed by a "symbolic" resignation (which actually only results in a change of business cards). Accountability calls for establishing clear standards of behavior and consequences that apply to all employees, regardless of position.

(Sheehan)

（續第 197 頁）

　　透明是指讓決策過程更開放，使公司以外的人更容易了解。有很多企業仍然是關起門來祕密決策，只有幾個重要主管熟知內情。對外界（有時候則是這些組織內）的大多數人來說，這些決策儼然是獨斷獨行，因為很難讓人理解它們是怎麼形成的。這會造成公司與民眾間的誤解和不信任。透明需要從最高層的董事會做起。有很多董事會仍然是由公司的內部人士所組成，這些人通常有共同的觀念和看法。這會導致「團體思維」，而沒有反對意見，甚至在形成有問題的決策時亦是如此。這會對公司和它的「利害關係人」造成可怕的後果。讓董事會比較開放，納入公司和產業以外的人士，將有助於預防這點。

　　責信是指個人對本身的作為負責，對於有違法或不道德行為的人則應予以懲罰。這並不意謂在組織裡隨便找個「代罪羔羊」來承擔一切的罪過，或更糟地，只是沒有誠意地致歉，然後「象徵性地」辭職（這樣實際上只是把名片換掉而已）。責信所要求的是為行為與後果訂出明確的標準，而且員工不分職位，一體適用。

✖ Key Words

- **arbitrary** [ˈɑrbəˌtrɛrɪ] *adj.* 獨斷獨行的；武斷的
- **mistrust** [mɪsˈtrʌst] *v.* 不信任
- **be comprised of ...** 由……所組成
- **dissenting** [dɪˈsɛntɪŋ] *adj.* 反對的
- **dire** [daɪr] *adj.* 可怕的；悲慘的
- **consequence** [ˈkɑnsəˌkwɛns] *n.* 後果
- **stakeholder** [ˈstekˌholdɚ] *n.* 利害關係人
- **safeguard against ...** 預防……；防範……
- **scapegoat** [ˈskepˌgot] *n.* 代罪羔羊
- **offer up ...** 致上
- **insincere** [ˌɪnsɪnˈsɪr] *adj.* 缺乏誠意的
- **apply to ...** 適用於……

確立可向外宣揚的明確企業倫理標準

　　商學院是個培育經營管理領導者的地方，而一般期待這些領導者將活躍於以追求利潤為目的之商場，那麼這樣的商學院到底為何要教導「倫理道德」呢？以下分別就「法律的遵守，以及法律的極限」、「社會責任」、「永續發展」此三大部分來做解說。

1. 法律的遵守，以及法律的極限

　　企業應遵守法律是理所當然的，然而在發展業務時或許能達到在法律上站得住腳又能有效追求利潤的程度，但一定會出現「企業倫理」部分有待商榷的問題。

　　舉例來說，所付的工資是最低工資還是能夠應付生活開支的工資、是否可雇用童工、周邊居民是否會受到環境汙染的影響、是否該公開不利資訊、是否要回收對消費者造成不便的商品等。

　　要能妥善處理這些事情，就必須先在企業內確立清楚的、做為判斷基礎的企業倫理標準。而該標準不能採取「內部邏輯」，必須是以舉世皆能理解、認同的明確價值觀做為後盾的標準。

2. 社會責任

　　企業的利害關係人 (stakeholders) 有很多，包括了股東、顧客、業務夥伴及整體社會等。要知道，正因為「沒有一天能沒有經濟」，所以企業活動對這些利益相關者造成的影響與責任大得難以估計。

3. 永續發展

　　企業能夠永續經營的基本前提就是持續獲得顧客及市場的高度讚譽。而這考驗的是企業的理念，以及做為其骨幹的價值觀、道德觀。當然，激起組織成員之創造力與熱情的理念、價值觀及道德觀，還必須為企業整體所共有、共享才行。

❏ 誠如前述，企業周圍有著許許多多的利害關係人。若企業不具有能讓這些利害關係人感到認同、滿足的明確道德觀及價值觀，該企業便無法永續發展。

❏ 而「透明 (transparency)」與「責信 (accountability)」是支持已確立「人人都可接受之明確價值觀、道德觀」之企業的兩大關鍵。亦即，明白揭露決策過程（透明），然後賦予行動責任並懲罰採取不道德的行為的人（責信）。

❏ 某些企業（如許多日本企業）有時會被批評為從外部很難看懂 (inscrutable)、很不透明 (opaque)，又或是具有雙重標準 (double standard)、表裡不一，在更極端的情況下甚至會被說成是「騙子」。生長於同質化社會 (homogeneous society)，在不必多說也能彼此理解的關係中或許有其輕鬆方便之處，但全球商業社會裡存在著很多歷史、文化、社會背景不同的各國人士，彼此之間必須充分理解才能共事，因此這些企業有必要更努力地對外傳達正確的資訊。

❏ 有些人認為「來自很多事情都彼此共享、不必說出來也能相互理解的高情境文化 (high-context culture) 的人，應該要清楚地向需要明確溝通、來自低情境文化 (low-context culture) 的人做說明」，亦即將之定調為文化差異問題，但我覺得重點其實並不在此。重要的是要對自己公司存在的理由有明確想法，然後將這個想法徹底傳達給所有與公司有關的人，並讓他們理解。只要是一個生存於社會上的法人，就該採取負責任的行動、為世界帶來新價值，並為建立出更好的社會做出貢獻——這就是所謂企業應有的存在意義！

（藤井）

Chapter

3

人力資源與組織

CASE 12 Business Ethics

◎ MP3 36

Jun requested an urgent meeting.
Mr. Martin, Ms. Simpson and Lynn are present.
Mr. Martin opens the meeting gravely.

Martin: Jun asked for this meeting. Jun. Why don't you start?

Jun: Thank you, Mr. Martin. As you all know, we have had several complaints about our new facial cream. I have investigated the matter with our R&D and QC departments. Our finding is that our product reacts with certain soap products in the market, causing skin irritation.

Martin: What do you suggest we do?

Jun: I suggest that we first recall the product and make a public statement about our findings. And then we repackage our facial cream with our own specially formulated soap.

Lynn: That's outrageous! You know how much that is going to cost us? Our company may run into the red.

Jun: I am fully aware of the financial impact, Lynn. But we will gain in the long run if we take corrective actions immediately.

(Continued on page 204)

✘ **Key Words**

☐ **gravely** [ˈgrevlɪ] *adv.* 沉重地；嚴肅地
☐ **ask for** 要求
☐ **complaint** [kəmˈplent] *n.* 客訴
☐ **investigate** [ɪnˈvɛstəˌget] *v.* 調查；研究
☐ **react** [rɪˈækt] *v.* 產生反應

俊恩要求開緊急會議。
馬丁先生、辛普森小姐和琳恩都出席了。
馬丁先生沉重地開始這場會。

馬丁：俊恩要求開這場會。俊恩，何不由你來起個頭？

俊恩：謝謝您，馬丁先生。各位都知道，我們的新面霜收到了多起客訴。我會同研發和品管部調查了原委。我們發現，我們的產品和市面上某些特定的肥皂產品一起使用會產生反應，使皮膚受到刺激。

馬丁：你建議我們該怎麼做？

俊恩：我建議我們先回收產品，並針對我們的發現發表公開聲明。然後把面霜跟我們自己特別配製的肥皂一起重新包裝。

琳恩：那太離譜了！你知道那要花掉我們多少錢嗎？公司可能會出現赤字。

俊恩：我完全明白財務上的衝擊，琳恩。可是假如我們立即採取補救行動，長期來說會對我們是有利的。

（下接第 205 頁）

Chapter

3

人力資源與組織

🔧 Key Words

☐ **suggest** [sə`dʒɛst] *v.* 建議
☐ **recall** [rɪ`kɔl] *v.* 回收
☐ **public statement** 公開聲明
☐ **finding** [`faɪndɪŋ] *n.* 發現；調查結果
☐ **repackage** [ri`pækədʒ] *v.* 重新包裝
☐ **formulate** [`fɔrmjə‚let] *v.* 配製
☐ **outrageous** [aut`redʒəs] *adj.* 無理的；離譜的
☐ **run into the red** 出現赤字
☐ **in the long run** 長期來說
☐ **corrective** [kə`rɛktɪv] *adj.* 補救的；矯正的

(Continued from page 202)

Simpson: Won't it be difficult to regain our momentum in the market if we withdraw our product?

Lynn: There goes our most innovative product in our history down the tubes!

Martin: That is not right! Why can't solid business ethics and sound business practices go hand in hand?

Simpson: You are right, Mr. Martin. We can't let this misfortune tarnish our corporate image or harm our other brands.

Jun: In fact, we might be able to put ourselves in a stronger position with this move. But, more importantly, it is our responsibility to let our consumers know exactly what happened, why it happened and what steps we are taking to correct it.

Martin: All right. Let's get moving. Time is of the essence.

✂ Key Words

☐ **regain** [rɪˋgen] *v.* 恢復

☐ **momentum** [moˋmɛntəm] *n.* 氣勢

☐ **withdraw** [wɪðˋdrɔ] *v.* 回收

☐ **down the tubes** 失敗；浪費掉

   eg. It is money down the tubes if we spend it all on entertainment.
      假如我們把錢全花在娛樂上，那就浪費了。

   cf. I hate to see a talent like him go down the drain.
      我討厭看到像他那樣的人才被白白浪費。

（續第 203 頁）

辛普森：假如我們把產品下架，要恢復我們在市場上的氣勢不就難了嗎？

琳　恩：我們史上最創新的產品就這麼泡湯了！

馬　丁：話不能這麼說！堅實的企業倫理和健全的經營作為為什麼不能並行不悖？

辛普森：您說得對，馬丁先生。我們不能讓這場災難玷污我們的企業形象，或是傷害到我們其他的品牌。

俊　恩：事實上，我們的這項舉動還可能讓我們處於更有利的位置。但更重要的是，我們有責任要讓消費者知道到底發生了什麼事、為什麼會發生，以及我們會採取什麼樣的步驟來補救。

馬　丁：好。大家動起來吧。時間寶貴。

Chapter 3 人力資源與組織

✖ Key Words

☐ **solid** [ˋsɑlɪd] *adj.* 堅實的；穩固的；牢靠的

☐ **sound** [saʊnd] *adj.* 健全的；健康的

☐ **practice** [ˋpræktɪs] *n.* 作為；實踐

☐ **go hand in hand** 攜手並進；並行不悖；一體兩面

　　eg. CEO and COO went hand in hand to grow their business.
　　　　執行長和營運長攜手壯大了事業。

　　eg. Ignorance and apathy often go hand in hand.
　　　　無知和冷漠經常是一體兩面。

☐ **misfortune** [mɪsˋfɔrtʃən] *n.* 災難；不幸

☐ **tarnish** [ˋtɑrnɪʃ] *v.* 使失去光澤；玷污

☐ **corporate image** 企業形象

☐ **harm** [hɑrm] *v.* 傷害

☐ **move** [muv] *n.* 舉動；行動

☐ **of the essence** 寶貴的；非常重要的

Who Makes Your Products?

Many companies have offshored their production to China and other low cost labor countries in order to save money and increase profits. Unfortunately, labor practices and laws in these places are not as strict as in more developed countries. As such, workers can be paid low wages and made to work long hours in unsafe conditions. In addition, the lack of enforcement of child labor laws makes it easy for these same factories to employ young children and subject them to the same extreme working conditions. The question is—does anyone care?

People love their little electronic gadgets and toys, but can't seem to be bothered by how they are made and by whom. All they know is that they must have the latest cool device made by the hippest company. Companies that reap massive amounts of profit from these practices seem to realize this, which is why few, if any, are inclined to change. Until such time consumers take a more active interest in how a product is made, then companies will continue to push the ethical boundaries. As we often say in business, "Money Talks".

翻譯

你的產品是誰做的？

　　有很多企業把生產外移到了中國和其他勞動成本低廉的國家，藉以省錢並增加獲利。遺憾的是，這些地方的勞動作業和法令並不像開發程度較高的國家那麼嚴格。如此一來，工人就可能領到低薪，並被迫在不安全的條件下長時間工作。此外，童工法沒有落實也有利於這些工廠雇用幼兒，並要他們待在同樣極端的工作條件下。問題是，有誰在意嗎？

　　民眾喜愛小巧的電子產品和玩具，但對於它們是怎麼做、由誰做出來的，卻似乎感到無所謂。大家只知道，自己一定要擁有最時髦的公司所做出來最新的酷炫裝置。靠這些所作所為賺進高額利潤的公司儼然深知這點，這就是為什麼願意改變的人，假如有的話，也是寥寥可數。一直要等到消費者更主動地對產品是如何製作出來的感到興趣，此時企業才會繼續擴展倫理的範疇。就像商場上常說的：「有錢能使鬼推磨。」

哈佛商學院有個別名叫「資本主義的西點軍校」（西點軍校〔West Point〕就是美國軍事學院〔U.S. Military Academy〕），也就是資本主義的軍官養成學校之意。因此，很多人應該都會對其抱持「商業經營的終極目標就是追求 Bottom Line，故商學院一定是日復一日地在教賺大錢的方法」這種印象。

不過以哈佛為首的許多商學院長期以來都非常認真地直接面對「企業倫理」問題。我也曾聽過有人以自嘲的語氣說「哈佛商學院的畢業生總是有人待在監獄裡」，但事實上許多人一直在認真地研究該如何改變這樣的情況，並持續努力試圖建立出有效的教學課程。例如我所參與的高級管理課程 (AMP) 便納入了因資源開發而造成的環境破壞、財務窗飾 (window dressing)、服務業中某家被稱為優良企業的公司的薪資制度助長了銷售至上主義等案例。

因此，從為了能「永續成長」(sustainable growth) 做為一個企業公民 (corporate citizen) 必須持續滿足所有企業利害關係人 (stakeholders) 的觀點，到經營管理者本身培養的重要素質——道德，在商學院裡都會學到。

「企業倫理」問題可再進一步歸結為「企業屬於誰」的問題。「股東的」、「員工的」、「所有利害關係人的」……各式各樣的意見都有。但無論如何，企業對各相關人士以及整個社會都會產生影響，因此必須有強烈的意識，願意負起伴隨而來的責任。

經營管理者的工作就是「最大化股東價值」。「追求利潤」以及「企業的存續」和「遵守企業倫理」等本來就不是相互矛盾的。我想，認知到企業倫理的重要性，並能做出面面俱到的正確決策，應是 21 世紀商業領袖所需具備的重要素質與關鍵能力。

Chapter

3

人力資源與組織

問題的根源是什麼？企業文化？會計操作？欠缺道德感？

說到近年來震撼了日本商業界的重大事件，非奧林巴斯 (Olympus) 事件莫屬，也就是上任沒多久的英國人總裁突然被解雇的事情。

當初據報導，他是因為「不了解日本的決策和工作方式」所以被解雇，換言之，就是「文化」問題。媒體還把擔任日本企業總裁的外國人名單列出，明示「文化」正是問題的癥結。

此事件剛被報導出來時，我對這一連串的報導就感到非常懷疑。我的直覺告訴我，「文化」確實很重要，但光為了這個原因就要把上任沒多久的總裁給解雇嗎？更何況這位來自英國的前總裁根本就是在奧林巴斯工作了 30 年的老員工，對該公司的文化應該有百分之一百二十的理解。

我在大學裡開設了一堂「MBA 基礎」課程。通常在該課程開始的前 30 分鐘左右，我都會讓學生隨機選擇 *Wall Street Journal* 英文報紙上的一篇報導，然後針對該報導進行討論（採取這樣的上課模式，上課前就沒人會知道討論主題是什麼，可說是相當緊張刺激）。當時我便指示學生「這個事件被報導為是因外籍總裁不了解公司文化而造成的問題。但似乎有更大、更嚴重的問題隱藏在背後。請各位每天利用報紙等媒體來觀察其發展」，然後每週上課時都加以討論。

而之後的發展就如各家媒體所報導的，根本不是什麼文化上的問題，其實原因在於各種掩飾虧損的巧妙手法，以及為了藏匿這些手法而採取的「窗飾」(window dressing) 技倆，這些欺瞞了所有利害關係人、史無前例的企業犯罪後來終於被攤在陽光下。

讓我們來試著分析此事件中的「窗飾」問題。最令人懷疑的是，為何負責稽核的會計師事務所中一整群專業的會計人員都沒能識破其窗飾手法。跨期強迫推銷之類不自然的數字變化比較容易檢查出來，但像此例這樣經過巧妙設計的計畫呢？我目前的結論如下：

① 若是企業有明確意圖並以巧妙的手法掩飾，那麼只靠該企業提出的財務報表是非常難識破其技倆的。

② 面對付錢給自己的「雇主」，會計師必須堅守職業尊嚴（就以奧林巴斯的例子來說，就算奧林巴斯威脅要改用其他家會計師事務所，不能退讓的部分絕對不讓）。

③ 當然，試圖這樣掩飾的經營管理者或是提供建議給這些管理者的所謂「顧問」的缺乏道德觀，是最大的問題。

④ 話雖如此，要制止自認「為了公司好」而走入歧途的經營管理者，可是比阻止為了自肥而做假帳的經營管理者要難上許多。

⑤ 也許「建議掩飾虧損的顧問」是有意要幫助陷入困境的經營管理者吧！但怎麼看都像是禁不住錢的誘惑才出此策略。若無法根絕來自證券公司學長們等的「惡魔的呢喃」，這類醜聞就不會消失，更無法去除大家對業界、企業的不信任感。

　　這樣的事件當然不只發生在日本，無論在哪個國家、哪個時代都會發生。那麼，學習「MBA 基礎」的我們，該從此事件中學到什麼樣的教訓？我認為我們該學到的就是本書第 141 頁提過的，培養一般管理 (general management) 一詞所代表的「綜合能力」的重要性。不要抱著「因為我是會計專業人員」、「我對道德文化沒有興趣」等心態，最重要的是要了解所有科目的基礎知識，並將這些知識整合起來，才能更妥善地分析、解決問題，並想出更理想的策略與辦法。

　　就我所知，許多商學院和許多企業一樣，都採取縱向分割的組織形式。縱向分割的組織就是行銷的老師只教行銷，人力資源與會計的老師也分別只教授其專業領域的內容。在我們這些受益於這種分科學習方式的人中，成為各領域專家的人應該不是很多。我想大部分人擔任的其實是要將所有知識整合起來以做出健全決策的角色。

　　在此之所以舉奧林巴斯的事件為例，除了因為它是個歷史性的重大事件，更是為了讓各位了解面對問題時，在將之斷定為單純的文化、道德或會計問題之前，能夠以各種角度、從多個面向來觀察、分析事物的重要性。

　　本書可說是一本跨領域的教科書，內容雖然都很基礎，但只要能將這些知識全都整合起來，應該就能成為一股強大的力量。請拿出自信，運用這樣的「綜合能力」來應對、處理每天遇到的問題。相信你一定能因此做出更優質的決策，並想出更理想的實行辦法。

（藤井）

Chapter 4

Strategy

策略

教戰守則

Chapter 4　策略

　　企業也好，個人也罷，擁有「策略」的重要性可說是再怎麼強調也不為過。沒有「策略」、缺乏教戰守則的戰鬥就像在沒有航海圖的情況下就揚帆出海，是十分危險的。

　　MBA 課程中的「策略」含括前面學到的「行銷」、「會計與財務」、「人力資源與組織」等核心科目，也就是綜合了這些科目所包含的知識、技術及觀點等。本章將介紹眾多策略架構中最有名、由哈佛商學院的麥可‧波特 (Michael Porter) 教授所提出的構想。而除了波特教授的架構外，還會介紹由波士頓顧問集團 (Boston Consulting Group) 所開發的產品組合管理 (Product Portfolio Management)。

　　在長時間逐漸為眾人所認同、接納的這種架構的建構方式背後，存在著大量的個案研究。而要從眾多的個案研究中擷取精華，也可稱為「歸納式靈感」（inductive inspiration，這是我自創的新詞），以獲得啟示確實是需要有某種才能的。但那並不是某天突然從具備卓越洞察力的天才腦袋中靈光一閃便冒出來的東西，而是從無數事例中萃取之精華、透過歷史的嚴峻考驗而成的結果。

　　將這樣的架構以演繹方式應用於具體事例上，正是實際身處商場上的我們每天在進行的工作。然而架構這種東西就無遺漏也無重複的邏輯思考來說非常有效，但卻不是什麼問題都能解決的神奇公式。抱持著展望未來、開拓未來的強烈信念，構思出可建立持久競爭優勢 (sustainable competitive advantage) 的策略方針，再加上讀者本身的熱情與努力，才是解決問題的終極關鍵。

Industry Analysis

產業分析

建立「策略」的第一步，
就是分析自己公司所屬的產業。
在印度的生產製造已上軌道、
在亞洲也已達成難以動搖的第一地位，
為了發展新護膚油產品今後的策略，
新事業團隊的布萊恩副總
找來了新事業小組的經理亞紀，
以及兼任該小組成員的會計經理雪莉。
副總為了進行產業分析，
提議採用「五力分析」模型。

CASE 13 Industry Analysis

MP3 37

Mr. Bryant asked Aki and Sherry to gather to discuss the future of their highly successful new body-oil product.
Sherry is the accounts manager, Mr. Bryant's assistant and Aki's team member.

Bryant: I called this meeting today to discuss "Maharaja Magic," specifically where we stand and where we go from here.

Aki: Well, our Indian launch went very well due to a strong team effort.

Sherry: Yes, the numbers exceeded our projections.

Aki: That's right. We are now firmly positioned as the leading body-oil manufacturer in Asia.

Bryant: That's all well and good to be number one in Asia. However, the "real money" is in the US and European markets.

Aki: That may be true, but there is also more competition in those markets.

Bryant: That's exactly why we need to come up with a winning strategy to enter those markets.

Sherry: Of course, all in a cost-effective way.

Aki: Well, I guess I could start doing some preliminary market research.

Bryant: Good idea. You might want to start by analyzing the five forces in those markets.

Aki: The five what?

✗ Key Words

☐ **specifically** [spɪˋsɪfɪk̩lɪ] *adv.* 尤其是；特別地；明確地
☐ **launch** [lɔntʃ] *v.* (新事業的) 開始；推展
☐ **due to ...** 靠著；由於

布萊恩先生請亞紀和雪莉共聚一堂，
針對他們十分成功的新護膚油產品討論它的未來。
雪莉是客戶經理、布萊恩先生的助理和亞紀的團隊成員。

布萊恩：我今天開這場會的目的是要討論「Maharaja Magic」，特別是我們所處的
　　　　位置和接下來的走向。

亞　紀：嗯，靠著堅強的團隊努力，我們在印度的推展進行得非常順利。

雪　莉：是，數字超越了我們的預估。

亞　紀：沒錯。我們現在穩居亞洲護膚油生產商的領先地位。

布萊恩：成為亞洲第一，好是好，不過，「真正的商機」還是在美國和歐洲市場。

亞　紀：這麼說或許沒錯，但是那些市場的競爭也比較激烈。

布萊恩：這就是為什麼我們需要提出致勝的策略來打進這些市場。

雪　莉：當然，全都要符合成本效益。

亞　紀：嗯，我想我可以開始做一些初步的市場研究。

布萊恩：好主意。妳或許可從分析這些市場的「五力」做起。

亞　紀：五什麼？

Chapter

4

策
略

🔧 Key Words

☐ **exceed** [ɪkˋsid] *v.* 超越；勝過

☐ **projection** [prəˋdʒɛkʃən] *n.* 預估

☐ **firmly** [ˋfɝmlɪ] *adv.* 穩固地；堅固地

☐ **positioned** [pəˋzɪʃənd] *v.* 位居

☐ **well and good** 好倒是好（帶有勉強、被迫同意的語氣）

☐ **real money** 真正的錢（指「能賺到的大錢」）

　　eg. The real money is in our financial services. 真正賺錢的是我們的金融服務。

　　cf. After years of struggle and hard work, our business is in the money.
　　　　經過多年的奮鬥和打拚後，我們的事業賺了不少錢。

☐ **cost-effective** 符合成本效益的

☐ **preliminary** [prɪˋlɪməˌnɛrɪ] *adj.* 初步的；預備的

☐ **You might want to …** 「你或許可做……」（用於委婉地提出建議時）

MP3 **38**

Five Forces Model (by Michael Porter of Harvard University)

In business, the attractiveness (growth / profitability) of an industry depends on five basic market forces:

① Bargaining Power of Suppliers
② Bargaining Power of Buyers
③ Threat of New Entrants
④ Threat of Substitute Products
⑤ Existing Competition in the Industry

The collective strength of these forces determines both the profit potential of an industry as well as the strategy of a company operating in that industry.

1. Bargaining Power of Suppliers

The bargaining power of suppliers will be strong if any one or more of the following conditions are met:

- Number of suppliers is few
- Product that is supplied is unique
- Substitute products are not available
- Supplier could "integrate forward" and become a new direct competitor

2. Bargaining Power of Buyers

The bargaining power of buyers will be strong if any one or more of the following conditions are met:

- Concentrated number of buyers
- Purchases in large volumes
- Substitute products are available
- Buyer could "integrate backward" and become a new direct competitor

(Continued on page 218)

五力分析模型（出自哈佛大學的麥可‧波特）

在商場上，產業的吸引力（成長／獲利）取決於五種基本的市場力量：

① 供應商的議價力
② 買主的議價力
③ 潛在競爭者的威脅
④ 替代品的威脅
⑤ 產業內的現有競爭

這些力量的集體作用同時決定了產業的獲利潛力，以及一家公司在該產業的經營策略。

1. 供應商的議價力

若符合以下任何一個或多個條件的話，供應商的議價力就會很強：

- 供應商的家數少
- 所供應的產品獨一無二
- 沒有替代品
- 供應商能「向前整合」並成為新的直接競爭者

2. 買主的議價力

若符合以下任何一個或多個條件的話，買主的議價力就會很強：

- 只有少數的買主
- 大量購買
- 可取得替代品
- 買主能「向後整合」並成為新的直接競爭者

（下接第 219 頁）

✄ Key Words

- **bargaining power** 議價能力
- **substitute** [ˈsʌbstəˌtjut] *adj.* 替代的
- **integrate forward** 向前整合（賣方進入買方所在的產業）
- **concentrated** [ˈkɑnsɛnˌtretɪd] *adj.* 集中的
- **integrate backward** 向後整合（買方進入賣方所在的產業）
- **entrant** [ˈɛntrənt] *n.* 進入者
- **collective strength** 集體作用

(Continued from page 216)

3. Threat of New Entrants

This deals specifically with the "barriers to entry" or, how difficult it is for an outside company to come in to the industry. Some barriers to entry include:

- Capital requirements (money)
- Economies of scale (cost advantages)
- Proprietary technologies
- Government policies / regulations

4. Threat of Substitute Products

Are there other products that can meet the same customer needs? For example, Disneyland not only competes with Universal Studios in the theme park market, it also competes with other entertainment options such as sporting & concert events, movies, online games and so on. All are competing for the same entertainment dollar.

5. Existing Competition in the Industry

Industry competition is strong if one or more of the following conditions are met:

- Competitors are numerous
- Industry growth is slow
- Product lacks differentiation
- Exit barriers are high

(Sheehan)

（上接第217頁）

3. 潛在競爭者的威脅

　　這特別是在談「進入障礙」，或是說產業以外的公司要進入該產業有多難。進入障礙包括了：

- 資本需求（資金）
- 規模經濟（成本優勢）
- 獨家技術
- 政府政策／管制

4. 替代品的威脅

　　有其他的產品能滿足同樣的顧客需求嗎？例如，迪士尼不但要在主題樂園的市場上和環球影城競爭，還要跟其他的娛樂選項競爭，比方像運動和音樂活動、電影、線上遊戲等。這些業者都在搶食同樣的娛樂花費。

5. 產業內的現有競爭

　　若符合以下任何一個或多個條件的話，產業競爭就算強：

- 競爭者眾多
- 產業成長緩慢
- 產品缺乏差異化
- 退出障礙高

Chapter

4

策略

⚒ Key Words

☐ **barriers to entry** 進入障礙（在商學院裡經常簡稱為 BTE）

☐ **proprietary** [prəˋpraɪəˌtɛrɪ] *adj.* 獨家的

☐ **option** [ˋɑpʃən] *n.* 選項

☐ **entertainment dollar** 娛樂花費

☐ **numerous** [ˋnjumərəs] *adj.* 眾多的

☐ **differentiation** [ˌdɪfəˌrɛnʃɪˋeʃən] *n.* 差異化

☐ **exit barrier** 退出障礙

產業分析的基本方法「五力分析」

❑ 在此要介紹的是哈佛商學院麥可 · 波特教授所提出之「五力分析」。這個分析模型是策略領域，甚至可說是 MBA 課程中最有名的模型。波特教授的「五力分析」對商業界及商學教育界都產生了巨大的影響。也因此，他被稱作是 20 世紀商業策略領域最具代表的人物。

❑ 此理論，是將「『五力』的整體互動狀況決定了該產業的潛在獲利以及該產業內企業之策略」的想法理論化的結果。進行「五力分析」，便能清楚看出產業的競爭狀況。

1. 供應商的議價力

　　符合 ① 供應商的數量少、② 產品較獨特、③ 沒有其他替代品、④ 供應商進入現在其採購商所在的買方產業（這叫做「向前整合」）等條件時，就表示賣方的議價力較強。而若是與這些條件相反的情況，就代表賣方議價力較弱。

2. 買主的議價力

　　買方議價力強的情況就是與 1. 相反的情況。而買方進入賣方所在的產業（也就是「改為內部採購」）的動作，被稱為「向後整合」。

3. 潛在競爭者的威脅

　　新的競爭者要進入產業很困難，還是很簡單？

4. 替代品的威脅

　　出現可滿足相同需求的替代品所造成的威脅。

5. 產業內的現有競爭

　　「沒人要退出」、「整體市場沒有變大」、「很難做出特色」、「一旦退出就要花更多錢，所以就算想退也很難退」等，都代表了這樣的情況。

❑ 接著就將此分析模型整理成圖表來看。（「行銷」及「會計與財務」亦是如此，利用圖表來充分理解整體概念可說是非常重要的。）

（藤井）

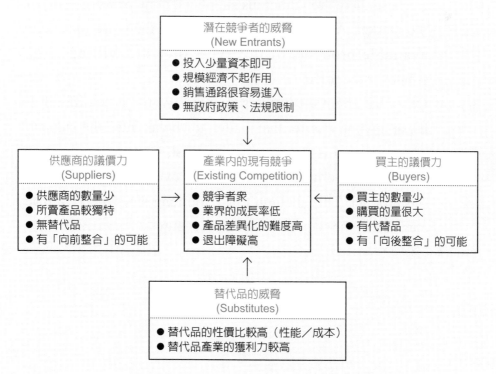

波特的「五力分析」（競爭要素分析模型）
（列在標題下的，是廣義的競爭激烈的具體狀況）

潛在競爭者的威脅
(New Entrants)
● 投入少量資本即可
● 規模經濟不起作用
● 銷售通路很容易進入
● 無政府政策、法規限制

供應商的議價力
(Suppliers)
● 供應商的數量少
● 所賣產品較獨特
● 無替代品
● 有「向前整合」的可能

產業內的現有競爭
(Existing Competition)
● 競爭者眾
● 業界的成長率低
● 產品差異化的難度高
● 退出障礙高

買主的議價力
(Buyers)
● 買主的數量少
● 購買的量很大
● 有代替品
● 有「向後整合」的可能

替代品的威脅
(Substitutes)
● 替代品的性價比較高（性能／成本）
● 替代品產業的獲利力較高

※ 參考了 Competitive Strategy (Michael E. Porter, Free Press, 1980)。

Chapter

4

策略

CASE 13 Industry Analysis

MP3 39

The same members gather again in the afternoon.
The meeting is conducted in a slightly more formal manner.

Bryant: Well, Aki, have you thought about what we said this morning?

Aki: Yes, I have.

Bryant: And?

Aki: Well, according to my analysis we don't have to worry too much about the suppliers or customers at this point.

Sherry: Why's that?

Aki: Because there are numerous suppliers, none of whom controls the market. As for the customers, since there are only a few available products of this type, they are willing to pay whatever the price.

Bryant: OK, what about the barriers to entry? Would it be difficult for us, or anyone else for that matter, to "break into" the industry?

Aki: There are two issues to consider. First, we need to obtain the necessary governmental approval for over-the-counter sales of our product. This shouldn't take too long since we've already carried out the required testing procedures.

(Continued on page 224)

同樣的成員在下午時又聚在一起。
會議的進行方式正式了一點。

布萊恩：嗯，亞紀，對於我們今天早上所說的，妳思考過了沒？

亞　紀：我思考過了。

布萊恩：然後呢？

亞　紀：嗯，根據我的分析，我們現階段不用太過擔心供應商或顧客。

雪　莉：為什麼這麼說？

亞　紀：因為供應商為數眾多，沒有一家掌控了市場。至於顧客，由於這類的產品只有少數幾款，所以他們什麼價錢都願意買。

布萊恩：好，那進入障礙呢？它在這方面會使我們或其他任何人難以「打入」這個產業嗎？

亞　紀：有兩個問題要考慮。第一，我們需要取得必要的政府核准，好在市面上販售我們的產品。這應該不會耗時太久，因為我們已經走完了必要的檢驗程序。

（下接第 225 頁）

Chapter

4

策略

✂ **Key Words**

☐ **at this point** 現階段

☐ **Why's that?** 為什麼這麼說？（在此指「為什麼會做出那樣的現狀分析？」之意）

☐ **break into** 打入

　　eg. It is difficult to break into unknown fields. 未知的領域難以打入。

☐ **issue** [ˋɪʃjʊ] *n.* 問題

☐ **obtain** [əbˋten] *v.* 取得

☐ **governmental approval** 政府核准

☐ **over-the-counter** 在市面上的

☐ **carry out** 實施

(Continued from page 222)

Sherry: And the second issue?

Aki: There may be some logistical problems in terms of distribution.

Bryant: What do you mean exactly?

Aki: Well, here in Asia we have a very strong distribution network and our company name carries a lot of weight. This is not the case in Europe or the US.

Sherry: OK, what about possible substitute products?

Aki: The only ones I could foresee would be traditional lotions, which are very common and do not have any medicinal effect like ours.

Bryant: And finally, what about the existing competitive situation?

Aki: In Europe there are only two or three major players and one or two in the US.

Bryant: Well done, Aki. That was a very insightful industry analysis.

（續第 223 頁）

雪　莉：那第二個問題呢？

亞　紀：在經銷方面可能會有一些物流的問題。

布萊恩：妳指的究竟是什麼？

亞　紀：嗯，在亞洲這裡我們有非常強大的經銷網，我們公司的名號也頗具分量。
　　　　在歐洲或美國的情形就不是如此了。

雪　莉：好，那可能的替代品呢？

亞　紀：我所能預見到的就是傳統的乳液。它們非常普遍，不過不像我們的產品，
　　　　它們並沒有任何的藥效。

布萊恩：那，現有競爭的局面如何呢？

亞　紀：在歐洲，大型業者只有兩、三家，在美國則是一、兩家。

布萊恩：幹得好，亞紀。這是非常精闢的產業分析。

Chapter

4

策
略

✂ Key Words

☐ **logistical** [lɑˋdʒɪstɪkḷ] *adj.* 物流的

☐ **distribution** [ˌdɪstrəˋbjuʃən] *n.* 經銷

☐ **carry a lot of weight** 頗具分量（影響力）

　　cf. I don't carry much weight around here, but Mary does.
　　　　我在這裡沒什麼影響力，但瑪莉有。

　　cf. She carries some weight with the president.
　　　　她對總裁有一些影響力。

☐ **case** [kes] *n.* 事例（This is not the case … 可表示「這不適用於……」、「和……的實際情況不符」之意）

☐ **foresee** [forˋsi] *v.* 預見；預知

☐ **medicinal effect** 藥效

☐ **existing** [ɪgˋzɪstɪŋ] *adj.* 現有的；現存的

☐ **player** [ˋpleɚ] *n.* 玩家（在此指業者）

☐ **insightful** [ˋɪnˌsaɪtfəl] *adj.* 具洞察力的；有深刻見解的

Application

Sheehan 觀點

Airlines—Come Fly with Me

Let's now apply the Five Forces Model to the airline industry. Key suppliers tend to fall into one of two groups: airplane manufacturers and fuel suppliers. The former is dominated by two companies: Boeing and Airbus. That's it, two companies to choose from when purchasing airplanes, which tends to favor the suppliers. Fuel is another key component for the industry. At present, there are no viable alternative energy sources airlines can rely upon. Fuel, which is a commodity, is driven entirely by factors beyond the control of the airlines. Moving to **new entrants**, we see that the number of discount airlines has increased tremendously in recent years as government regulations (barriers to entry) have eased. These discount operators appeal to budget travelers whom the large airlines have traditionally relied upon to fill the back of the plane.

There are still substantial upfront capital costs to purchase or lease airplanes, but the excess capacity in the industry has made leasing a more attractive financing option. Moving to the **customer** side we see two segments: business and leisure travelers. The former has other options in terms of teleconferencing or other types of technology to communicate with business partners & customers. Leisure travelers may opt for rail travel (domestic) or one of the many emerging discount airlines (domestic and international). **Substitute products** would be other forms of transportation (rail, bus, car for domestic travel) or communication technologies such as Skype which allow business to be conducted from around the world. Finally, the **industry** itself has fallen into three camps: the discounters, the premium service providers, and everyone else. It's the last category which has been struggling, with repeated bankruptcy filings by airlines unable to stake out a clear competitive advantage.

翻譯

航空公司──與我一同翱翔

　　我們現在來把五力分析模型應用到航空業上。主要的供應商可分為兩類：飛機製造商和燃料供應商。前者是由兩家公司所主導：波音和空中巴士。就這樣，在買飛機的時候，就是兩家公司可選，所以基本上有利於供應商。燃料則是另一個

產業要素。航空公司目前並沒有可行的替代能源來源可供仰賴。燃料是種大宗物質，並且完全受航空公司掌控範圍之外的因素所左右。以**潛在競爭者**來說，我們看到廉價航空的家數近年來隨著政府的管制（進入障礙）鬆綁而暴增。這些廉價業者所訴求的是想省錢的旅客，而大型的航空公司傳統上都靠他們來填滿飛機的後段座位。

可用來購買或租用飛機的先期資金成本還有不少，但產業的產能過剩使租用成了較有吸引力的融資選項。從**顧客**端來說，我們看到了兩個區塊：商務和旅遊來客。在跟商務夥伴及顧客聯絡時，前者所具備的其他選項有電話會議，或是其他類型的科技。旅遊來客則可以選擇火車旅遊（國內），或是從多家崛起的廉價航空當中挑選一家（國內和國際）。**替代品**有其他的交通工具（以火車、公車、汽車從事國內旅遊），或是像 Skype 這種讓人在世界各地都能做生意的通訊科技。最後，**產業**本身分為三個陣營：廉價業者、高檔服務業者和其餘所有的業者。最後一類可說是搖搖欲墜，找不到明確競爭優勢的航空公司頻頻宣告破產。

藤井觀點

為了進入其他產業而訂定競爭策略時，首先要從產業分析開始著手。而制定策略時對自己公司所在產業進行的分析，就屬於我們在 Chapter 1 行銷部分學過的「外部分析」。下頁圖表是以「五力分析」模型分析航空業的例子。而由此例看來，該產業不僅競爭非常激烈，利潤也很低。許多航空公司在歷經破產之後，拚命重建事業、進行管理整合，並簡化重複性高的服務使之更有效率，這種種的努力都只為掙扎求生。各位也可試著具體分析自己所在的產業，或是自己有興趣的產業，務必將此分析方法融會貫通。只要有效運用這種分析工具，必能做出周延互斥（Mutually Exclusive but Collectively Exhaustive = MECE）的分析結果。

航空產業的競爭分析

採用波特的「五力分析」（競爭要素分析模型）

潛在競爭者的威脅 (New Entrants)

- 可投入的資本很大，但也可選擇租賃或購買中古飛機的作法
- 現有企業所形成的規模經濟效果有限
- 可利用使用費便宜的地方機場起降
- 政府的相關政策、法規已逐漸鬆綁

供應商的議價力 (Suppliers)

- 飛機的供應商基本上是呈現被兩家大廠寡占的狀況
- 由於燃料為通用商品，價格是由市場決定，故現有企業很難有議價力
- 還沒出現任何替代燃料
- 「向前整合」的可能性很低

產業內的現有競爭 (Existing Competition)

- 不斷有新的廉價航空公司 (LCC = Low Cost Carriers) 加入，競爭者變多
- 在經濟不景氣的影響下，業界的成長率不斷減緩，使得所有競爭者只能搶食有限的市場大餅
- 服務很難做出差異

買主的議價力 (Buyers)

- 買方握有眾多的資訊、知識、經驗，且可利用網路上的比價網站找出最低價產品，於是其議價能力便越來越強
- 出現越來越多的替代品
- 不可能「向後整合」

替代品的威脅 (Substitutes)

- 有鐵路、汽車、巴士、船等多種替代的交通工具
- 若是不必實際面對面，則利用免費或費用較低的 Skype 等資訊設備進行之遠端會議系統也可算是替代品

Competitive Advantage

競爭優勢

亞紀運用「五力分析」模型，
漂亮地完成了產業分析。接著下一步，
便要建立進入歐洲及美國市場所需之具體策略。
亞紀回到自己的小組中舉行腦力激盪會議。
而小組中很有影響力的成員惠子
主張應採取「差異化策略」，
而這個「差異化策略」到底是指什麼？

CASE 14 Competitive Advantage

🎧 **MP3 40**

Aki goes back to her team to have a brainstorming session
with her team members. She has a lively discussion with Scott,
an assistant manager, and Keiko, a trusted member of the team.

Aki: Well, folks, we have our work cut out for us. We need to come up with an entry strategy for the European and the US markets.

Scott: According to our production figures, we have the lowest manufacturing costs in the industry. So why don't we position ourselves as the low-cost provider?

Keiko: Yes, that's true today, Scott, however, that might not be the case a year from now when our competitors change some of their operations.

Scott: In my opinion, we also have the most attractive packaging.

Keiko: I think so, too. But I heard through the grapevine that our competitors will soon be coming out with a similar design any day now.

Scott: Well, what about the fact that we bundle both the body-oil product and the enriching powder together?

Keiko: Let's stop and think. What's to stop others from copying this idea?

Aki: What we really need to do is to come up with something original or unique that is difficult for our competitors to copy.

Keiko: You mean differentiation?

Aki & Scott: (Look puzzled)

亞紀回到團隊和隊友舉行腦力激盪。
她跟副理史考特以及受到信賴的團隊成員惠子做了熱烈的討論。

亞　　紀：嗯，各位，我們的工作並不簡單。我們要擬出進入歐洲和美國市場的策略。

史考特：根據我們的生產數字，我們的製造成本是業界最低的。所以我們何不把自己定位成低價的業者？

惠　　子：對，眼前的情形是這樣，史考特。可是過了一年後，等到我們的競爭對手改變了一些經營方式，情況可能就不是如此了。

史考特：依我之見，我們的包裝也最吸引人。

惠　　子：我也這麼覺得。但我聽到有小道消息說，我們的競爭對手很快就會隨時推出類似的設計。

史考特：嗯，那我們把護膚油產品和加強型蜜粉同時搭售的這點呢？

惠　　子：我們停下來想一想。那要怎麼樣才能阻止別人模仿這個構想？

亞　　紀：我們真正需要做的就是提出原創或獨特的東西，使競爭對手難以模仿。

惠　　子：你的意思是差異化？

亞紀和史考特：（一臉困惑）

✖ Key Words

☐ **trusted** [trʌstɪd] *adj.* 受到信賴的
☐ **have work cut out for …** 要做的事不簡單
　eg. If he wants to become the president, he has his work cut out for him.
　　　假如他想當上總裁，他的工作可不簡單。
　cf. It was clear that she was cut out to be an entrepreneur. 顯然她是當企業家的料。
☐ **position** [pəˋzɪʃən] *v.* 定位
☐ **hear something through the grapevine** 從小道消息聽說
☐ **come out with …** 推出
☐ **any day now** 隨時
☐ **bundle** [ˋbʌnd!] *v.* 搭售（bundle 的原意是「綑綁」，而商業行為中的 bundling 是指一種透過搭售商品、服務的方式以期達成相乘效果的促銷手法）
☐ **enriching** [ɪnˋrɪtʃɪŋ] *adj.* 加強的
☐ **What's to stop ... from ~ing?** 要怎麼樣才能阻止……做……？（表示這種事是做不到的，為一種反諷的說法。stop 也可改用 prevent 或 keep 替代）
☐ **differentiation** [͵dɪfə͵rɛnʃɪˋeʃən] *n.* 差異化

Chapter

4

策
略

Competitive advantage refers to the strategic advantage one company has over its rivals within a particular market.

Companies generally establish such an advantage by either being more cost efficient in their operations or selling a better product (product differentiation). Cost efficiency and differentiation are seen across all industries. Although the two are not mutually exclusive, it is rare to find companies that excel in both. Cost efficiency focuses on "upstream" activities such as SCM (Supply Chain Management), and / or "downstream" activities such as distribution and sales. Dell was a good example of a company that thrived in both areas. Product differentiation requires offering something unique to the customer in terms of the product or buying experience. The difference can be something as superficial as the packaging or design of the product, or simply its brand name. Or, it could be something more meaningful such as the technology that drives the product. Apple has thrived by offering unique products based on proprietary technologies. Whatever the case, differentiation comes down to customer perception. If the customer believes there is value, then it must be true.

Sustainability and Tradeoffs

In order for a competitive advantage to be successful in the long term it must be sustainable, which means it is difficult for the competition to copy. Companies do this by engaging in an integrated set of activities. For example, Southwest Airlines, a pioneer in the discount airline sector in the US, flies just one type of airplane (Boeing 737), which minimizes operating costs and makes for quicker turnarounds. It also flies into smaller or secondary urban airports which have lower landing fees. It offers no assigned seats or in-flight meals, which again minimizes operating costs. All these things allow Southwest Airlines to be very competitive in terms of pricing.

(Continued on page 234)

競爭優勢是指一家公司在某個特定市場中擁有對手所比不上的策略優勢。

一般而言公司若能建立這樣的優勢，靠的不是提高經營的成本效率，就是販售較好的產品（產品差異化）。成本效率和差異化在各行各業都看得到。雖然兩者並非互斥，但兩項都強的公司卻很少見。成本效率著重的是供應鏈管理 (SCM) 之類的「上游」作業，以及經銷和銷售之類的「下游」作業。以兩方面都做得很成功的公司來說，戴爾是個好例子。產品差異化必須在產品或購買經驗上為顧客帶來獨到之處。差異化可以是表面的東西，比方說包裝或產品設計，或者就是它的品牌名號。它也可以是比較有內涵的東西，比如像推動產品的技術。Apple 成功靠的就是以獨家技術為基礎，提供獨一無二的產品。不管是哪種情況，差異化都是以顧客的感受為準。假如顧客認為有價值，那一定準沒錯。

可持續性和取捨

競爭優勢如果要長期成功，一定要可以持續，也就是說要讓競爭者難以模仿。企業做到這點的方法是，採取一套整合的作業。以美國廉價航空業的先驅西南航空為例，它只飛一種飛機（波音 737）以盡量壓低營運成本，並促使回航加快。它還飛往較小或次要的城市機場，以減少降落費。它不提供指定座位或機上餐點，這一點同樣壓低了營運成本。而這一切的做法使得西南航空在定價方面極具競爭力。

Chapter
4
策略

✗ Key Words

☐ **competitive advantage** 競爭優勢
☐ **refer to ...** 指……
☐ **exclusive** [ɪk`sklusɪv] *adj.* 排斥的
☐ **upstream** [ʌp`strim] *adj.* 上游
☐ **downstream** [`daʊn`strim] *adj.* 下游
☐ **thrive** [θraɪv] *v.* 成功；興旺
☐ **superficial** [`supɚ`fɪʃəl] *adj.* 表面的
☐ **drive** [draɪv] *v.* 推動
☐ **proprietary** [prə`praɪəˌtɛrɪ] *adj.* 專賣的；專利的
☐ **make for ...** 致使……
☐ **turnaround** [`tɝnəˌraʊnd] *n.* 回航

(Continued from page 232)

The major US airlines have tried to copy Southwest Airlines, but have been unable to match them in terms of cost efficiency, primarily because they cannot perform all the necessary activities.

Now, in order for Southwest Airlines (or any other business) to be successful, it must be willing to accept certain "tradeoffs". These are simply things you may have to give up in order to do something else. For example, if I want to stay up late to watch a movie and I have to get up early the next day for work, lack of sleep would be my tradeoff. By doing what it does, Southwest Airlines is quite successful in the short haul market, with both vacation travelers and business people. However, it is far less successful with longer flights, since multiple stops may be required with fewer amenities offered. And, it is totally absent from the international travel market. These are the "tradeoffs" it has been willing to accept in order to be successful. Unfortunately, many companies tend to forget this simple rule and try to be all things to all people, which usually leads to trouble.

Niche Market

Some companies focus on niche markets, developing a unique set of skills and competencies that will allow them to become the "expert" in that area. This strategy, if carried out correctly, can result in higher returns (profits) as customers perceive greater value in what the company offers. BMW, for example, has done very well over the years by focusing exclusively on the luxury car market.

(Sheehan)

（續第233頁）

　　美國的各大主要航空公司曾試圖模仿西南航空，但在成本效率方面卻無法匹敵，主要是因為它們沒辦法做到所有必要的作業。

　　再來，西南航空（或其他任何企業）如果要成功，它就必須願意接受某些「取捨」。而所謂「取捨」就是為了做到別的事而必須放棄的事。比方說，假如我想要熬夜看電影，而且隔天必須早起上班，那缺乏睡眠就會是我的取捨。在做了「取捨」之後，西南航空在短途飛行市場上相當成功，不論是在度假旅客方面和商務人士方面都是如此。不過在較長途的飛行市場中，它的成績就沒那麼亮麗，因為可能必須多停好幾站，而能提供的便利設施也就比較少。另外，在國際旅遊市場上，它則是完全缺席。這些就是它為了成功而願意接受的「取捨」。可惜有很多公司往往忘了這條簡單的規則，試圖滿足所有的人，所以通常會陷入麻煩。

利基市場

　　有些公司專注於利基市場，發展出一套獨特的技術和能力來讓自己成為那方面的「專家」。這種策略如果執行得當，就能帶來較高的報酬（利潤），因為顧客會覺得公司所賣的東西具有較高的價值。例如 BMW 長年來就做得非常好，它專門聚焦在豪華車的市場上。

Chapter

4

策
略

✂ Key Words

☐ **match** [mætʃ] *v.* 匹敵
☐ **tradeoff** [ˋtredˏɔf] *n.* 交易；交換（在此指兩項以上的事物無法同時兼顧時所做的「取捨」）
☐ **haul** [hɔl] *n.* 運途（拖運距離）
☐ **amenity** [əˋmɪnətɪ] *n.* 便利設施
☐ **niche** [nɪtʃ] *n.* 利基
☐ **competency** [ˋkɑmpətənsɪ] *n.* 能力
☐ **exclusively** [ɪkˋsklusɪvlɪ] *adv.* 獨家地；獨占地

差異化是最重要的

❏ 在某市場中與其他公司競爭時，可利用差異化來建立優勢，藉此達成「擁有競爭優勢」的地位。

❏ 所謂的差異化，就是使自家公司擁有明顯與競爭對手不同的獨特性及差異定位。若顧客無法明確認知到「有何差異」，那就沒有意義。

❏ 在思考差異化的時候，有三大要素是一定要考量到的：

① 持續的可能性

　　競爭優勢必須要能持續，才算是競爭優勢。因此差異化必須要做到讓競爭對手難以模仿。

② 取捨

　　就算努力想和其他公司做出差異，但畢竟企業的資源有限，有時選了某樣東西就不得不放棄別的東西，這即為取捨（有得也有失）。因此企業必須做「選擇與集中」（因為 You can't be all things to all people.）。

③ 利基市場

　　「差異化」靠的是難以被模仿的東西。有些企業集中於較小的市場缺口，並擁有其他公司模仿不來的獨特技術及競爭力，因而多年來能一直維持著成功的地位。例如日本就存在很多提供變速器等自行車核心零件及製造絕不鬆動的螺絲等的製造商，這類公司擁有其他公司難以匹敵的實力，十分可靠。

❏ 企業的資源有限，故不論是哪家企業都免不了要做「取捨」。當然在謹慎地選擇並集中火力之後，還必須制定明確的差異化策略才行。

❏ 麥可‧波特教授在其著作《競爭策略》(Competitive Strategy) 一書中提到，要建立競爭優勢 (Competitive Advantage) 有三大基本策略 (Three Generic Strategies)：

1. 成本領導 (Cost Leadership)
2. 差異化 (Differentiation)
3. 集中化 (Focus)

　　將這些策略整理為矩陣 (Matrix)，便成了如下圖表。也就是說，要選擇集中進攻特定市場，或是進攻整體市場（上述的 3.），再於各市場中採行成本領導（價格優勢，亦即能夠設定最具競爭力的價格）（上述的 1.）或差異化（上述的 2.）策略，以確立可持續的競爭優勢。

（藤井）

為了建立競爭優勢所需考量的三大基本策略

		1. 成本領導 (Cost Leadership)	2. 差異化 (Differentiation)
3. 集中化 (Focus)	大眾市場 (Mass)	大眾市場的成本領導 (Cost Leadership in Mass Market)	大眾市場的差異化 (Differentiation in Mass Market)
	重點市場 (Focused)	重點市場的成本領導 (Cost Leadership in Focused Market)	重點市場的差異化 (Differentiation in Focused Market)

三大基本策略的概要與風險

基本策略	目標 (Objectives)	方法 (Methods)	風險 (Risks)
1. 成本領導 (Cost Leadership)	利用低成本來提高市占率及獲利率	● 規模經濟 ● 熟練度 ● 整合 ● 定位	● 模仿 ● 銷售競爭 ● 技術變化 ● 市場環境變化
2. 差異化 (Differentiation)	以產品、服務的獨特性來為顧客提供附加價值，藉此達成高定價	● 獨特性 ● 品牌　● 技術 ● 設計　● 服務 ● 流通	● 模仿 ● 高成本 ● 顧客未能認知差異 ● 市場環境變化
3. 集中化 (Focus)	篩選顧客與市場，然後將經營資源集中，以期達成 1. 低成本或 2. 差異化	● 特定顧客 ● 特定產品、服務 ● 特定地區 ● 特定銷售管道	● 模仿 ● 高價格 ● 失去篩選的意義 ● 市場環境變化

CASE 14   Competitive Advantage

🎧 **MP3 42**

Aki, eager to formulate their strategy, tries to sum up the brainstorming session.

Aki: So, what is our strategy, or, to put it in Keiko's words, what is our point of differentiation?

Scott: There would appear to be several key areas where we are different from our competition.

Aki: And they are?

Keiko: First, our unique patented formula is registered in every major global market. This will make it impossible for anyone to copy our ingredients.

Aki: That may be true, but only for a limited time.

Scott: Also, our strong company brand name in other personal-care products will help differentiate ourselves from the competition.

Aki: That's also true, but how well-known are we really in Europe and the US? Obviously, the homegrown companies have a slight advantage over us there.

(Continued on page 240)

✂ **Key Words**

☐ **formulate** [ˋfɔrmjəˌlet] *v.* 擬訂
☐ **sum up** 總結
☐ **put it in one's words** 套用某人的話來說
☐ **key** [ki] *adj.* 關鍵的；重要的
☐ **patented** [ˋpætn̩tɪd] *adj.* 專利的；有專利權的
☐ **formula** [ˋfɔrmjələ] *n.* 配方；處方
☐ **register** [ˋrɛdʒɪstə] *v.* 註冊；登記

趕著要擬訂策略的亞紀試圖總結這場腦力激盪。

亞　紀：那，我們的策略是什麼？或者套用惠子的話來說，我們的差異點是什麼？

史考特：從幾個關鍵的層面來看我們跟競爭者是有所不同。

亞　紀：是哪些層面呢？

惠　子：首先，我們獨特的專利配方在全球各大市場都有註冊。這使得任何人都不能抄襲我們的成分。

亞　紀：這或許沒錯，但只能維持有限的時間。

史考特：還有，我們公司在其他個人護理產品上的強大品牌名號有助於我們與競爭者做出區隔。

亞　紀：這點也沒錯，但我們在歐美到底有多知名？很顯然，當地的國產公司在那兒比我們稍占優勢。

（下接第 241 頁）

Chapter
4
策
略

✂ Key Words

☐ **ingredient** [ɪnˋgridɪənt] *n.* 成分；原料

☐ **differentiate** [ˌdɪfəˋrɛnʃɪ͵et] *v.* 使有差異；構成⋯⋯間的差別

☐ **obviously** [ˋɑbvɪəslɪ] *adv.* 顯然地

☐ **homegrown** [ˋhomˋgron] *adj.* 國產的

☐ **slight** [slaɪt] *adj.* 稍微

☐ **advantage** [ədˋvæntɪdʒ] *n.* 優勢；有利條件

(Continued from page 238)

Keiko: Well, finally, we only sell our products through the Internet and other direct channels like catalogues, so we don't have any channel conflicts like other companies do.

Aki: What do you mean by channel conflicts?

Keiko: Our competitors sell in both traditional retail shops and on the Internet. This creates a pricing conflict between the two channels.

Scott: What do you mean exactly?

Keiko: Would you buy a product at a store if you could buy it cheaper on the Internet?

Scott: Of course not.

Keiko: Then why would you need stores? And, more importantly, how would the stores feel about being left out?

Aki: Good point, Keiko. So we've agreed. Our strategy will take a three-pronged approach, focusing on the uniqueness of our product, the strong brand name of our company and our overall cost efficiency due to our manufacturing operation in India and our direct-selling method.

（續第 239 頁）

惠　子：嗯，最後，我們只透過網路和其他像是型錄的直接銷售通路來販售產品，所以我們不像其他公司那樣，會有任何的通路衝突。

亞　紀：妳所謂的通路衝突是什麼意思？

惠　子：我們的競爭對手同時在傳統的零售店和網路上銷售，這會造成兩個通路之間的定價衝突。

史考特：妳的意思到底是什麼？

惠　子：假如你在網路上能買得比較便宜的產品，你會去店裡買嗎？

史考特：當然不會。

惠　子：那為什麼還需要店面？而且更重要的是，遭到忽略的店面會有什麼感想？

亞　紀：說得好，惠子。那我們就說定囉。我們的策略將兵分三路，即著重於我們產品的獨特性、我們公司強大的品牌名號，以及我們在印度的製造作業和直接銷售方法所帶來的整體成本效率。

✂ Key Words

- ☐ **direct** [dəˋrɛkt] *adj.* 直接的
- ☐ **channel** [ˋtʃænl] *n.* 通路
- ☐ **conflict** [ˋkɑnflɪkt] *n.* 衝突；抵觸
- ☐ **retail shop** 零售店
- ☐ **pricing** [praɪsɪŋ] *n.* 定價
- ☐ **exactly** [ɪgˋzæktlɪ] *adv.* 正確地；精確地
- ☐ **How would … feel about ~ ?** 對於……會有什麼感想？
  eg. How would the employees feel about losing their jobs?
  員工對於丟了工作會有什麼感想？
- ☐ **be left out** 被忽略；遺漏
- ☐ **Good point.** 說得好。
- ☐ **three-pronged** 分三路的
- ☐ **uniqueness** [juˋniknɪs] *n.* 獨特性
- ☐ **overall** [ˋovɚˏɔl] *adj.* 整體的

Chapter

4

策略

Sheehan 觀點

Going Direct

With the increased emphasis on internet selling, many traditional "intermediaries" have lost their competitive advantage. They no longer provide any type of "value" to their "customers", which include the companies that use their services to help sell their products and the people who ultimately purchase those products. For example, traditional bookstores may soon become a thing of the past as more people purchase their books (or e-books) online. When you compare Amazon and a traditional bookstore, you can see very clearly which creates "value" and which doesn't. Traditional bookstores can tell a publisher how many copies of a certain book they sold that month. Amazon can also tell that same publisher what type of person bought that book, in terms of age, gender, location and so on. That information could be used to more effectively market future publications. In addition, inventory management is usually not an issue with Amazon, unlike traditional booksellers who will return books for credit. For the potential book buyer Amazon offers a nearly limitless selection which is available 24 hours a day. Reviews are readily available on any book. After a purchase is made, Amazon knows what you like and is ready to make recommendations of similar type books in the future. Finally, by launching its own e-book reading device, Amazon has fully integrated its value offering to readers.

翻譯

邁向直接銷售通路

　　隨著網路銷售日益吃重，有很多傳統「中介商」都喪失了競爭優勢。它們再也無法為「顧客」，這包括了運用本身的服務來幫忙銷售產品的公司及最終購買這些產品的人，帶來任何一種「價值」。例如隨著上網買書（或電子書）的人變多，傳統書店可能很快就會變成明日黃花。去比較亞馬遜和傳統書店就能看得非常清楚，何者創造了「價值」，何者卻沒有。傳統書店可以告訴出版社，某一本書那個月賣了幾冊。而亞馬遜還可以告訴同一家出版社，買那本書的人是什麼類型，包括年紀、性別、地點等。這些資訊可以用來更有效地行銷將來的出版品。此外，亞馬遜通常不會有庫存管理的問題，不像傳統書店還要退書還款。對於潛在的買書人，亞馬遜所提供的選擇幾乎沒有上限，而且一天 24 小時都能買。任何一本書的書評隨時都可查閱。買了之後，亞馬遜就知道你喜歡什麼，並準備在將來推薦相似類

型的書。最後，藉由推出本身的電子書閱讀裝置，亞馬遜更充分整合了它帶給讀者的價值。

藤井觀點

在書店一間間消失的同時，最大規模網路書店 Amazon 的成長著實令人眼睛一亮。創業於 1994 年、經營這間虛擬商店的公司，到底採取的是什麼樣的策略？

擁有轉售系統的日本，出版品基本上都以定價販賣，故無成本領導策略可言。網路書店讓你足不出戶即可隨時買書，而且不僅會迅速確實地送貨到府，還會提供書評及相關書籍推薦。很顯然地其策略是以優勢的便利性和服務來建立差異化。

那麼其市場是怎樣的呢？網路書店並不是以會去書店瀏覽各種書籍並依據店員的建議購書的人為目標客層。也就是說，這種直接銷售模式針對的是不排斥用電腦上網購物的個人或企業用戶，亦即，它所採取的是「重點市場的差異化策略」。而雖為重點市場，卻是急速擴大中的重點市場。

此外，Amazon 也直接販賣音樂、家電、服飾、食品、嬰兒用品、遊戲、玩具、運動用品等，為世界上最大的購物網站。因此，我們不難理解沃爾瑪（加拿大）的最上層管理人員為何會說他們最大的威脅就是 Amazon 了。

		1. 成本領導 (Cost Leadership)	2. 差異化 (Differentiation)
3. 集中化 (Focus)	大眾市場 (Mass)	✕	✕
	重點市場 (Focused)	✕	重點市場的差異化策略

接著再進一步詳細看看此模式的概要與風險。

基本策略	目標 (Objectives)	方法 (Methods)	風險 (Risks)
1. 成本領導 (Cost Leadership)	✕	✕	✕
2. 差異化 (Differentiation)	透過提供便利性與卓越的服務，來建立優勢	排除中間商，透過網路販售的直銷模式	雖可能被模仿，但已成形的商業模式與壓倒性的市場占有率會成為高門檻
3. 集中化 (Focus)	顧客都是已擁有電腦或用過電腦的人	不排斥網路購物的個人或企業用戶	信用卡及個人資料的洩漏、駭客攻擊等，各種阻礙電子商務交易發展的事件與規定

NOTES

Session 15

Global Strategies
全球策略

布萊恩副總請亞紀與雪莉提出關於
擴張新產品銷售區域至歐美的構想。
兩人雖然都提出了很多想法，
但都還只是初步的點子。
而副總想要的似乎是
進入歐美市場的「全球策略」。
那麼何謂「全球策略」？
又該如何發展出全球策略？

CASE 15 Global Strategies

🎧 MP3 **43**

Mr. Bryant asks Aki and Sherry to join him to discuss their global strategy.

Bryant: We are here to discuss how we are going to sell our body oil in overseas markets. Any ideas?

Aki: We can always export from our Indian facility and use local distributors.

Sherry: How about licensing our formula to local companies and have them manufacture and sell it?

Aki: Or better yet, we could build our own local manufacturing facilities and sell it through local channels.

Bryant: These are all interesting possibilities, however, we first need to decide where we are going, how we are going to get in, and who we are going to work with.

Sherry: Isn't it obvious? We are going to Europe, right?

Bryant: Which countries in Europe, Sherry?

Sherry: All of them, of course.

Bryant: But are all of them the same in terms of market potential?

Sherry: Hmm. I never really thought of it that way.

Bryant: And you, Aki, what do you think is the best way to enter— export, license, or direct foreign investment?

Aki: (Perplexed) That's a good question.

Bryant: Let's think about it some more and get back together later this week.

布萊恩先生要亞紀和雪莉跟他一起討論全球策略。

布萊恩：我們在這裡要討論的是，我們要怎麼在海外市場銷售我們的護膚油。有任
　　　　何想法嗎？

亞　紀：我們可以從印度廠出口，並使用當地的經銷商。

雪　莉：能不能把我們的配方授權給當地的公司，由它們來製造販售？

亞　紀：或更好的是，我們可以在當地自建製造廠，並透過當地的通路來販售。

布萊恩：這些可能性都很有意思。不過，我們得先決定我們要去哪裡、要怎麼去，
　　　　以及要跟誰合作。

雪　莉：不是一目了然了嗎？我們要去歐洲，對吧？

布萊恩：歐洲的哪些國家，雪莉？

雪　莉：當然是全部。

布萊恩：可是就市場潛力而言，它們全都一樣嗎？

雪　莉：嗯。我從來沒有好好想過這點。

布萊恩：那妳呢，亞紀，妳覺得最好的進入方式是什麼——出口、授權還是直接海
　　　　外投資？

亞　紀：（一臉茫然）這是個好問題。

布萊恩：我們再多思考一下，本週稍晚我們再開一次會。

Chapter

4

策
略

✖ Key Words

☐ **facility** [fə`sɪlətɪ] *n.*（供特定用途的）場所

☐ **How about …?** ……如何？

　　cf. How about you in this regard? 你在這點上怎麼看？

☐ **license** [`laɪsn̩s] *v.* 發許可證給

☐ **or better yet** 或更好的是

☐ **possibilities** [ˌpɑsə`bɪlətɪz] *n.* 可能性

☐ **in terms of …** 就……而言；在……方面

　　eg. What have you done lately in terms of making profit? 在近來的獲利方面，你做了什麼？

☐ **potential** [pə`tɛnʃəl] *n.* 潛力；可能性

☐ **perplexed** [pə`plɛkst] *adj.* 茫然的；困惑的

MP3 **44**

When companies decide to expand into markets outside their own country they need to address two key questions. Which markets should we enter? And how should we enter those markets in terms of our physical presence and marketing mix?

Choosing Markets

When deciding on which markets (countries) to enter, the following should be considered:

- **Market potential** (demographics, lifestyle and national income)
- **Competitive advantage** (both domestic and foreign)
- **Risk** (financial and political)

Many companies will initially expand into markets near their own. This is called "geographical proximity." This may allow companies to better control costs. At other times, markets may be chosen based upon shared or similar cultures / values. This is called "psychic proximity". This may allow companies to sell their products more easily. You see both of these strategies with Canada and the US, and, to a lesser degree, with China and Japan.

(Continued on page 250)

　　企業在決定要擴展到自己國家以外的市場時，必須處理兩個重要的問題。我們應該進入哪幾個市場？在實體據點和行銷組合方面，我們又該如何進入這些市場？

選擇市場

　　在決定要進入哪幾個市場（國家）時，應該要考慮下列事項：

● **市場潛力**（人口結構、生活型態和國民所得）
● **競爭優勢**（包含國內外）
● **風險**（財務和政治方面）

　　有很多企業一開始都是往鄰近的市場來擴展。這叫做「地理上的接近性」。這可以讓企業比較便於控制成本。在其他時候，市場的選擇可能是基於一致或相近的文化／價值觀。這叫做「心理上的接近性」。這可以讓企業比較容易銷售產品。這兩種策略在加拿大和美國都看得到，在中國和日本則比較不明顯。

（下接第 251 頁）

Chapter

4

策
略

🔧 Key Words

☐ **address** [əˋdrɛs] *v.* 處理、應付（問題等）
☐ **physical presence** 實體存在（實際設置辦公室及工廠等）；實體據點
☐ **decide on …** 決定……
☐ **demographics** [ˌdɪməˋgræfɪks] *n.* 人口結構、人口統計（年齡、性別、家庭結構、職業、收入、教育水準等的統計資料）
☐ **national income** 國民所得
☐ **proximity** [prɑkˋsɪmətɪ] *n.* 接近性
☐ **at other times** 在其他時候
☐ **psychic** [ˋsaɪkɪk] *adj.* 心理上的

(Continued from page 248)

Entry Strategies

When deciding on how to enter new markets, companies will use one of three approaches:

- **Exporting** (trading company)
- **Licensing / Joint venture** (local partner)
- **Direct investment** (foreign subsidiary)

The first two approaches limit a company's risk (financial exposure) but control is mainly in the hands of a third party. Choosing the "right" partner can mean the difference between success and failure. Direct investment is usually seen as the final step in the process, but only if the market potential is strong enough to justify it. Japanese car companies started out exporting to the US in the 1960s & 70s, before deciding to set up their own factories in the 1980s once the market demand was established.

Adaptation Strategies

In order for a product to be successfully sold in a foreign market, some adaptation of the marketing mix (product, place, price and promotion) may be necessary. This may be as minor as placing local language labeling / packaging on the product, or it could require some major alteration of the product such as moving the steering wheel on a car to the left side or adjusting the dosage of medicine to fit local government requirements. Many companies have failed in their overseas efforts due to their unwillingness or inability to make the necessary adaptations.

(Sheehan)

（續第 249 頁）

進入策略

在決定要如何進入新市場時，企業可運用以下三種方法中的一種：

- **出口**（貿易公司）
- **授權／合資**（當地的合夥廠商）
- **直接投資**（海外子公司）

頭兩種做法可限縮公司的風險（財務曝險），但控制權主要是在第三方的手上。選到「對」的合夥廠商會關係到成與敗。直接投資通常被視為全球化過程中的最後一步，但前提是市場潛力要夠大才可行。日本的汽車公司在 1960 和 1970 年代開始外銷美國，後來在 1980 年代市場需求確立後，便決定自行設廠。

適應策略

為了讓產品成功賣到國外市場，把行銷組合（產品、通路、價格、宣傳）調整一下或許有其必要。這可以只是在產品上貼用當地語言的標籤／包裝這樣的小動作，或者可能需要將產品做大幅度的修改，比方像是把車上的方向盤移到左邊或是調整用藥劑量，以符合當地政府的規定。有很多公司的海外作業失敗都是因為它們不願意或沒有能力從事必要的調整。

Chapter

4

策
略

🔧 Key Words

- ☐ **subsidiary** [səbˋsɪdɪˏɛrɪ] *n.* 子公司
- ☐ **exposure** [ɪkˋspoʒə] *n.* 曝露（於危險等）
- ☐ **start out** 開始
- ☐ **adaptation** [ˏædæpˋteʃən] *n.* 適應；調整
- ☐ **alteration** [ˏɔltəˋreʃən] *n.* 更動
- ☐ **dosage** [ˋdosɪdʒ] *n.* 劑量
- ☐ **requirement** [rɪˋkwaɪrmənt] *n.* 要求；規定
- ☐ **unwillingness** [ʌnˋwɪlɪŋnɪs] *n.* 不願意

全球策略無論如何都要慎重為之！

❏ 進軍海外市場時，首先必須思考兩件事。

1. 應進入哪個市場？
2. 進入的方式為何？（形式與行銷組合）

❏ 實行全球策略時，務必要經過充分且謹慎的考量。畢竟在文化、語言和習慣不同
的國家或地區經營事業，一定都伴隨了高度風險。因此若其價值無法超越此風險
所帶來的缺點，全球策略就會無法發揮效果。以下將在進行全球策略評估時的重
要確認程序分類整理為 5W + 2H，共 7 個項目供參考。

（藤井）

全球策略的 5W + 2H

5W + 2H		主要確認項目		
1. Why	為什麼？	● 是為了尋求市場的成長嗎？ ● 是為了建立競爭優勢（低成本、差異化）嗎？		
2. What	哪種功能？	● 生產 ● 研究開發 (R&D) ● 服務	● 銷售 ● 採購	● 行銷 ● 物流
3. Where	要去哪個國家？	● 成長性 ● 連動效應 ● 成本要素	● 競爭力 ● 吸引力	● 風險 ● 差異化要素
4. Who(m)	合作夥伴是誰？	● 核心能耐 (Core Competency) ● 資金實力 ● 企業文化	● 人才、知名度 ● 品牌	● 經營管理者 ● 影響力
5. When	時機？	● 一口氣	● 依序	
6. How	形式？手法？	● 出口 ● 授權生產 ● 委託生產 ● 合資企業 (Joint Venture) ● 策略聯盟 (Strategic Alliance)	● 進口 ● 技術合作 ● 委託販賣	● 海外轉移 ● 共同開發 ● M&A（併購）
7. How much	多少？	● 投入資本	● 成本減少金額	● 收購溢價（商譽）

產品組合管理

前面已介紹過麥可 · 波特教授的理論,但在策略領域中,還有很多其他的手法存在。在此便要介紹其中亦甚具代表性的,由波士頓顧問集團 (Boston Consulting Group = BCG) 所提出的產品組合管理方法。

這個被稱為產品組合管理 (Product Portfolio Management) 的模型是個相當簡單的模型,常被應用於制定基本的產品策略。

如下圖所示,橫軸代表市場占有率,縱軸則為市場成長率,然後將橫軸與縱軸構成的範圍分割成四個分類區塊。

① **明星 (Star)**:市場成長率和市場占有率都很高。雖然前期投資的成本較高,但可期待將來轉變為金牛。

② **金牛 (Cash Cows)**:在成長率趨於低緩的成熟市場中,享有傲人高市占率的情況。由於能穩定地產生現金收入,故採取此種稱呼。

③ **問號 (Question)**:成長率很高,但市場占有率很低的「問題兒童」,若用對方法便可能成為明星,同時卻也有被淘汰而成落水狗的可能性。這是考驗經營管理者的判斷力及執行力的情況。

④ **落水狗 (Dog)**:呈現市場占有率和成長率都低落的落水狗狀態。就經營管理者來說,必須判斷是要期待將來的市場性而繼續投資,或者退出市場。

可代表日本經營管理者之一的宮崎輝先生倡導「企業應具備健全的赤字部門」,而他也正是奠定了又名「蝦虎魚管理」的多角化經營路線的人,其主張就和 BCG 的模型一樣,對於在經營上必須思考明星、金牛、問號、落水狗之組合比例的企業來說,提供了相當有效的分析工具。

(藤井)

Chapter

4

策
略

CASE 15 Global Strategies

Mr. Bryant, Sherry and Aki meet later during the week to formalize their global strategy.

Bryant: What do you think our global strategy should be?

Sherry: Based on my research, we should focus on northern European countries first since they offer the greatest market potential at this time.

Aki: I agree. I also think we should work with a strong local partner in the personal-care industry, someone with good connections and a solid reputation.

Bryant: So are you suggesting we export or license our product?

Aki: Sure, why not?

Bryant: But, by doing this, won't we be giving up control of our product and the opportunity to establish our own brand name?

Sherry: Well, what other choices do we have except for building our own local facility and distribution network? And that would be very expensive.

(Continued on page 256)

布萊恩先生、雪莉和亞紀在當週的稍晚見了面，以擬訂全球策略。

布萊恩：你們認為我們的全球策略應該怎麼做？

雪　莉：根據我的研究，我們應該先專注於北歐國家，因為它們目前擁有的市場潛力最大。

亞　紀：我同意。我還認為，我們應該跟當地個人護理業強而有力、具有良好業務往來和穩固信譽的合夥廠商合作。

布萊恩：那妳建議我們的產品應該出口或授權？

亞　紀：當然，有何不可？

布萊恩：可是這麼做的話，我們不就要交出產品的掌控權，以及自行建立品牌名號的機會？

雪　莉：嗯，除了自行在當地設廠和經銷網，我們有什麼別的選擇嗎？而且那樣會非常花錢。

（下接第 257 頁）

✖ Key Words

- ☐ **formalize** [ˈfɔrmḷˌaɪz] *v.* 擬訂；使形式化
- ☐ **research** [rɪˈsɝtʃ] *n.* 研究；調查
- ☐ **work with** 與……合作
- ☐ **connection** [kəˈnɛkʃən] *n.* 業務往來
- ☐ **solid** [ˈsɑlɪd] *adj.* 穩固的
- ☐ **reputation** [ˌrɛpjəˈteʃən] *n.* 信譽；名聲
- ☐ **Why not?** 有何不可？
- ☐ **What other choices do we have except for …?** 除了……，我們有什麼別的選擇嗎？

    eg. What other choices do we have except for filing for bankruptcy?
        除了申請破產，我們有什麼別的選擇嗎？

    eg. What other choices does the CEO have except for stepping down?
        除了下台，執行長有什麼別的選擇嗎？

(Continued from page 254)

Bryant: I was thinking about establishing a marketing joint venture where we maintain control. The question then becomes, with whom?

Sherry: What about our entry strategies? You do realize we may need to adapt or modify our product to meet local regulations. Our prices may have to be adjusted for this.

Aki: That's true. We may also need to adapt our advertising to local cultural standards.

Bryant: And finally, we may need to adapt our distribution since specialty personal-care stores are very popular in Europe.

Sherry: So what we're really saying is that we have to think globally but act locally.

（續第 255 頁）

布萊恩：我有在想成立行銷的合資企業，而我們保有掌控權。接下來的問題就變成了該找誰？

雪　莉：那我們的進入策略呢？你是知道的，我們可能需要調整或修改產品，以因應當地的法規。我們可能必須為此來重新訂價。

亞　紀：的確是如此。我們可能還得針對當地的文化標準來調整我們的廣告。

布萊恩：最後則是，我們可能要調整我們的經銷，因為個人護理專賣店在歐洲非常普遍。

雪　莉：所以我們在談的其實就是，我們必須全球思考但本土作業。

Chapter

4

策
略

⚒ Key Words

☐ **question** [ˋkwɛstʃən] *n.*（要討論的）問題
☐ **adapt** [əˋdæpt] *v.* 使適合
☐ **modify** [ˋmɑdəˏfaɪ] *v.* 修改；更改
☐ **meet** [mit] *v.* 因應
☐ **regulation** [ˏrɛgjəˋleʃən] *n.* 法規；規則；條例
☐ **adjust** [əˋdʒʌst] *v.* 調整……以適應
☐ **specialty** [ˋspɛʃəltɪ] *n.* 專用品

Cool Japan

"Anime / manga" culture has gained increasing popularity throughout the world. Visit Akihabara on almost any day and you will see a host of young (and not so young) foreigners in search of the latest releases. Most of that growth can be traced to two factors: the introduction of more sophisticated video game consoles starting in the 1990s, and more recently, the proliferation of online games. Most of the content for the former was developed by Japanese, which made sense since Sony, Nintendo and Sega were the leading hardware companies at that time. Their unique design and characters caught the imagination of game enthusiasts around the world. Later, with the advent of online games, this trend was accelerated as more and more game developers copied the Japanese style. Unfortunately, with success come new challenges. Now, pirated software and outright copyright infringement are costing the anime / manga industry millions of dollars. The question the industry faces, as do all content (music, movies, books) providers, is how can they "recapture" this lost value.

翻譯

酷日本

　　「動畫／漫畫」的文化在全世界日益盛行。隨便找一天去日本秋葉原逛逛，你都會看到一大群年輕（以及不怎麼年輕）的外國人在尋找最新的發行品。這種成長多半可以追溯到兩個因素：1990 年代開始出現的更精密之電玩遊戲主機，以及較為近期之線上遊戲的激增。前者的內容多半是由日本人所開發，這點很合理，因為新力、任天堂和世嘉是當時領導業界的硬體公司。它們獨特的設計和角色抓住了世界各地遊戲迷的想像力。後來，隨著線上遊戲的問世，有越來越多的遊戲開發者複製日本風格，而這個趨勢也因而加快了速度。不幸地，成功也帶來了新的挑戰。如今盜版軟體和公然侵權讓動畫／漫畫業損失了數億美元。就跟所有內容物（音樂、電影、書籍）的提供者一樣，業界所面臨的問題在於，要如何「奪回」這些失去的價值。

　　全球化與資訊化同為世界的主要趨勢，但這些可不是只靠一個單純的想法或「因為流行」這樣的理由就可進行的。

　　在報紙及電視等大眾媒體上吵得沸沸揚揚的大型企業收購及策略合作等消息，都非常令人震撼。而這類大型合縱連橫策略的決定、實行速度之快，著實令人大開眼界。不過，「全球策略」不見得適用於所有的產業及企業。石油、汽車、資訊、金融服務等產業確實可透過「全球策略」來有效建立競爭優勢，但若遇上進入門檻高或市場需求具有強烈地域性等情況，其效果大概就很有限了。

　　「全球化」並不是先行存在的概念，而是擴大市場及追求競爭優勢的結果。以日本來說，許多具代表性的頂尖企業認為，不斷縮小且高齡化的日本市場成長有限，因此開始收購國外的公司。日圓升值的趨勢基本上亦朝此方向加速進行。然而，此種「收購市場」的想法看似極為合理，但若再進一步檢視，在收購之後，被收購企業的經營管理、與展開全球化合併目標的企業間之資源、能力的最佳化等部分不見得都經過周詳的規劃。有些其實是處於「走一步算一步」的狀態。理想的做法應是要先確實規劃拓展海外市場後的策略，並確保、培育擔任全球化經營的人才，然後才著手實行。

　　以全球化經營顧問而聞名，並積極投身於全世界領先企業的諮詢及研討工作的史蒂芬・萊恩史密斯博士 (Dr. Stephen Rhinesmith) 曾說過：

"If you don't have to globalize, don't, because it is a painful process."
（如果你不必全球化，就別全球化，因為那是個痛苦的過程。）

由這句話不難看出，「全球化」可說是世界一流企業激烈爭鬥以求生存的嚴峻戰場。

　　有家占有世界領先地位的綜合工程製造商為了解決「規模與敏捷性 (agility)」、「集權與分權」、「全球化與本土化」這三大矛盾，建立了「矩陣組織」（以總公司的功能為縱軸，以地方為橫軸所組成的組織形式），實踐「多國本土化經營」（既為全球化，又能顧及世界各國地區之特有狀況的經營方式）而大獲成功。為了使充滿矛盾、伴隨痛苦的全球化經營能夠成功，最上層管理人員肯定必須具有明確的願景與強而有力的領導能力。

　　另外，在實行「全球化策略」時，請務必利用 Lecturer's Tips 所介紹的「5W + 2H」來確認其妥適性，尤其不能忘了確認 "Why?" 的部分。

Chapter

4

策略

NOTES

Session
16

Synergy /
Diversification

綜效／多角化

繼歐洲之後，
布萊恩副總將美國市場也納入其眼界。
但他指出，
目前為止的策略有個根本性的弱點。
到底是什麼弱點呢？
而能夠克服該弱點的
「多角化策略」是指什麼？
此外用以確認「多角化策略」的
「三項評估標準」又是什麼？

CASE 16　Synergy / Diversification

🎵 MP3 46

Mr. Bryant, eager to move from product strategy on to corporate strategy,
brings Aki and Keiko to his room for a discussion.

Bryant:　I asked you to join me today to discuss our corporate strategy.

Aki:　　　Gee! That's a lot to cover, isn't it?

Bryant:　I will be more specific. We have achieved a great marketing
　　　　　success with our "Maharaja Magic." We are number one in
　　　　　Japan and Asia. We have the most cost-efficient manufacturing
　　　　　facility in India. We have a very aggressive marketing joint
　　　　　venture in Europe. We will be addressing the US market in the
　　　　　coming weeks. In short, we have initiated our global expansion
　　　　　and established a sustainable competitive advantage.

Aki:　　　That's not too bad.

Bryant:　You are right. But we have one fundamental weakness.

Keiko:　　We are dependent on only one product line.

Bryant:　Exactly!

(Continued on page 264)

🔧 Key Words

☐ **cover** [`kʌvə] *v.* 涵蓋；適用於；涉及
　　eg. The contract covers all the terms and conditions.
　　　　合約裡涵蓋了所有的條款和條件。

☐ **specific** [spɪ`sɪfɪk] *adj.* 具體的；明確的

☐ **cost-efficient** [kɑstɪ`fɪʃənt] *adj.* 有成本效率的

☐ **aggressive** [ə`grɛsɪv] *adj.* 積極的；有衝勁的

☐ **address** [ə`drɛs] *v.* 處理；辦理

☐ **in short** 簡而言之

布萊恩先生急於從產品策略進入總體策略，
於是便把亞紀和惠子找去他的辦公室討論。

布萊恩：我今天請你們來我這邊，是要討論我們的總體策略。

亞　紀：哇，那包含的可多了，不是嗎？

布萊恩：我會具體一點。我們的「Maharaja Magic」在行銷上相當成功。我們在日本和亞洲是第一名。我們在印度擁有成本效率最高的製造廠。我們在歐洲的行銷合資企業非常積極。我們在未來幾週就會進軍美國市場。簡而言之，我們開啓了全球擴展，也建立了能持久的競爭優勢。

亞　紀：那還不賴嘛。

布萊恩：妳說得對。可是我們有一個根本上的弱點。

惠　子：我們只依賴一條產品線。

布萊恩：正是！

（下接第 265 頁）

✂ Key Words

☐ **initiate** [ɪˋnɪʃɪˏet] *v.* 開啓；開始

☐ **expansion** [ɪkˋspænʃən] *n.* 擴展；發展

☐ **not too bad** 還不賴

　eg. For a new manager, he is not too bad.
　　以一個新任經理來說，他還不賴。

☐ **fundamental** [ˏfʌndəˋmɛntl̩] *adj.* 根本上的；基礎的

☐ **be dependent on ...** 依賴……

(Continued from page 262)

Aki: What do you want us to do? Find something else to do?

Bryant: Yes and no. I am talking about diversification, which will give us a clear synergy to our "Maharaja Magic" business.

Aki: I have an idea. We can move into the Indian restaurant business, especially since Japanese enjoy Indian food.

Keiko: That's pretty far out! What does the Indian food have to do with bath oil?

Aki: Well, they are both exotic Indian products. We can position ourselves as the ultimate Indian lifestyle provider.

Keiko: (Sarcastically) Why not add Indian movies, too?

Bryant: All right, all right. I would like to give you some time to think about this. But when you do, always remember to check your ideas against the three criteria of diversification strategy.

Keiko & Aki: Oh?

（續第 263 頁）

亞　紀：你要我們怎麼做？找別的東西來做嗎？

布萊恩：可說是，也可說不是。我要談的是多角化，它會為我們的 Maharaja Magic 事業帶來明顯的綜效。

亞　紀：我有個主意。我們可以跨足印度餐館業，尤其是因為日本人都愛吃印度料理。

惠　子：那真是天馬行空！印度料理跟沐浴油有什麼關係？

亞　紀：嗯，它們都是異國風的印度產品。我們可以把自己定位成終極印度生活風業者。

惠　子：(語帶挖苦) 何不把印度電影也加進去？

布萊恩：好了，好了。我想給你們一點時間去思考這件事。可是你們在想的時候，一定要記得用多角化策略的三個標準來檢驗自己的想法。

惠子和亞紀：喔？

Chapter

4

策略

🔧 Key Words

☐ **yes and no** 可說是，也可說不是

☐ **diversification** [daɪ͵vɝsəfə`keʃən] *n.* 多角化；多樣化

☐ **synergy** [`sɪnədʒɪ] *n.* 協同作用；綜效

☐ **move into …** 移往……；跨足……

　　cf. We have not moved in on the retail market. 我們並沒有跨足零售市場。

☐ **far out** 天馬行空的

　　eg. His business idea is far out. 他的經營構想天馬行空。

☐ **exotic** [ɛg`zɑtɪk] *adj.* 異國風的

☐ **ultimate** [`ʌltəmɪt] *adj.* 終極的；最終的

☐ **sarcastically** [sɑr`kæstɪkəlɪ] *adv.* 挖苦地

☐ **criteria** [kraɪ`tɪrɪə] *n.* 標準；基準（criterion 的複數形）

MP3 **47**

When companies decide to diversify, entering new markets outside their core area, they need to consider three things: market attractiveness, cost of entry, and synergy effect.

Market Attractiveness

In order to ascertain this, we have to look at the Five Forces model that was discussed in section 13. Using it, we examine the relative relationships and strengths of suppliers, customers, new entrants, substitute products and existing competition. In an industry where the cumulative effect of these forces is strong, profit potential would be low. However, if the opposite is true, then the industry has potentially high profits and is an attractive one.

Cost of Entry

It is important that a company consider all the costs associated with entering a new industry. This includes the initial start-up costs as well as the first few years' working capital / operating losses. The ironic thing is that industries that may be considered attractive will have high entry costs, and those that are not attractive will have relatively low entry costs. There is obviously a correlation between the two.

(Continued on page 268)

　　當企業決定多角化，以進入核心領域之外的新市場時，要考慮到三件事：市場吸引力、進入成本以及綜合效果。

市場吸引力

　　為了弄清楚這點，我們必須看一下 section 13 所討論過的五力分析模型。我們可以用它來檢視供應商、顧客、潛在競爭者、替代品和現有競爭者間的相對關係與強項。在這些力量的累加效果很強之行業中，獲利的潛力會偏低。不過，假如情況相反，那這個行業就有機會帶來高獲利，並且具有吸引力。

進入成本

　　很重要的是，公司要考慮到進入新產業的所有相關成本。這包括初始開創成本以及頭幾年的日常營運資金／營業損失。令人覺得諷刺的是，當產業可能被視為有吸引力時，進入成本會偏高；當產業沒有吸引力時，進入成本則相對偏低。兩者之間顯然有相關性。

（下接第 269 頁）

✕ Key Words

- [ ] **diversify** [daɪˋvɜsəˌfaɪ] *v.* 多角化
- [ ] **core area** 核心領域
- [ ] **attractiveness** [əˋtræktɪvnɪs] *n.* 吸引力
- [ ] **ascertain** [ˌæsɚˋten] *v.* 查明；弄清
- [ ] **relative relationship** 相對關係
- [ ] **entrant** [ˋɛntrənt] *n.* 進入者
- [ ] **substitute** [ˋsʌbstəˌtjut] *adj.* 替代的
- [ ] **cumulative** [ˋkjʊmjʊˌletɪv] *adj.* 累加的
- [ ] **start-up cost**（事業的）開創成本
- [ ] **working capital** 營運資本
- [ ] **operating loss** 營業損失
- [ ] **ironic** [aɪˋrɑnɪk] *adj.* 具有諷刺意味的；出乎意料的
- [ ] **correlation** [ˌkɔrəˋleʃən] *n.* 相關性；相互關係

(Continued from page 266)

Synergy Effect (1+1=3)

The idea here is whether the diversification makes the company stronger. To answer that, we need to address the idea of synergy, which is the compatibility with the core business. Many companies diversify into areas that have very little to do with their main business. As a result, they are unable to share resources or transfer existing knowledge or skills between their core business and their new business. The best diversification is the kind that allows a company to do both. This will allow it to reduce costs and improve efficiencies.

Diversification Methods

There are basically two ways for a company to diversify. First, it can be done organically (internally) using the company's existing resources. This allows for greater control but tends to be more costly and time-consuming. The other way is to acquire an outside company who is already in that industry. This method tends to provide more immediate results but may lead to integration issues with conflicting corporate cultures.

(Sheehan)

（續第267頁）

綜合效果（1 + 1 = 3）

此處必須思考的是，多角化能不能讓企業更加強大。如果要回答這點，我們就要搞懂綜效的觀念，也就是核心事業的相容性。有很多企業多角化的領域跟本業毫無關係，如此一來，它們就無法資源共享，或是把現有的知識或技能在核心事業與新事業之間進行移轉。最好的多角化就是能讓公司魚與熊掌兼得。這樣既能降低成本，又能提高效率。

多角化的方法

企業要多角化，基本上有兩種方法。第一，它可以利用公司現有的資源，自體性地（從內部）實施。這樣會有較大的掌控權，但往往比較花錢又耗時。另一種方法是收購外面已經存在於該產業的公司。這種方法往往比較容易立竿見影，但卻可能引發公司文化衝突的整合問題。

Chapter

4

策
略

✕ Key Words

☐ **compatibility** [kəm͵pætə`bɪlətɪ] *n.* 相容性
☐ **organically** [ɔr`gænɪkəlɪ] *adv.* 固有地；有組織地
☐ **costly** [`kɔstlɪ] *adj.* 花錢的
☐ **integration issue** 整合問題

如何以多角化的方式發揮綜效？

❏ 在此將能有效判斷多角化策略可否成功的「三項評估標準」整理為如下表格。

多角化策略的三項評估標準

評估標準	要點
1. 市場吸引力 (Market Attractiveness)	● 排除華而不實及純粹的點子 ● 利用「五力分析」模型來進行產業分析
2. 進入成本 (Cost of Entry)	● 計算開創成本、營運資本、經營虧損等所有費用 ● 存在著越有吸引力的產業進入成本越高這種情況
3. 綜效 (Synergy effect)	● 對核心業務來說是否有綜效 ● 是否能共享經營資源 ● 既有的知識與技術是否能移轉

❏ 多角化的做法 (Diversification Methods) 有兩種：

    1. 運用內部既有的經營資源。

    2. 收購外部的公司。

❏ 多角化有優點也有缺點。在此將其主要優缺點整理如下：

多角化的優點與缺點

優點	● 綜效（成本、附加價值） ● 移轉（人才、技術、know-how） ● 共享共用（販賣、行銷、製造、研究開發、品牌） ● 分散風險
缺點	● 業務領域不明確 ● 喪失向心力 ● 喪失焦點 ● 因經營資源分散而同歸於盡

（藤井）

全球化的標準

符合以下條件的企業是否就算是全球化企業呢？

- 產品銷售至世界各地。
- 在世界各地都有辦公室、生產據點、倉庫。
- 擁有廣及世界各地的組織。

答案為「否」。那麼所謂的全球化企業到底是怎樣的企業？我曾經請教可代表日本的知名經營管理者八城政基先生有關全球化企業的條件，而他的回答如下：

① 能夠提供全球統一的標準化服務。
② 不分種族、性別、學歷，徹底抱持任人唯賢、機會平等的原則。
③ 擁有高獲利能力，而其判斷指標不該是權益報酬率 (ROE) 或資產報酬率 (ROA) 等會受到會計原則影響的項目，而必須是以現金流量為基礎的指標。
④ 採取能最大化股東權益的經營管理方式。
⑤ 對品質抱有高度堅持。
⑥ 積極主動地公開資訊。
⑦ 公司治理 (Corporate Governance) 正常運作中。

真是再清楚不過的答案了，但能夠完全符合這些條件的日本企業卻相當稀少。

最後，再介紹一下要成為能活躍於全球社會的「全球溝通者」的條件。這些只是我個人的意見，不過若能成為各位努力的目標之一，本人深感萬幸。

① 能夠理解、接納價值觀及行為表現和自己不同的人。
② 充分了解自己，也竭盡全力讓他人了解自己。
③ 有主見 (assertive)，也有彈性 (flexible)。
④ 為了達成自己與對方的共同目標和最大利益而全力以赴。
⑤ 能夠了解取予 (give & take)、雙贏 (win-win) 的意義並加以實行。

（藤井）

Chapter

4

策略

CASE 16 Synergy / Diversification

🎧 MP3 48

Mr. Bryant visits Aki and Keiko to hear the outcome of their discussions.

Bryant: Well, have you thought about your diversification strategy?

Aki: I checked my idea of starting an Indian restaurant business against the three criteria. I think I am failing on all three accounts.

Keiko: I am glad you came to your senses.

Bryant: All right. What's your idea, Keiko?

Keiko: I think we should add a soap line. I am thinking of a type of soap product that is very gentle to the skin and enhances the medicinal effect of our body oil.

Bryant: All right. Let's check your idea against the three diversification criteria.

Keiko: Yes. Once we position our soap like I said, there will not be much competition. You will be amazed how many women are having skin problems due to allergy, house dust, building materials, etc. They need an effective gentle soap.

(Continued on page 274)

布萊恩先生去找亞紀和惠子，以聽取她們的討論成果。

布萊恩：嗯，你們思考過你們的多角化策略了嗎？

亞　紀：我用那三個標準檢驗了我對於創立印度餐館事業的構想。我想我在三方面全都達不到。

惠　子：我很高興妳清醒了。

布萊恩：好了。妳有什麼想法，惠子？

惠　子：我想我們應該增加肥皂的系列。我正在思考一種對皮膚非常溫和並且能增進我們護膚油藥效的肥皂產品。

布萊恩：好。我們用多角化的三個標準來檢驗妳的構想。

惠　子：是。一旦我們把肥皂定位為跟我所說的一樣，競爭就不會很大。你會很驚訝地發現因為過敏、家塵、建材等而在皮膚方面有問題的女性竟然那麼多。她們需要有效而溫和的肥皂。

（下接第 275 頁）

Chapter

4

策
略

🔧 **Key Words**

☐ **outcome** [ˋaʊtˌkʌm] *n.* 成果；結果

☐ **fail** [fel] *v.* 達不到

☐ **account** [əˋkaʊnt] *n.* 評價；考慮

☐ **come to one's senses** 清醒

　　eg. Don't be foolish. Come to your senses! 別傻了。醒醒吧！

☐ **enhance** [ɪnˋhæns] *v.* 增進

☐ **medicinal** [məˋdɪsn̩l] *adj.* 藥物的；有藥效的

☐ **allergy** [ˋælədʒɪ] *n.* 過敏

☐ **material** [məˋtɪrɪəl] *n.* 材料；原料

(Continued from page 272)

Aki: And oil!

Keiko: The compatibility is obvious. Our soap will work best with our oil. We do have the necessary marketing and logistical capabilities within our organization. We can share these existing activities with the new ones.

Bryant: How about the cost of entry?

Keiko: We have the basic R&D and manufacturing capabilities. I am talking about transfer of skills and shared activities here.

Aki: Wow! I'm impressed.

Keiko: That's not all. I'm toying with the idea of adding a chain of aesthetic salons to distribute and promote our products.

Bryant: Hmmm. Sounds interesting. Why don't you work up a detailed proposal with your team and get back to me ASAP?

Keiko: (Enthusiastically) Sure will, Mr. Bryant!

（續第 273 頁）

亞　紀：還有油！

惠　子：相容性顯而易見。我們的肥皂搭配我們的油最好。我們組織內的確具備了
　　　　必要的行銷和物流能力。我們可以把這些現有的作業與新的作業共享。

布萊恩：進入成本方面呢？

惠　子：我們有基本的研發和製造能力。我指的是技能移轉和作業共享。

亞　紀：哇！我開了眼界。

惠　子：這並非全部。我正在思考的構想是，加入連鎖美學沙龍來配銷並促銷我們
　　　　的產品。

布萊恩：嗯。聽起來很有意思。妳何不跟妳的團隊擬一份詳細的提案，並盡快回覆
　　　　我？

惠　子：（語帶振奮）當然好，布萊恩先生！

Chapter

4

策
略

Key Words

☐ **compatibility** [kəmˌpætəˋbɪlətɪ] *n.* 相容性

☐ **capability** [ˌkepəˋbɪlətɪ] *n.* 能力

☐ **toy with**（不很認真地）考慮

☐ **aesthetic salon** 美學沙龍

☐ **distribute** [dɪˋstrɪbjʊt] *v.* 配銷

☐ **work up** 擬訂（計畫）

☐ **ASAP** 盡快（as soon as possible 的縮寫）

Sheehan 觀點

Synergy Perfected

Many companies claim to create synergy when moving into new markets, but end up simply with a money-losing investment that has nothing to do with their core business. Apple is actually a company that does create synergy between hardware, software and content. It started back with the creation of the first Mac, which linked a unique design and a user-friendly interface with Apple's own proprietary software. Later success came with ventures into the electronics field with the introduction of the iPod, iPhone and iPad and the development of the iTunes store to sell content, and more recently, iCloud to store content. In all these new markets, Apple has created synergy, making the sum of the parts greater than the individual components, or simply put, 1+1=3.

翻譯

充分發揮綜效

　　有很多企業在跨足新市場時，都宣稱要創造出綜效，但最後卻淪為賠錢的投資，而跟核心事業也扯不上關係。Apple 公司實際上就是一家讓硬體、軟體和內容真正創造出綜效的公司。它當初所製造的第一台 Mac 就把獨特的設計和易於使用的介面與 Apple 本身的專屬軟體結合。後來開拓電子領域也很成功，包括推出 iPod、iPhone 和 iPad，以及開發 iTunes 商城來銷售內容，到了更近期則有 iCloud 來儲存內容。在所有這些新市場當中，Apple 都展現出了綜效，使部分的總和大於個別的元素，或者簡單來說就是 1 + 1 = 3。

藤井觀點

　　在此要介紹的是，思考「多角化策略」時經常會用到的安索夫矩陣 (Ansoff Matrix)。這個矩陣是把產品與市場以新、舊區分為四種組合來分析，也有人稱之為「事業擴充矩陣」或「產品、市場矩陣」。

事業擴充矩陣

產品 (Product)

		舊	新
市場	舊	市場滲透 (Penetration)	新產品開發 (New Product Development)
	新	新市場開發 (New Market Development)	多角化（狹義） (Diversification)

接著運用此矩陣，來嘗試整理 Dialogue 部分提到的多角化策略。

護膚油的事業擴充矩陣

產品 (Product)

		舊	新
市場	舊	亞洲第一 (Penetration)	新增可提升護膚油藥效的肥皂 (New Product Development)
	新	進軍歐洲、美國的「全球化策略」 (New Market Development)	將護膚油、肥皂擴大販售至美容沙龍 (Diversification)

一般來說，位於右下方的狹義多角化，往往會是與既有業務毫無關聯的東西，故很難達成。多角化策略要能成功，就必須充分掌握「三項評估標準」，以及該多角化策略到底對應到「事業擴充矩陣」的哪個位置。請各位試著將自己公司的實例，或是在報紙、雜誌上看到的多角化案例對應至此矩陣，務必學會此分析方法。

Chapter

4

策略

史帝夫‧賈伯斯的遺訓

　　史帝夫‧賈伯斯 (Steve Jobs，1955-2011) 無疑是跨 20 世紀至 21 世紀初，全世界最優秀的經營管理者之一。他簡直就是以 IT 改變了全世界。而在策略方面，他留給了我們什麼樣的遺訓呢？我認為賈伯斯教導了我們以下這些事。

1. 爭取更大的市場

　　我第一次接觸到 iPod 時，一直在想日本的製造商為什麼做不出同樣的東西來？發明隨身聽的明明就是日本公司！隨身聽問世時，可是被譽為最佳創新之一，因為它改變了全世界的音樂播放市場！不過隨身聽只是播放卡帶或 CD 的裝置，Apple 則是在充分理解了數位化的巨大潛力與擴散力之後，建立出匯集大量內容的平台，然後才有此嶄新數位裝置的問世。他們或許認為有了這個，就能夠輕取全世界了。而我想這連結的應該是讓全世界的電腦都執行 Apple 的軟體、讓全世界的內容都數位化的全球化構想。

2. 不拘泥於製造

　　大家都知道，Apple 的產品很多都是由台灣在中國的子公司所製造。Apple 早已了解，該公司本身所能提供的價值並不是製造本身，而是系統及品牌。日本的製造能力可謂世界之冠。汽車、手錶等工業產品的品質和世界上任一個競爭對手相比，都絕不遜色。可是在品牌力方面，德國的汽車製造商及瑞士的手錶製造商就是比日本略勝一籌，這點也是不爭的事實。因此說得誇張點，製造上的優勢其實不見得與致勝策略直接相關。

3. 理解並利用規模經濟、範疇經濟

　　誠如大家所知，Apple 對於 Mac 專用 OS 的部分十分堅持。因此其顧客群與競爭對手 Windows 的顧客群 (installed base) 完全不同。這很明顯地是輸在規模經濟 (Economies of Scale) 上。

　　不過 iPod、iPhone、iPad 利用的是範疇經濟 (Economies of Scope)，由於其研究開發、行銷、品牌推廣及物流等的成本可共用，故能建立出壓倒性的穩固地位。另外和 Mac 不同，iPhone 在全世界都暢銷熱賣，因此這回規模經濟在其 CPU、記

憶體、OS、顯示器上就能發揮效果。由此便不難理解，掌握了範疇與規模的 Apple 為何能成為全世界市值最高的公司了。

4. 由高層領導業務

　　毫無疑問地，賈伯斯親自全面參與了所有產品的開發過程。其態度和那些光「審查」來自「下屬」的事業提案且只負責「批准」的高層完全不同。為了贏得全世界，有時是必須賭上公司所有的資源的，因此由高層本身徹底投入並對結果負全責，也是理所當然。而能夠在發現層級式組織的不利影響時就立即加以改善的，也只有高層管理人員做得到。

5. 正確掌握策略實施的時機

　　依時序追溯賈伯斯重返 Apple 擔任 CEO 之後的事業發展便知，其策略施行的時機真是恰到好處。1990 年代中期，Apple 公司正瀕臨破產。而 iPod 的成功使 Apple 重新復甦，之後更不斷快速推出一連串成功的新產品。

　　附帶一提，在哈佛商學院教策略的大衛・尤菲 (David Yoffie) 教授早在 1990 年代初期就開始持續撰寫 Apple 公司的案例。這就是所謂選擇企業以進行長期研究並持續觀察其策略變化的一種有效學習方式。建議各位可依時間順序研讀該教授所寫的個案，如此一來應該就能徹底理解，除了策略本身外，其執行時機也是非常重要的（此即所謂「策略之窗」[Strategic Windows]）。

　　目前 Apple 最大的問題明顯就在於「後賈伯斯 (post-Steve)」。尤其是內建免費作業系統 Android（由與 iPhone 抗衡之 Google 所提供）的智慧型手機市占率遽增，開始威脅到 Apple 的大本營。到底是對硬體、軟體與服務等全都嚴格掌控的 Apple 型經營模式會贏，還是採取開放原則的 Google 型經營模式會勝出？這點非常受到矚目。

　　不論多強的公司都會面臨到競爭對手的挑戰，這是世間常態。Apple 是否能孕育出可取代 iPod、iPhone、iPad 的下一個成長力量呢？這正是下一位受託領導 Apple 的 CEO 提姆・庫克 (Tim Cook) 經營團隊的最大挑戰。

（藤井）

NOTES

Chapter 5

Vision

願景

描繪未來

Chapter 5　願景

　　從行銷開始，各位一路學習了各個 MBA 的基礎科目，現在終於要進入本書的最後課程。

　　最後要學習的主題是「願景」。這個詞彙經常出現，無論對企業或對個人來說，「擁有願景」都是非常重要的，那麼，到底何謂願景呢？

　　我認為，願景是一種存在於個人或企業中，「覺得『將來一定要是這樣』的強烈期盼」。若是對未來毫無規畫，光是默默進行日常的業務活動或默默地過著生活，到頭來也只能「隨波逐流」。

　　隨著所謂的 IT 熱潮、創業熱潮，曾經有段時期許多人一心以為只要是網路相關新事業就會「好賺」，因而前仆後繼地投入。但光是因為流行或環境氛圍就急著跳進去，勝利女神是不會輕易向你招手的。在 IT 時代勝出的人可說是少之又少，其實很多人就因此而一敗塗地。

　　在資訊化、全球化、大競爭 (mega competition) 的時代中，即使對各領域的專家而言，要能看透未來是非常困難的事。不過也正因為處在這樣的時代，不論是企業也好個人也罷，確實抱持所謂「軸心」的信念是極為必要的。也就是說，擁有「願景」非常重要，但光是有願景，也可能流於單純的「談論夢想」。而為了達成「願景」所建立的縝密計畫就是我們在 Chapter 4 學到的「策略」。此外，不應僅是追求一夕致富的美夢，更重要的是不論做什麼都能不屈不撓貫徹到底的努力態度。

　　匯集從 Chapter 1 起學到的各項 MBA 基礎科目，實現夢想的時刻終於來臨。就讓我們開心地一起學習到最後吧！

IT and Business
資訊科技與商務

年輕又有執行力的阿宏
任職於一家大企業的業務部。
他熱愛挑戰,而且充滿創業家精神。
他從在銀行上班的朋友那兒聽到一件事,
即該銀行利用網路提供符合顧客需求的服務,
業績因而大幅成長。阿宏於是開始思考,
網路是否也能對自己公司的業務有所幫助?
他決定找他的上司昆恩談談。

CASE 17 IT and Business

MP3 49

Hiro approaches Mr. Quinn who looks busy going over some documents.

Hiro: Mr. Quinn. May I have a few minutes with you?

Quinn: Sure, Hiro. Shall we talk over there? Well, what's on your mind?

Hiro: I was thinking about how we could make our operations more efficient.

Quinn: Really? I am always open to new ideas. Shoot!

Hiro: Well, I have a friend in the banking business and he was telling me how his bank has been using the Internet aggressively to deliver more customized services to its customers. They are making great strides toward achieving e-banking while fending off new competitors who specialize in e-banking.

Quinn: The Internet may work for something like banking. But how would it be relevant to our kind of traditional business?

Hiro: Sir, I was thinking just the opposite! We could definitely find more uses for it here.

(Continued on page 286)

🛠 Key Words

- ☐ **go over** 翻閱；瀏覽
- ☐ **on one's mind** 某人心裡想的、關心的
- ☐ **operation** [ˌɑpəˈreʃən] *n.* 運作；經營；營運
- ☐ **efficient** [ɪˈfɪʃənt] *adj.* 有效率的
- ☐ **open to** 對於提案等事物容易接納
- ☐ **Shoot!** 說吧！
- ☐ **deliver** [dɪˈlɪvə] *v.* 投遞；運送

阿宏來找正忙著翻閱一些文件的昆恩先生。

阿宏：昆恩先生，我可以耽誤您幾分鐘嗎？

昆恩：當然可以，阿宏。我們去那邊談好嗎？嗯，你有什麼想法？

阿宏：我在想我們的運作要怎麼樣才能更有效率。

昆恩：真的嗎？我一向都願意接納新的想法。說吧！

阿宏：嗯，我在銀行業有個朋友，他跟我說他們銀行正積極運用網路來為顧客提供更客製化的服務。在抵擋專攻電子化銀行的新競爭對手的同時，他們也正朝向實現電子化銀行的目標大步邁進。

昆恩：網路對銀行之類的機構或許有用，但它跟我們這種傳統事業有關嗎？

阿宏：先生，我所想的正好相反！我們絕對可以在這方面找到更多的用途。

（下接第 287 頁）

✖ Key Words

☐ **customized** [`kʌstəmˌaɪzd] *adj.* 訂做的；客製化的

☐ **make great strides toward ...** 朝……大步邁進
  eg. We have made great strides toward making both ends meet.
    我們已朝向收支平衡的目標大步邁進。

☐ **e-banking** 電子化銀行

☐ **fend off ...** 抵擋……

☐ **relevant to ...** 與……有關的

☐ **definitely** [`dɛfənɪtlɪ] *adv.* 絕對地；肯定地

(Continued from page 284)

Quinn: Are you sure you know what you are talking about? As to computers, we have a dedicated e-commerce division and they are getting close to breaking-even. As you know, they had been struggling for some time and the Board asked me to give them a helping hand, which I did of course, and they are well on their way to profitability.

Hiro: Well, that's not exactly what I was thinking.

Quinn: What else is there for us to do?

Hiro: We could improve our customer and supplier relations if we used our IT resources more effectively.

Quinn: Well, what you are saying may sound radical given our organizational structure, but I must say you've got me curious. Let's get together tomorrow with Sanae, our IT manager, and talk about it some more, shall we?

Hiro: That would be great! Thank you, Mr. Quinn.

（續第 285 頁）

昆恩：你確定知道自己在講什麼嗎？至於電腦方面，我們有一個專門的電子商務部
　　　門，他們就快要損益兩平了。你知道，他們掙扎了一段時間，董事會要我幫
　　　他們一把，我當然義不容辭，而他們也逐步邁向了獲利。

阿宏：嗯，那跟我所想的方向不盡相同。

昆恩：還有什麼是我們可以做的嗎？

阿宏：假如我們能更有效地運用我們在資訊科技上的資源，我們就能改善我們和顧
　　　客及供應商之間的關係。

昆恩：嗯，在我們的組織結構下，你所說的聽起來或許顯得激進，但我必須說，你
　　　引發了我的好奇。我們明天找資訊部經理早苗一起來多聊一點，好嗎？

阿宏：那太好了。謝謝您，昆恩先生。

Chapter

5

願
景

Key Words

☐ **as to ...** 至於……

☐ **dedicated** [ˋdɛdəˌketɪd] *adj.* 專注的；專用的

☐ **breaking-even** 損益兩平

☐ **profitability** [ˌprɑfɪtəˋbɪlətɪ] *n.* 獲利；收益性

☐ **radical** [ˋrædɪk!] *adj.* 激進的；極端的

☐ **curious** [ˋkjʊrɪəs] *adj.* 好奇的

⊙ MP3 **50**

How can companies use the Internet to become more efficient and profitable? Most companies have a homepage or website that provides information about the company and its products. Now more companies are using the Internet to directly link with their customers and suppliers.

Online Selling

The Internet allows companies to sell directly to their customers, bypassing the traditional distribution channels. This disintermediation (removing the distributors) reduces the price that customers have to pay. Also, the Internet allows companies to customize products and services to meet individual customer needs. This mass customization process may eventually supplant the traditional mass production model.

However, companies that sell through both the Internet and traditional retail stores may face a channel conflict when it comes to pricing. Should their retail and Internet pricing be the same or should they differ? And, if their Internet price is lower, how will this affect their distributor relationships? Companies that sell exclusively through the Internet don't face that problem.

(Continued on page 290)

　　企業要怎麼樣才能利用網路來變得更有效率、更賺錢呢？大部分的企業都有首頁或網站來提供公司及產品的相關資訊。如今有較多企業利用網路直接聯繫顧客和供應商。

線上銷售

　　網路讓企業能繞過傳統的經銷管道，直接賣東西給顧客。這種去中介化（去除中間商）降低了顧客必須支付的價格。此外，網路也讓企業得以把產品與服務客製化，以因應個別顧客的需求。這種大量客製化的流程或許最終會取代傳統的大量生產模式。

　　不過，同時透過網路和傳統零售店來銷售的企業可能會在定價方面產生通路衝突。零售和網路的定價應該要一樣還是應該不一樣？假如網路售價較低，這對於與經銷商之間的關係會有什麼影響？純粹透過網路來銷售的企業則不會碰到這個問題。

（下接第 291 頁）

✖ Key Words

- [ ] **online** [ˋɑnˏlaɪn] *adj.* 線上的
- [ ] **bypass** [ˋbaɪˏpæs] *v.* 繞過
- [ ] **distribution** [ˏdɪstrəˋbjuʃən] *n.* 配銷
- [ ] **disintermediation** [dɪsˏɪntəmidɪˋeʃən] *n.* 去中介化
- [ ] **customize** [ˋkʌstəmˏaɪz] *v.* 客製化
- [ ] **mass customization** 大量客製化
- [ ] **eventually** [ɪˋvɛntʃʊəlɪ] *adv.* 最終
- [ ] **supplant** [səˋplænt] *v.* 取代；代替
- [ ] **traditional retail store** 傳統零售店
- [ ] **exclusively** [ɪkˋsklusɪvlɪ] *adv.* 專門地；獨占地

(Continued from page 288)

Services and / or commodity-type products (those with very little differentiation) are well suited for the Internet due to their focus on price. On the other hand, luxury-type products or products with high perceived-differentiation may be better suited for traditional retail channels due to their focus on other non-price factors. The Internet is the ultimate auction house, reducing prices to the point where profits may be "squeezed" to razor-thin margins.

Online Bidding

Many companies are also using the Internet to set up on-line bidding for their supplier contracts. This B2B (business to business) application is growing rapidly since it allows companies to reduce their costs and source from a global supply chain. The downside is that the Internet fails to take into consideration long-term supplier relationships that have been built up over many years. This is especially true in Japan where many small suppliers are still tied closely to a single major manufacturer.

Internet Advantages
★ Reduces selling / purchasing costs
★ Allows for greater customization
★ Expands potential markets

Internet Disadvantages
★ "Squeezes" profits
★ Causes channel conflict
★ Lacks personal touch

(Sheehan)

290

（續第 289 頁）

　　服務和／或日用品類的產品（沒有什麼差異性的產品）相當適合網路，因為它的重點在於價格。而在另一方面，精品類的產品或認知差異性很高的產品可能比較適合傳統的零售通路，因為它的重點在於其他價格以外的因素。網路是終極的拍賣行，降價的程度可能會把利潤「壓縮」到極微薄。

線上競標

　　有很多公司也利用網路來做線上競標以取得供應合約。這種 B2B（企業對企業）的應用成長迅速，因為它能讓公司降低成本，並可從全球的供應鏈當中獲得資源。缺點則在於，網路無法考慮到多年下來所培養出的長期供應商關係。日本的情況尤其是如此，有很多小型供應商還是緊緊依附於某一家大型製造商。

網路的優勢
★ 降低銷售及採購成本
★ 客製化的空間較大
★ 擴展潛在市場

網路的劣勢
★「壓縮」利潤
★ 引發通路衝突
★ 缺乏人情味

Chapter
5
願景

✖ Key Words

☐ **commodity** [kə`mɑdətɪ] *n.* 日用品；大眾商品
☐ **high perceived-differentiation** 明確認知到的差異性
☐ **non-price** 非價格的
☐ **auction** [`ɔkʃən] *n.* 拍賣
☐ **razor-thin** 微薄的
☐ **contract** [`kɑntrækt] *n.* 合約
☐ **source** [sors] *v.* 取得資源
☐ **be tied to ...** 與……密不可分
☐ **be suited for ...** 適合……
☐ **ultimate** [`ʌltəmɪt] *adj.* 終極的
☐ **squeeze** [skwiz] *v.* 壓縮
☐ **bidding** [`bɪdɪŋ] *n.* 競標
☐ **application** [ˌæpləˈkeʃən] *n.* 應用
☐ **downside** [`daʊnˌsaɪd] *n.* 缺點

商業上的網路應用

❏ 企業該如何運用網路以達成追求效率和利益的目標？

❏ 網際網路擁有可徹底顛覆傳統商業模式的強大力量。其中較具代表性的模式就是「直接銷售」。而此模式的主要特徵可大致歸納為以下兩項：

　① 透過直接銷售（稱為 disintermediation「去中介化」）的方式來降低成本，結果便能達到價格低廉的目標。

　② 能精準配合顧客需求，做到大量客製化 (mass customization)。這與美國一家知名汽車製造商所採取的，以 You can have any color you want as long as it's black.（你可以自由選擇顏色，只要是黑色就行）這句話為代表的大量生產 (mass production) 概念剛好相反。

❏ 只因為是網路時代，所以用外包方式 (outsourcing) 架設自家公司的官網就覺得足夠了嗎？又或因為是處於創業熱潮中，所以就以為只要是與網路有關的東西都能成功？須知，網際網路絕不是事業成功的保證。

❏ 在此介紹一個筆者親身體驗過的案例。有一次，我覺得內建投影機的數位相機用在上課或舉行研討會時似乎相當方便，所以就在網路商店下單買了一台。但我卻聽說同一商品在大規模的零售商店裡能以低很多的價格買到。於是我便立刻向經營該網路商店的公司提出申訴，沒想到卻得到「我們無法控制末端的零售價」這種乍聽之下理所當然但卻十分無情的回覆。而針對此回應，為了要求他們妥善處理此事，我進一步表示「既然要發展網路商務，就不能只是提供同樣的商品。更別說，要是無法控制末端的零售價，那消費者不就幾乎沒理由要上網購買了。換句話說，這根本就是你們的通路管理沒有做好。」像這種公司就是隨隨便便地在網上提供商品，根本沒有充分構思策略的典型例子。

❏ 有的 IT 設備製造商還會在網路上提供網購限定版之類的特殊機型，採取各式各樣的創意手法。而通路管理雖不容易，但若無法解決這種根本問題，則特地開創的 IT 事業也可能會因此發展不起來，淪落為門可羅雀的網站。因此，在利用網路銷售之前，務必先構思出能充分發揮 IT 巨大潛力的經營模式。

❏ 而傳統的實體店面型商務 (bricks-and-mortar business) 也不必太過悲觀。據預測，今後將會大量出現把網路巧妙融入傳統店面、有效結合實體與虛擬商務的「clicks-and-mortar 型商務」。例如身為世界最大圖書銷售商且以世界第一零售商為目標的 Amazon，可說是網路商務最成功的代表之一，但實際上該公司在屬於實體資產的物流、配送方面投資甚鉅。此外其競爭對手邦諾公司 (Barnes & Noble) 原本也是連鎖書店，後來才加入網路事業。而這兩家公司也在電子書的領域中彼此競爭。Amazon 先推出了 Kindle，雖然已逐漸站穩腳步，但邦諾也不甘示弱地隨後推出 Nook，試圖與之抗衡。這簡直可說是一場「誰能建立出最強的 clicks-and-mortar 商業模式，誰就能獲勝」的比賽。

❏ 網路擁有因大幅降低交易成本而產生的強大力量。但由於使用人數多，使用網路的成本便會下降，因此新的競爭者雖容易進入市場，卻較難做到差異化。也就是說，進入門檻會越來越低，而進入門檻低的生意，其競爭會越來越激烈、越來越難從中獲利。（這一點我們在 Chapter 4「策略」中解釋過。）

❏ 即使是網路時代，最後的決勝關鍵依舊是明確的願景，以及可達成該願景的有效策略和強大的領導能力——這一點可說是再怎麼強調也不為過。

（藤井）

CASE 17 IT and Business

Sanae, the IT manager, joins Mr. Quinn and Hiro for a discussion at a table.

Quinn: Sanae, Hiro here has some ideas as to how we could improve our efficiency.

Hiro: Thank you, Mr. Quinn. Let's start with our customers first. Currently, we are using a host of distributors and wholesalers to get our products to our customers. What if we added an e-commerce channel for direct selling?

Sanae: Are you saying we sell the same products at lower prices? That would create a channel conflict, which would disrupt the market order, confuse or anger customers, and cause huge problems for us.

Hiro: You're right. We definitely need to offer specialized products available only on-line and offer them at different prices.

Quinn: Won't our customers miss the personal touch of our distributors? And won't our distributors be upset by such disintermediation?

Hiro: That may very well be so. But we can't just ignore the huge potential that e-commerce could offer. That's the direction the industry is headed as well. We either move now or get left behind, Mr. Quinn. In other words, we don't want to make ourselves irrelevant.

(Continued on page 296)

資訊部門經理早苗加入了昆恩先生和阿宏在桌前的討論。

昆恩：早苗，對於我們可以如何來提高效率，阿宏有一些想法。

阿宏：謝謝您，昆恩先生。我們就先從顧客談起。目前我們是依靠一大群經銷商和批發商來把我們的產品賣給顧客。要是我們增加電子商務的管道來做直接銷售呢？

早苗：你是說我們以比較低的價格來賣同樣的產品嗎？那樣會引發通路衝突，打亂市場秩序，混淆或觸怒顧客，並對我們造成巨大的問題。

阿宏：您說得對。我們絕對需要推出只在網路上販售的專屬產品，並訂出不同的價格。

昆恩：顧客不會懷念經銷商的各別服務嗎？還有，這樣子去中介化不會惹惱經銷商嗎？

阿宏：這很有可能發生。可是對於電子商務所能發揮的巨大潛力，我們不能視而不見。這也是產業前進的方向。要是現在不做，我們就會落在人後，昆恩先生。換句話說，我們可不希望自己置身事外。

（下接第 297 頁）

✄ Key Words

- ☐ **currently** [`kɜəntlɪ] *adv.* 目前；現在
- ☐ **a host of** 一大群的；許多的
- ☐ **wholesaler** [`hol͵selə] *n.* 批發商
- ☐ **What if … ?** 要是……又怎麼樣？
- ☐ **direct selling** 直接銷售
- ☐ **disrupt** [dɪs`rʌpt] *v.* 使中斷；使混亂
- ☐ **market order** 市場秩序（讓產品能夠穩定銷售的條件等）
- ☐ **miss** [mɪs] *v.* 懷念；惦記
- ☐ **personal** [`pɜsn̩l] *adj.* 個人的
- ☐ **upset** [ʌp`sɛt] *v.* 惹惱；使心煩意亂
- ☐ **disintermediation** [dɪs͵ɪntəmidɪ`eʃən] *n.* 去中介化
- ☐ **direction** [də`rɛkʃən] *n.* 方向
- ☐ **be headed** 前進
- ☐ **irrelevant** [ɪ`rɛləvənt] *adj.* 不對題的；無關係的

Chapter

5

願景

(Continued from page 294)

Sanae: Any other ideas, Hiro?

Hiro: Yes. Let's do the same with our suppliers through global on-line bidding.

Quinn: But we already have loyal and reliable domestic suppliers who have been working with us for many years.

Sanae: Also, we would have to consider the cost of setting up a global on-line bidding system.

Hiro: That all may be true; however, the long-term cost savings will more than offset any initial set-up costs or potential loss of a few relationships.

Sanae: Well, I guess we could try. But it's going to take a lot of effort and training to make it work.

Quinn: Don't worry, Sanae. I'm sure you will be up to it. Hiro, I need to see some numbers from you so I can run this through our management meeting next week.

Hiro: Please don't worry, Mr. Quinn. I will get them for you.

（續第 295 頁）

早苗：還有什麼想法嗎，阿宏？

阿宏：有。我們可以透過全球線上競標對供應商採取同樣的做法。

昆恩：可是我們已經有了忠心又可靠的國內供應商，跟我們也合作了很多年。

早苗：還有，我們必須考慮到建構全球線上競標系統的成本。

阿宏：這一切或許都對；不過，長期節省下來的成本不但足以抵銷掉任何的初始建置成本或是一些潛在關係的損失，而且我們還可以獲利。

早苗：嗯，我想我們不妨一試。可是這得花很大的工夫和訓練才做得到。

昆恩：別擔心，早苗。我相信你勝任得了。阿宏，我要你給我看一些數字，這樣我才能在下星期的管理會議上提出討論。

阿宏：請不用擔心，昆恩先生。我會把數字呈報給您的。

🛠 Key Words

☐ **bidding** [ˋbɪdɪŋ] *n.* 競標

☐ **more than ...** 多於……；超過……

☐ **offset** [ˋɔfˏsɛt] *v.* 抵銷；補償

☐ **be up to ...** 勝任得了……

  eg. We chose her to be our project leader because we thought she was up to the job.

  我們選了她來當我們的專案負責人，因為我們認為她勝任得了這份工作。

☐ **run ... through** 將……交付討論

  eg. I refuse to run this kind of proposal through our committee.

  我拒絕將這種提案於委員會上討論。

Sheehan 觀點

E-Shopping

People who use the Internet to buy products are usually more price-sensitive than traditional shoppers. The Internet allows them to efficiently search for the best price amongst a multiple of choices in a relatively short time. Because of this fact, not all products can be effectively sold through the Internet. As was previously discussed in the MBA Lecture, services and commodity-type products (those with little differentiation) are best suited for the Internet due to their focus on price. That is why the most successful on-line ventures tend to be service-oriented or commodity-based. Personal computers are now viewed as a commodity by many people, with competing brands offering little in the way of product difference. For most people, price is the most important buying consideration. As a result, more and more personal computer sales are being made over the Internet. Compare this with automobiles, in which people invest a great deal of time before purchasing a new car since there still are perceived differences between models, in addition to the fact that most purchases of new cars take place every four or five years. As a result, most people feel the need to "test drive" a model before purchasing, whereas with personal computers they do not. Since it's still difficult to "test drive" anything on the Internet (barring the use of virtual reality), new cars generally do not sell well on the Internet. (With online auction sites, used cars tend to be a bit easier to sell.)

翻譯

電子化購物

　　使用網路來購買產品的人對於價格通常比傳統的購物者要來得敏感。網路讓他們能在相對短暫的時間裡，從眾多的選擇當中有效率地搜尋到最理想的價格。正因如此，並非所有的產品都可以有效地透過網路來銷售。在之前的 MBA Lecture 中我們討論過，服務和日用品類的產品（沒什麼差異性）最適合網路，因為它的重點在於價格。這就是為什麼最成功的網路事業往往都屬於服務或日用品類型。個人電腦現在被許多人視為日用品，競爭的品牌所提供的產品都大同小異。對大多數人來說，價格是購買時最重要的考量，結果是有愈來愈多的個人電腦經由網路銷售。拿這點來跟買汽車做比較，民眾在買新車前會投入大量的時間，因為他們還是可以感受到車款間的差異，況且新車大部分都是每隔四到五年才買一次。

因此，大多數人都覺得需要「試開」一下再買，對於個人電腦則沒有這種必要。由於目前要在網路上「試開」什麼還有困難（除了使用虛擬實境外），所以新車在網路上多半不好賣。（以線上拍賣網站而言，二手車往往會較容易脫手。）

藤井觀點

　　網路的出現到底是威脅還是機會，全看企業策略而定。

　　而網路策略的規劃，亦可應用 Chapter 4 學過的麥可・波特教授的「三大基本策略」(Session 14，P. 237) 等「策略」架構。在此我們就先以電腦製造商的直接銷售模式為例，嘗試以「成本領導」、「差異化」、「集中化」這「三大基本策略」的思考方法來分析。

① 透過直接銷售模式來降低成本，這屬於成本領導 (cost leadership) 策略。

② 由於電腦已成為日用品 (commodity)，故各家製造商很難在電腦產品上做出不同特色。不過利用網路精準配合顧客需求的優勢並實現大量客製化的做法，相對於只能透過零售商販賣量產產品的製造商來說，也可算是一種廣義的差異化 (differentiation) 策略。

③ 因為是篩選出已熟悉網路、有網路使用經驗的顧客做為目標市場，故為集中化 (focus) 策略。

　　透過如此有效的策略，此直接銷售模式於是大獲成功。但任何策略壽命都有限，成功是否能繼續維持，端看企業能否不斷迅速因應經常變化的顧客需求。正如我們在 Apple 公司的例子中看到的，偉大的企業在其優勢被競爭對手挑戰前，就會先想出下一個新的成長計畫。直接銷售模式就今日看來，已不是什麼令人眼睛一亮的創新手法。那麼採取直接銷售模式的最佳成功案例戴爾電腦 (Dell) 接下來會想出什麼樣的計畫呢？成功者總是背負著所謂的「成功的詛咒」，亦即難以跳脫過去的成功模式。而我們稍後便會討論到，此時必須莫忘初衷，並再次發揮所謂的創業家精神。

Li & Fung：終極中間商

我們已了解，網路具有去中介化 (disintermediation) 的特性。不過在別處卻也存在著利用資訊科技 (IT)，以「終極中間商」之姿持續成長的公司，那就是香港的 Li & Fung（利豐集團）。

這間公司被列為哈佛商學院的教學個案之一。另外，在任教於哈佛商學院的塔倫・卡納 (Tarun Khanna) 教授與克里希納・佩勒普 (Krishna Palepu) 教授的著作 *Winning in Emerging Markets* (Harvard Business School Press，2010 → P. 356) 中亦有詳細描述，很推薦各位閱讀。而本書已徵得這兩位教授首肯，接著便要介紹 Li & Fung 的經營概況。

Li & Fung 原本從事基本的貿易事業，接著轉為經營提供中國、香港、亞洲各國原物料及消費性商品的事業。該公司創業於 1906 年，而據說創業者唯一的附加價值幾乎只有連結中國與西歐各國不可或缺的英語和中文能力。

但若只安於做單純的中間商，交易利潤只會不斷下降。因此，為了滿足貿易、物流、零售這三個領域多樣化的顧客需求，該公司成功轉型成了具有整合、物流、信貸、資訊分析、諮詢顧問等功能的「終極中間商」。

而其中最出色的經營模式就是拆解製造程序，並以全球化的觀點來分析所有步驟，藉此提出最佳解決方案。例如，仔細確認歐美服飾製造商無法注意到的新興國家生產能力、品質、價格、可靠度、速度、法規管制、環保標準、勞動條件等，並負責為製造商客戶承辦設計、製造、商品運送等業務。當然，為了能夠既廣且深又有效地觸及分散在各地的生產據點，非運用資訊科技不可。借一句該公司管理人員的話來解釋，這就等於是一種負責設計、採購原料、品質檢驗及生產管理，但卻沒有實體廠房的「無煙工廠 (smokeless factory)」。

該公司成功的原因就在於掌握了全球化機會、運用資訊科技，並且充分活用對新興國家的跨國界豐富知識，來正確地因應顧客的需求。(以上內容摘自 *Winning in Emerging Markets* 一書。)

我在學習這家公司的事業個案時覺得，「這不就是日本一般貿易公司做的事嗎？」日本的貿易公司主要都與日本的製造商合作，參與進出口及三國之間的貿易，在某些情況下還會投資海外事業。Li & Fung 已成為終極的供應鏈經理人，想必他們今後

仍會為了追求最佳效率與事業組合，而進一步精益求精吧。

如果要我對該公司的經營團隊提出策略建議，我會提出如下意見。

首先，由於服飾領域的發展空間相對較有限，因此應該再擴大業務範圍。而若是以達成日本一般貿易公司的獲利水準為目標，就該偏離原本的事業領域，轉進風險、成本都高但較有成長空間的能源等天然資源領域。也就是說，我建議擁有百年以上歷史的該公司，應該思考若希望能繼續繁榮昌盛一百年的話，要怎麼做才好。再換句話說，該公司或許該試圖從商業機構 (commercial entity) 轉型為一綜合企業 (comprehensive business enterprise)。

若各位擔任的是外部董事或顧問，又會提出什麼樣的建議呢？在商學院裡，我們經常會被問到這個問題，這是非常好的一種思考訓練。也請各位思考一下屬於你自己的答案。

（藤井）

NOTES

Entrepreneurship

創業家精神

阿宏所提出的網路銷售系統
被提交至經營管理委員會進行討論。
而此系統產生的各種數字
也都已交給昆恩經理。
到底阿宏的提案能否為
傳統的企業所接受呢？

CASE 18 Entrepreneurship

🎵 MP3 52

Mr. Quinn comes swiftly to Hiro's desk holding papers.
He just finished attending the management committee meeting.

Quinn: Great news, Hiro! The management committee went for your idea of going on-line with our customers and suppliers. They want you to head the project.

Hiro: That's wonderful! So I'll be running my own show, right?

Quinn: Well, yes and no.

Hiro: What do you mean, Mr. Quinn?

Quinn: You'll be in charge of day-to-day stuff. But you will still be reporting to me. You will have to prepare weekly progress reports. And there'll be weekly meetings between us and my boss, Mr. Yamamoto.

Hiro: Oh, I see. Is that all?

Quinn: Well, you and Sanae will be working together. So you'll need to keep track of the time for internal billing purposes.

Hiro: Mr. Quinn! I'm afraid this is not exactly what I expected.

Quinn: What do you mean?

Hiro: If I have to do all that, it will defy the whole purpose of my project! Somehow, I feel like a bird trapped in a cage!

Quinn: Well, that's the way the cookie crumbles around here!

Hiro: But how am I going to complete this kind of project fast enough when my hands are going to be tied like that?

昆恩先生拿著文件，快步來到阿宏的辦公桌前。
他剛參加完管理委員會的會議。

昆恩：好消息，阿宏！管理委員會支持你把我們顧客與供應商間的業務網路化的構
　　　想。他們要你負責這個案子。

阿宏：那太棒了！所以我要獨當一面了，對吧？

昆恩：嗯，可以說是也可以說不是。

阿宏：這話怎麼說，昆恩先生？

昆恩：你將執掌日常事務。可是你還是得向我負責。你必須編寫每週的進度報告，
　　　而且我們每週都要跟老闆山本先生開會。

阿宏：噢，我明白。這樣就可以了嗎？

昆恩：嗯，你會和早苗合作。所以為了內部結算的目的，你們得把握時間才行。

阿宏：昆恩先生！恐怕這不完全是我所預期的情況。

昆恩：這話怎麼說？

阿宏：假如我必須做這些事，那就違背了當初我提出這個案子的目的了！不知怎
　　　的，我覺得自己就像隻籠中鳥！

昆恩：嗯，這點也是無可奈何的事！

阿宏：可是如果我被這些事給綁住，我要如何才能快速地完成這樣的案子？

✂ Key Words

☐ **go for ...** 支持……

　cf. The new venture looked like something I wanted to do, so I decided to go for it.
　　　新事業看起來像是我想做的東西，所以我決定一試。

☐ **head** [hɛd] *v.* 帶領；負責

☐ **run one's own show** 全權處理；獨當一面

☐ **day-to-day** 日常的；每日的

☐ **keep track of ...** 了解……的進展；記錄

　cf. She kept track of every cent she spent. 她把所花的每一分錢都記錄下來。

☐ **defy** [dɪˋfaɪ] *v.* 反抗；向……挑戰

☐ **That's the way the cookie crumbles.** 這也是無可奈何的事。

　eg. No cash? I guess that's the way the cookie crumbles in start-up companies.
　　　沒錢？對新創公司來說，我想這也是無可奈何的事。

Many people are fascinated by the success of American entrepreneurs in the IT field. They tend to feel that entrepreneurs are a recent phenomenon. But actually, entrepreneurs have been around for many years in a variety of fields. Both America and Japan have seen their share of successful entrepreneurs with people such as Edison, Matsushita, Ibuka and Morita. In fact, most of the large companies today were, at one point, small entrepreneurial organizations. But what makes for a successful entrepreneur?

Entrepreneurial Traits

Entrepreneurs are risk-takers. Whereas most people go through life trying to minimize their risk, entrepreneurs embrace it. They realize that without great risk there can be no great success. They also realize that failure often precedes success. They accept this and are not afraid of "falling flat on their face," however many times it may take before they reach their goals. Entrepreneurs also realize the value of thinking "outside the box," or being unconventional and creative. The expression "this is the way we've always done things around here," doesn't hold any value to them. They are always looking to try innovative, new ways of doing things. And finally, a successful entrepreneur needs to be a "jack-of-all-trades." That is, he or she should be able to wear many hats in a business and have a basic understanding of the key business functions (marketing, finance, accounting and HR).

(Continued on page 308)

美國的創業家在資訊科技領域上的成功令許多人感到著迷。他們往往會覺得，這些創業家是近期的現象。但實際上，創業家在各個領域已存在了許多年。在美國和日本都看得到成功的創業家，像是愛迪生、松下、井深和盛田等人。事實上，現今的大企業大部分都是從小型創業組織做起。但成功的創業家有什麼條件？

創業家的特質

創業家勇於冒險。雖然大多數人過日子都試圖把風險降到最低，但創業家卻會去擁抱風險。他們明白，沒有大冒險就不會有大成功。他們也明白，失敗常是成功之母。他們接受這點，而不怕會「一敗塗地」，儘管他們可能必須經歷多次失敗才能達到目標。創業家也明白「跳脫框架」思考的價值，亦即不循陳規並發揮創意。「我們這裡做事的方法向來就是如此」這句話對他們而言毫無價值。他們總是在找機會嘗試以創新的新方法來做事。最後，成功的創業家必須是「全能型的人」。這是說他／她應該要能在事業中身兼多職，並對重要的企業功能（行銷、財務、會計和人資）有基本的了解。

（下接第 309 頁）

Key Words

- **entrepreneur** [ˌɑntrəprəˈnɝ] *n.* 創業家；企業家
- **phenomenon** [fəˈnɑməˌnɑn] *n.* 現象
- **small entrepreneurial organization** 小型創業組織
- **what makes for ...** ……有什麼條件？
- **whereas ...** [hwɛrˈæz] *conj.* 雖然；儘管
- **minimize** [ˈmɪnəˌmaɪz] *v.* 降到最低；使減到最少
- **embrace** [ɪmˈbres] *v.* 擁抱；欣然接受
- **fall flat on one's face** 一敗塗地
- **think out of the box** 跳脫框架思考
- **unconventional** [ˌʌnkənˈvɛnʃənl] *adj.* 不循陳規的；不依慣例的
- **look to ...** 尋求……；指望……
- **jack-of-all-trades** 多才多藝；能做多種不同工作的人
- **wear many hats** 身兼數職

Chapter
5
願景

(Continued from page 306)

Key Traits
① Risk-taker
② Creative thinker
③ "Jack-of-all-trades"

Nurturing Entrepreneurship

In order for entrepreneurship to flourish there needs to be a societal focus on rewarding high achievers and encouraging independent thinkers. This needs to start early on in the educational system so that students who excel are recognized and rewarded (i.e. early graduation) for their efforts. Schools need to nurture creativity and independent thinking instead of attempting to mold all students into a standard prototype. Companies also need to nurture their employees, providing them with opportunities to challenge themselves and giving them the necessary autonomy to reach their goals in their own way. Also, a performance-based reward system would go a long way towards creating a more entrepreneurial-friendly environment.

Main Ingredients
① Reward high achievers
② Encourage independent thinkers
③ Institute a performance-based system

(Sheehan)

✗ **Key Words**

☐ **trait** [tret] *n.* 特質；特徵
☐ **flourish** [ˋflɜɪʃ] *v.* 壯大；繁盛
☐ **societal** [səˋsaɪətl] *adj.* 社會的
☐ **high achiever** 成就不凡的人
☐ **independent thinker** 獨立思考的人

（續第 307 頁）

重要特質

① 勇於冒險者

② 有創意的思考者

③「全能型的人」

培養創業家精神

　　創業家精神要能壯大，社會就需要著重於酬賞成就不凡的人，並鼓勵獨立思考的人。這需要從教育體制中及早做起，使優秀的學生能靠著本身的努力獲得賞識與酬賞（也就是提早畢業）。學校要培養創意和獨立思考，而不要企圖把所有的學生塑造成標準的原型。企業也要培養員工，讓他們有機會挑戰自己，並給他們必要的自主權，以便用自己的方式來達到目標。此外，績效導向的獎酬制度對於打造出較有利於創業的環境也大有助益。

主要要素

① 酬賞成就不凡的人

② 鼓勵獨立思考的人

③ 訂立績效導向的獎酬制度

⚒ Key Words

- ☐ **excel** [ɪkˋsɛl] *v.* 突出；勝過他人
- ☐ **early graduation**（跳級 skipping grades 的結果）提前畢業
- ☐ **nurture** [ˋnɝtʃɚ] *v.* 培養
- ☐ **mold** [mold] *v.* 塑造
- ☐ **prototype** [ˋprotəˌtaɪp] *n.* 原型
- ☐ **autonomy** [ɔˋtɑnəmɪ] *n.* 自主權
- ☐ **go a long way** 大有助益
- ☐ **ingredient** [ɪnˋgridɪənt] *n.* 構成要素
- ☐ **institute** [ˋɪnstətjut] *v.* 訂立；制定

Chapter

5

願景

創業家精神──創業家的必要條件

❑ 讓我們分別討論一下 Sheehan 所提出的三項創業家特徵。

1. 勇於冒險者

　　創業當然會有風險，因此創業者除了要能充分估算風險並努力將風險降至最低 (minimize) 外，還要有即使遭遇失敗也不灰心，且能再次挑戰的大無畏精神。創立了數一數二的全方位服務公司的發明王愛迪生就曾說過：「我從沒覺得自己失敗了，我只是發現了行不通的辦法而已。」像這種不屈不撓的精神，真的非常重要。

2. 有創意的思考者

　　若是被障礙或過去的規則所束縛，就很難開創出新的事業。許多大企業開發新事業時之所以會失敗，主要都是因為有搗毀創造性思考之經驗論的存在，以及有形無形的規則或束縛。

3.「全能型的人」（已學會經營管理所需之基礎科目）

　　有很多優秀的構想都難以成為真正的事業，而創意之所以未能開花結果，可歸因於經營管理者本身並未具備從創業家轉變為企業家所需的基本經營管理能力（行銷、會計與財務、人與組織、策略、願景等）。

❑ 創業家精神可以培養嗎？針對此問題，在教育及企業領域實行以下三件事應能發揮效果：
① 獎勵做出了理想成績及成果的人
② 鼓勵具原創性的構想
③ 實行績效導向制度

❑ 我認為，創業家的養成應是有待國家、社會、教育機構、企業等共同努力解決的重要課題。養成接納、鼓勵不同意見的態度尤其重要。有許多事業成功並且發了大財的創業家都是自美國留學回自己國家的。這一點相當引人深思！

（藤井）

成為 21 世紀領袖的心理準備

在「領導力」領域中被稱為世界權威的哈佛商學院教授約翰‧科特 (John Kotter)，在其著作 *Leading Change*（Harvard Business School Press，1996 ／邱如美譯《領導人的變革法則》天下文化，2002）中論述了「領導技巧 (Leadership Skills)」、「於未來獲得成功的能力 (the Capacity to Succeed in the Future)」以及「終身學習 (Lifelong Learning)」這三者間的關聯性。對於以改革領導者為目標的人來說，此書堪稱最佳寶典，在此誠心推薦各位務必一讀。

筆者在 1999 年參加哈佛商學院的高級管理課程 (AMP) 時，很幸運地有機會聆聽一整天科特教授的一項專題講座。他的幽默風趣與豐富知識，以及一邊講述一邊便熱淚盈眶的熱忱，至今仍深深烙印在我心中。

科特教授在前述著作中，提出了五項終身持續學習所需的態度，包括了：① 把自己趕出「舒適圈」(comfort zones)，勇敢承擔風險 (risk-taking)、② 誠實且謙卑地自我反省 (humble self-reflection)，尤其是失敗時的反省、③ 積極徵求他人的意見和想法 (solicitation of opinions)、④ 注意聆聽別人說的話 (careful listening)、⑤ 樂於接受新觀念，並以開放的心胸面對人生 (openness to new ideas)。

科特教授所傳達的訊息非常簡潔有力，他告訴我們「成功」與「領導」是可透過「擁有競爭動力 (competitive drive)」和「不斷學習」來達成的。學習的重要性大家應該都很了解，不必我贅言，但學習能帶領想成為 21 世紀領袖的各位邁向成功這個觀點，應可算是科特教授給大家的最大鼓勵吧。

2001 年秋天，我有個機會再次重返哈佛校園。除了參觀 AMP 授課外，我還計畫了要與多位教授會面。我的行程十分緊湊，但即使如此，我還是非常希望能與科特教授見上一面，於是便寄出電子郵件請求安排會面。雖然曾在他指導下做研究的一位熟人警告過我，除非是特殊情況，否則不可突然預約，但我卻收到了 OK 的回覆。於是我便滿心歡喜地到了科特教授的住家兼辦公室。雖然會面時間只有短短的 30 分鐘，但是在整個過程中，我還是充分感受到了一心想培育世界領導者的科特教授那絲毫未變的熱情與溫暖性格。而在與他會面之後、前往下一個目的地的途中，我的心中不知不覺地又湧起了「我要繼續努力挑戰！」的無比熱情。

（藤井）

CASE 18 Entrepreneurship

MP3 54

Mr. Yamamoto, Mr. Quinn and Hiro are at one of the progress report meetings.
Mr. Yamamoto is chairing the meeting and is about to bring it to a close.

Yamamoto: That was a good meeting, Hiro. Your progress reports are getting better. However, they still need to be a bit longer.

Quinn: Also be careful of how much time you and Sanae are working on this. The costs are exceeding our budget.

Hiro: (Frustrated) Excuse me, gentlemen. This may not be the right time or place to say this, but I really feel this project is not working out the way it should!

Yamamoto: What do you mean, Hiro?

Quinn: Yeah. What do you mean, Hiro?

Hiro: In order to make this on-line project work, I need to devote 100% of my time and effort without having to deal with all of this internal red tape! I could get a lot done if I didn't have to prepare all these reports and attend these unproductive meetings!

Quinn: But I don't have to remind you that these were all preconditions for the approval of this project as required by the management.

(Continued on page 314)

312

解決問題！ 創業家精神

山本先生、昆恩先生和阿宏參加了一場進度報告會議。
山本先生正在主持會議，並且即將結束開會。

山本：這場會議不錯，阿宏。你的進度報告有進步。不過，它還是需要長一點。

昆恩：還要注意你和早苗在這上面花了多少時間。成本超出了我們的預算。

阿宏：(語帶氣餒) 不好意思，兩位。這麼說或許時機或場合並不恰當，但我真的覺
得，這個案子並沒有發揮它應有的效果。

山本：這話怎麼說，阿宏？

昆恩：是啊。這話怎麼說，阿宏？

阿宏：為了讓這個網路案成功，我需要投入百分之百的時間和努力，而不必去應付
這一切內部的官樣文章！假如我不必準備這些報告和出席這些徒勞無功的會
議，我可以做好很多事！

昆恩：但不必我來提醒你，這些全都是管理階層核准這個案子所要求的先決條件。

（下接第 315 頁）

🛠 Key Words

- [ ] **chair** [tʃɛr] *v.* 擔任（某會議）的主席、主持
- [ ] **bring … to a close** 使……結束
- [ ] **exceed** [ɪk`sid] *v.* 超出；超越
- [ ] **work out** 發揮
- [ ] **devote** [dɪ`vot] *v.* 投入；專心致力於……
- [ ] **effort** [ɛfət] *n.* 努力
- [ ] **deal with** 應付
- [ ] **internal** [ɪn`tɝnl] *adj.* 內部的
- [ ] **red tape** 官樣文章；繁文縟節
- [ ] **unproductive** [ˌʌnprə`dʌktɪv] *adj.* 沒有結果的；徒勞的
- [ ] **remind** [rɪ`maɪnd] *v.* 提醒
- [ ] **precondition** [ˌprikən`dɪʃən] *n.* 先決條件

Chapter

5

願
景

(Continued from page 312)

Hiro:	But that's exactly where we are going to fail! What purpose does all this reporting serve? Too much of my time and energy is being wasted!
Quinn:	How can you call it "wasted"!
Yamamoto:	What do you suggest we do then, Hiro?
Hiro:	How about spinning off this project into an independent dot-com venture with me as its head?
Quinn:	(Disturbed) Are you sure you know what you are saying?
Yamamoto:	Wait a minute, Quinn. This idea may have some merit to it. Let's give this young man a chance to prove himself.
Quinn:	OK. But do you realize what kind of risk you are taking?
Hiro:	I realize the risk, Mr. Quinn. But on the flip side there is a tremendous upside to this.
Quinn:	And you realize also that you'll be on your own.
Hiro:	I welcome the challenge.

（續第 313 頁）

阿宏：但那正是我們將會失敗的原因！這一切的報告能達到什麼目的？我的時間和精神有太多都浪費掉了！

昆恩：你怎麼能說它「浪費」！

山本：那你建議我們怎麼做，阿宏？

阿宏：能不能把這個案子獨立成一個新的網路事業，並由我來負責？

昆恩：（語帶不悅）你確定知道自己在說什麼嗎？

山本：等等，昆恩。這個構想或許有某種優點。我們就給這位年輕人一個機會去證明自己。

昆恩：好。但你明白自己所冒的是哪種風險嗎？

阿宏：我明白有風險，昆恩先生。可是反過來說，這也會有很大的好處。

昆恩：而你也明白自己要獨立作業。

阿宏：我樂於接受挑戰。

Key Words

☐ **serve** [sɜv] *v.* 達到（目的）

eg. The president's resignation served no useful purpose.
總裁辭職並沒有達到有用的目的。

☐ **waste** [west] *v.* 浪費

☐ **spin off** 分殖（從某個組織分離、獨立出去，另外建立出小規模的組織）

☐ **independent** [ˌɪndɪ`pɛndənt] *adj.* 獨立的

☐ **dot-com venture** 網路事業

☐ **merit** [`mɛrɪt] *n.* 優點；長處

☐ **prove oneself** 證明自己

eg. The young director proved himself to be a very able president.
年輕的社長證明了自己是個非常能幹的總裁。

☐ **flip side** 反面

☐ **tremendous** [trɪ`mɛndəs] *adj.* 很大的；非常了不起的；驚人的

☐ **upside** [`ʌp`saɪd] *n.* 好處；優點

☐ **on your own** 獨立作業

☐ **welcome** [`wɛlkəm] *v.* 樂於接受

Chapter

5

願
景

Can You Judge a Book by Its Cover?

Entrepreneurs come in all shapes and sizes. The entrepreneur that most people usually identify with is typically someone who starts up a high-tech company that becomes an "instant overnight success" (like Facebook). And, to complete the picture, the entrepreneur in question must never wear a tie or business suit. But actually, entrepreneurs come from a variety of industries, large and small. Take for example the corporate executive whose department is always on the cutting edge of new business practices or the couple who just recently opened a noodle shop with their own life savings or the young boy who collects old bicycle parts from scrap heaps and then refurbishes them for resale to bike shops. All of these people are, in their own right, entrepreneurs. You don't have to be wearing jeans with an open collar shirt to be considered entrepreneurial. Being entrepreneurial simply means you are willing to try new things, take risks, and be innovative in your approach to business. It's more a state of mind than a state of dress.

翻譯

你能從封面來判斷一本書嗎？

　　創業家有百百種。通常大多數人所認定的創業家典型地都是創立高科技公司並因此「一夕成功」（好比說臉書）的人。而這些創業家給人的印象就是，一定從來不打領帶或穿西裝。但實際上，創業家在各種大大小小的行業裡都有。例如所管理的部門總是站在新經營之道尖端的公司主管；或是最近剛用老本開了間麵店的夫妻；又或是從垃圾堆裡撿拾腳踏車舊零件來磨光、打亮，然後轉賣給腳踏車店的年輕男孩。這些人全都是名副其實的創業家。要被認為具有創業性，你並不一定要穿牛仔褲和開領衫。成為創業家只意謂著你願意嘗試新事物、願意冒險，並創新經營手法。重要的是心態，而不是衣著。

讓我們再進一步思考一下 MBA Lecture 部分所提到的「基本經營管理能力」這項創業家條件。現在在日本，也有很多人以 IT 領域為其創業目標。而創業當然不是年輕人的專利，也有些是從企業退休後，才以中高年創業者之姿勇敢面對挑戰、大展身手。

但許多創業者之所以發展不如預期，經營管理能力不足似乎是主要原因，亦即在行銷、會計與財務、人力資源與組織、策略、願景等方面的經營管理整體知識不夠充分。不只是經驗較少的年輕人，即使是擁有長期企業工作經驗的人，很多也都有這個問題。任職於企業，以受雇者的身分工作，和自己創業並經營是完全不同的兩碼子事。創了業，但要是經營管理能力不夠，那麼也就只是個曇花一現的點子而已。偉大的創業構想若要能夠開花結果，實實在在地學好經營管理基礎知識是非常重要的。

我曾聽過哈佛商學院前院長克拉克 (Kim Clark) 的演講。據他表示，一直以來，以哈佛為首的商學院學生們為了求取高薪，找的多半都是諮詢顧問或投資銀行家 (investment banker) 之類的工作，但依據哈佛商學院的最新資料顯示，在總數約 900 人的畢業生中，有超過 10%，亦即接近 100 人，選擇到新創立的公司上班；另外還有相當於總畢業人數的三分之一，接近 300 人，選擇到員工不滿百人的年輕公司上班。看來，傳統上總是產出大企業經理人或顧問的商學院，最近也開始吹起創業風了。

對於 MBA 教育能否培育出創業家這個問題，我的答案是：「雖然基礎的 MBA 教育確實是必不可少的，但是只有 MBA 教育當然還是不夠。」事實上不只是哈佛，許多美國的商學院，也有越來越多畢業生選擇到剛成立沒多久的小公司上班。

此外，還有人選擇創立「非營利性組織」(Non-profit Organization = NPO)，把從 MBA 教育所學到的知識應用於消滅貧窮及提供教育機會給所有孩童等任務。這表示現在的商學院能培育出的不只是想追求個人成功與富足人生的人，甚至還有許多是願意提供幸福機會給世上更多人的人，這真是非常棒的一件事。

資訊革命跨越國境，造成了市場全球化。在這樣的環境裡，為了能在創業者間的競爭中勝出，你除了必須徹底學好 MBA 基礎知識之外，還需要以不屈不撓的挑戰精神培養出充滿創意的創業構想。

Chapter

5

願景

True North

各位有聽過 "True North" 這個詞彙嗎？其原意為「正北」，指的是船隻或旅行者覺得迷失了方向時需要尋找的北極點方位。

哈佛商學院的比爾‧喬治 (Bill George) 教授在醫療器材製造商 Medtronic 擔任了十年 CEO 後，到哈佛教授領導學 (Leadership) 及公司責信 (Corporate Accountability)，而其代表著作的書名就叫 *True North* (Jossey-Bass，2007)。其涵義是：「領導者必須好好思考自身的領導意義，而這應是個堅定、絕不動搖且可代表本身價值觀與人生觀的終極目標」。

該書質疑「成為企業之首並掌握權力、財富與名聲，真的就是你的 True North 嗎？」此話出自優良企業的 CEO，非常具有說服力。而這位教授還丟出了「人生總是存在著嚴峻的試煉，你能從中學到什麼？又如何能由此建立出屬於你自己的領導力並加以發揮？」這樣的問題。他告訴我們，任何人都能成為如傑克‧威爾許 (Jack Welch) 或史帝夫‧賈伯斯那樣無比優秀的領導者，但是並沒必要每個人都變成那樣，而且不是只有企業之首須要發揮領導力。事實上，不論你是什麼身分地位的人，擁有屬於自己「真正的領導力」(Authentic Leadership) 才是最重要的。

回顧我自己的商業生涯，其實也是一連串的試煉，尤其在國外時更是經歷了各式各樣的殘酷戰場。最初我被派駐至馬來西亞，當時各大公司在新成立不久的商品期貨交易市場中進行激烈的買賣競爭，最後搞得無法運作、全面瓦解，因為不履行契約的例子層出不窮，害得我一天到晚都在忙著回收壞帳。在美國擔任 CEO 時，公司的主要商品碰上拒買活動，完全賣不出去，後來被迫大膽採取裁員措施，卻因此被控歧視，真的是很慘。而在印度時，則是做了大金額的債務償還與經營重建工作。

每個人都曾有過辛苦的日子，但事後回頭再看，就會深刻地感受到這些都是形成自身領導能力的重要事件。大家常說「年輕就該吃苦」，我深具同感。希望各位在遇到困難時都能夠勇敢面對，務必建立出與他人不同，專屬於你自己的領導能力。

（藤井）

Corporate Governance
公司治理

阿宏的提案被公司接納了，他終於揚眉吐氣，
當上了由母公司獨立出去的網路公司的負責人。
一年後，阿宏到董事會報告第一年的經營成果，
出席會議的包括有阿宏以前的主管昆恩，
以及創投資本家威爾金斯先生。
阿宏要回答這兩位股東兼董事所提的問題，
不過他的某句發言卻引發了一陣討論。

CASE 19 Corporate Governance

🎧 MP3 55

Hiro has finished his presentation of the first year's results at a board meeting.
Mr. Quinn and Mr. Wilkins ask questions.

Hiro: That's where we stand right now. All in all, things are going pretty much the way I planned. Do you have any questions?

Quinn: When are you going to start showing a profit? It's been a year now!

Hiro: My plans are all laid out here, Mr. Quinn. We are currently in the stage of building a strong market share. But we still need more time to break even, you know.

Wilkins: How about the IPO? When is that scheduled?

Hiro: It's a bit too early to talk about that. You both are being too impatient. You just have to trust me to run my company the best I can.

Quinn & Wilkins: (Loudly) Your company!?

Hiro: Yes. My company!

(Continued on page 322)

阿宏在董事會議上提報了他第一年的成果。
昆恩先生和威爾金斯先生相繼發問。

阿　　宏：這就是我們現在所處的狀態。總的來說，事情的發展相當符合我的規
　　　　　劃。你們有任何問題嗎？

昆　　恩：你什麼時候會開始顯示獲利？現在已經過了一年了！

阿　　宏：我的計畫全都列在這裡了，昆恩先生。我們目前正在衝高市占率的階
　　　　　段，但您知道，我們還需要一點時間才能損益兩平。

威爾金斯：那首次公開發行呢？預定在什麼時候？

阿　　宏：談這個有點太早了。兩位太性急了。你們一定要信任我，我會竭盡所能
　　　　　把我的公司經營好。

昆恩和威爾金斯：（提高音量）你的公司？

阿　　宏：是的。我的公司！

（下接第 323 頁）

Chapter 5 願景

✂ Key Words

☐ **stand** [stænd] *v.* 處於（某種狀態）

☐ **all in all** 總的來說

　eg. All in all, your performance during the year has been satisfactory.
　　　總的來說，你整年的表現令人滿意。

☐ **lay out** 陳列；展示

☐ **in the stage of ...** 在……的階段

☐ **break even ...** 損益兩平

☐ **IPO** 首次公開發行，即公司股票首度在股市中公開買賣（Initial Public Offerings 的縮寫）

☐ **impatient** [ɪmˋpeʃənt] *adj.* 性急的；無耐心的

(Continued from page 320)

Wilkins: Let me set the record straight here, young man. This company is more mine than yours.

Hiro: But I am the one on the front line!

Wilkins: Where I come from, management and ownership are totally separate functions!

Quinn: I am afraid I have to agree with Walter on this.

Hiro: But I don't have to remind you the employees are the most important assets of a company. Without them, the company is nothing! So, in my mind, they are the company and the company belongs to them!

Wilkins: Sorry, Hiro. The world doesn't work that way anymore.

（續第 321 頁）

威爾金斯：讓我把話講清楚，年輕人。這家公司是我的，而不是你的。

阿　　宏：可是在前線的人是我呀！

威爾金斯：就我所知，經營權和所有權是完全分開的職能！

昆　　恩：在這點上恐怕我非附和華特不可。

阿　　宏：但不必我來提醒你們，員工是公司最重要的資產。沒有了他們，公司就什麼都不是！所以在我看來，他們就是公司，公司也屬於他們！

威爾金斯：抱歉，阿宏。世界已不再是這樣運作的了。

✖ Key Words

☐ **Let me set the record straight.** 讓我把話講清楚。

　　cf. Let's set the record straight. We never borrowed money from your bank.
　　　　讓我們把話講清楚。我們從來沒跟貴銀行借過錢。

☐ **front line** 前線

☐ **where I come from** 就我所知

　　eg. Is lifetime employment guaranteed? Not where I come from!
　　　　終身雇用制是有絕對保障的嗎？就我所知可不是。

☐ **ownership** [ˋonəʃɪp] *n.* 所有權

☐ **separate function** 分開的職能

☐ **assets** [ˋæsɛts] *n.* 資產

☐ **work that way** 這樣運作

Chapter

5

願
景

MP3 56

Who is a company's most important "stakeholder"? Is it the shareholder who puts up the money, the customer who buys the product or the employee who puts in the effort? If it's the shareholder, does the company focus on making short-term profits? If it's the customer, does the company focus on making great products? Or, if it's the employee, does the company focus on long-term stability? These are questions that are being asked today in many corporate boardrooms.

Key Stakeholder

If you really think about it, without the capital provided by investors, there would be no company. Therefore, management's main objective should be to maximize shareholder value by increasing the company's share price and / or returning profits (dividends). In order to accomplish this, management must constantly strive to achieve high growth and profitability. The former requires great products that customers value, whereas the latter requires well-trained employees to ensure efficient operations. Each of these stakeholders is linked, with the failure of one eventually leading to the failure of another. Ultimately, however, it is the shareholder whose interest must be placed above all others.

Board of Directors

The board of directors is supposed to represent the interests of the shareholders, monitoring company operations and setting strategic targets. It has the authority to make management changes and acts as the centerpiece of the annual shareholders meeting, during which time new board members may be elected by the shareholders. Typically boards are comprised of representatives from key investor groups or prominent individuals from outside the industry. (One or two key management members such as the CEO or president may also be included.) This outsider perspective is seen by many as an effective counterweight to the insider perspective of management.

(Sheehan)

誰才是公司最重要的「利害關係人」？是出錢的股東、購買產品的顧客，還是付出努力的員工？假如是股東的話，公司會著重於追求短期獲利嗎？假如是顧客的話，公司會著重於製作優良的產品嗎？或者假如是員工的話，公司會著重於長期的穩定性嗎？現今在許多公司的會議室裡，大家都在問這些問題。

重要利害關係人

仔細想想，要是沒有投資人提供資金，就不會有公司。因此，管理階層的主要目標應該是使公司的股價上漲並／或配發獲利（股利），以盡量提高股東價值。如果要做到這點，管理階層就必須不斷努力，以達到高度的成長與獲利。前者要靠優良的產品受到顧客所重視，後者則要靠訓練有素的員工來確保營運有效率。這些利害關係人會互相牽動，一個失敗到最後就會導致另一個失敗。但最終來說，股東的利益還是必須擺在其他一切之上。

董事會

董事會理當要代表股東的利益，監督公司的營運，並訂出策略目標。它有權要管理階層改變，並且是每年股東會的主角。在此期間，股東可以選出新的董事。一般來說，董事會是由重要投資人團體的代表或業外的重量級人物所組成。（或許還會納入一、兩位管理階層的重要成員，如執行長或總裁。）業外人士的觀點被許多人認為可有效制衡管理階層的內部觀點。

✄ Key Words

- shareholder [ˈʃɛrˌholdə] *n.* 股東
- put in 付出
- boardroom [ˈbordˌrum] *n.* 會議室
- objective [əbˈdʒɛktɪv] *n.* 目標
- strive [straɪv] *v.* 努力；奮力
- whereas [hwɛrˈæz] *conj.* 反之；卻
- eventually [ɪˈvɛntʃuəlɪ] *adv.* 最後；終於
- interest [ˈɪntərɪst] *n.* 利益；利害
- represent [ˌrɛprɪˈzɛnt] *v.* 代表
- centerpiece [ˈsɛntəˌpis] *n.* 最重要的部分
- comprised of … 由……組成
- perspective [pəˈspɛktɪv] *n.* 觀點

- put up money 出錢
- stability [stəˈbɪlətɪ] *n.* 穩定性
- capital [ˈkæpət]] *n.* 資金；資本
- share price 股價
- value [ˈvælju] *v.* 重視
- ensure [ɪnˈʃur] *v.* 確保
- ultimately [ˈʌltɪmɪtlɪ] *adv.* 最終；終究
- board of directors 董事會
- authority [əˈθɔrətɪ] *n.* 權威；職權
- shareholders meeting 股東會
- prominent [ˈprɑmənənt] *adj.* 突出的；重要的
- counterweight [ˈkauntəˌwet] *n.* 制衡；平衡力

Chapter
5
願景

公司治理──公司為股東所有

❏ 「公司是屬於誰的？」這問題，在日本也經常被討論到。公司是屬於對公司來說極重要的資金來源──股東 (shareholders) 的？還是屬於購買產品的顧客的？抑或是每天辛勤發展業務的員工的？

❏ 若進一步深入探討，由於公司是由股東出資創立，資金屬於股東，所以公司應被視為屬於股東。在歐美國家，「經營權」和「擁有權」是分離的，股東透過出資的方式擁有公司、控制公司，因此股東才是公司的擁有者。

❏ 而管理階層 (management) 的工作則是「將股東權益最大化」。

❏ 除了股東外，利害關係人 (stakeholders) 這個字也越來越常聽到。

❏ stakeholder 指的是「與公司有利害關係的所有人」，為「股東」、「員工」、「顧客」、「社會」的總稱。在 Chapter 3 的「企業倫理」部分也曾提到過，企業對 stakeholder 有責任，必須成為良好的企業公民 (corporate citizen) 才可以。此外也有人認為，stakeholders 對企業的經營也應享有發言權。

❏ 董事會 (the board of directors) 代表的是股東權益，負責決定公司應有的方向與策略，並扮演監督經營團隊的角色。董事是董事會的成員，而高階管理人員 (officers) 則是受董事會委託、負責處理每天之經營事務的人，兩者並不相等。過去日本在這方面的區別總是模糊不清，不過最近已有越來越多企業開始清楚區分這兩種角色，力圖改革經營管理方式。

❏ 在美國，董事幾乎都是投資團隊或公司外的人，很少有公司內的人。日本也複製此模式，開始歡迎外部的人成為公司董事。而設置外部董事的好處在於，外部董事可提供有用的外部觀點。此外，代表股東權益的董事由股東大會選出。

❑ 那麼對企業來說，加入外部董事有何好處呢？應該說就是能靠著自己的努力和系統來達成社會對企業的「透明」及「責信」的要求吧（請參考 P. 333）。

❑ 在此將 21 世紀全球化商業社會的公司治理原則整理如下。

① 股東、董事等，「擁有權」和「經營權」有明確的區分。
② 具備責信 (accountability)。
③ 能維持透明性 (transparency)。

　　只要做到以上三項，就可能達成股東權益最大化，並建立商業道德。將這種「資本邏輯」和經營管理的監督功能明確化，讓企業呈現原本應有的樣子，便能讓大家在經營管理方面更上軌道。即使就預防醜聞發生的角度來看，這點也是非常重要的。眼見企業醜聞接連不斷，實在令人不得不再次感受到這些原則的重要性。

❑ 在日本或台灣，能夠真正發揮外部董事作用的人才有多少呢？既然為了公司的健全經營可雇用外部的法律及會計專家，那麼應該也能請外部的律師或大學教授等專家來出任外部董事。但考慮到企業長久持續的繁榮昌盛，能夠確實俐落地做出有益的決策並能提供經營團隊正確建議的專家似乎還很少。不能只因為這是世界趨勢，或該人物在大眾媒體的曝光度很高等膚淺理由就決定人選。外部董事必須是能真正考慮到整個社會與競爭環境、具備全球化市場及政治經濟等相關豐富知識並且擁有豐富經驗和深刻洞察力的有為人才，而這樣的人才需要企業、研究機構、大學和國家聯合起來，傾全國之力一同努力來孕育。

（藤井）

CASE 19 Corporate Governance

🎧 MP3 57

A few weeks later, Mr. Wilkins, Mr. Quinn and Hiro are gathered in a different meeting. Hiro gravely starts talking.

Hiro: I've been thinking about what you said, Mr. Wilkins. And you are right. Ownership is what counts.

Wilkins: I'm glad you saw the light.

Hiro: Yes. As a matter of fact, I have some news for you.

Quinn: (Shaken a bit) Really? What?

Hiro: I've made a new financing arrangement that will buy out both your shares of this company.

Quinn: What do you mean? You never told us that you were working on something like that!

Hiro: I'm sorry but I had to move fast. Furthermore, I didn't want to be questioned to death before I even get started!

Quinn: (Disturbed) I don't know what you are talking about!

(Continued on page 330)

✂ **Key Words**

□ **gravely** [ˋgrevlɪ] *adv.* 沉重地
□ **ownership** [ˋonɚˌʃɪp] *n.* 所有權
□ **counts** [kaunts] *adj.* 有重要意義；有價值
　　eg. What really counts is the process, not the result.
　　　　真正重要的是過程，不是結果。
□ **see the light** 想通了
　　eg. The accounts manager was opposed to the investment, but he finally saw the light.
　　　　客戶經理原本反對該項投資，但最後還是想通了。

幾週之後，威爾金斯先生、昆恩先生和阿宏開了另一場會。
阿宏沉重地開始發言。

阿　　宏：我想過您所說的話了，威爾金斯先生。您說得對，所有權才是最重要的。

威爾金斯：很高興你想通了。

阿　　宏：是。事實上，我有件事要報告。

昆　　恩：（有些震撼）真的嗎？什麼事？

阿　　宏：我做了新的融資安排，要買斷兩位在這家公司的股份。

昆　　恩：你這是什麼意思？你從來就沒有告訴我們你在搞這種花樣！

阿　　宏：很抱歉，但我動作必須要快。再者，我不希望都還沒開始，就被質疑到死！

昆　　恩：（語帶不悅）我不曉得你在說什麼！

（下接第 331 頁）

✖ Key Words

☐ **as a matter of fact** 事實上
☐ **shaken** [ˋʃekən] *adj.* 受震驚的
☐ **financing** [faɪˋnænsɪŋ] *n.* 融資；資金調度
☐ **arrangement** [əˋrendʒmənt] *n.* 安排
☐ **buy out** 買斷
☐ **share** [ʃɛr] *n.* 股份
☐ **furthermore** [ˋfɝðɚˏmor] *adv.* 再者
☐ **to death** 到死
☐ **disturbed** [dɪˋstɝbd] *adj.* 受到擾亂的

(Continued from page 328)

Wilkins: At what price, Hiro?

Hiro: Don't worry. Both of you will get a handsome return on your investment.

Quinn: (Still disturbed) Why are you doing this?

Hiro: Well, I want to have more control. But, in order to do so, I need a greater equity stake. My new partner has agreed to a 60-40 arrangement, which will give me full management control.

Quinn: (Angrily) You are making things very difficult for me. But if you insist on doing this, I'll need to get the proper authorization.

Hiro: I hope you won't take too long, Mr. Quinn. What about you, Mr. Wilkins?

Wilkins: If the numbers work, I'm all for it!

Hiro: Well, gentlemen. It's been nice doing business with you. (Shake hands)

（續第 329 頁）

威爾金斯：價格是多少，阿宏？

阿　　宏：別擔心，兩位的投資報酬會很可觀。

昆　　恩：（仍然不悅）你為什麼要這麼做？

阿　　宏：嗯，我想擁有更多的控制權。但如果要做到這點，我就需要更多的持股。我的新合夥人同意六四分，好讓我完全掌控管理階層。

昆　　恩：（語帶憤怒）你把事情搞得讓我非常棘手。但假如你堅持這麼做，我得獲得適當的授權。

阿　　宏：希望您不會耗時太久，昆恩先生。您呢，威爾金斯先生？

威爾金斯：只要數字合理，我舉雙手贊成！

阿　　宏：嗯，兩位，跟你們做生意挺愉快的。（握手）

⚒ Key Words

☐ **handsome** [ˋhænsəm] *adj.* 可觀的；相當大的
☐ **return on investment** 投資報酬（率）
☐ **equity stake** 持股
☐ **insist on …** 堅持……
☐ **proper** [ˋprɑpə] *adj.* 適當的
☐ **authorization** [͵ɔθərəˋzeʃən] *n.* 授權
☐ **work** [wɝk] *v.* 行得通
☐ **be all for it** 舉雙手贊成

Sheehan 觀點

Open Sesame!

One of the noticeable differences between Western and Japanese companies is the composition and role of the board of directors. Most Western boards tend to include a large number of people from outside the company and industry. This allows for new perspectives and ways of dealing with business matters, and ensures that the board remains accountable to its shareholders. However, in Japan, most boards are comprised solely of company executives from different divisions, key business partners and representatives from the main bank. Directors from outside these areas are a rarity. By following this practice Japanese companies tend to limit their potential for developing new ideas or new ways of thinking. It also fosters a kind of "groupthink" where everyone tends to fall in line behind a key individual, either sharing the same opinion, or worse, not feeling comfortable enough to voice their own, which could ultimately lead to some dire consequences. However, with the increasing influence of global investors, this practice may soon come to an end.

翻譯

芝麻開門！

　　西方和日本的公司有一個明顯的差異，那就是董事會的組成和角色。大部分的西方董事通常會有為數眾多的人來自該公司和該產業之外。這樣能為處理經營上的事務帶來新的觀點與方法，並確保董事會能持續對股東負責。然而在日本，大部分的董事會則只由公司不同部門的主管、重要的事業合夥人和主要銀行的代表所組成。來自這些領域外的董事寥寥可數。採取這種做法往往會使日本公司發展新觀念或新想法的潛力受到限制，還會助長某種「群體迷思 (groupthink)」，亦即人人都傾向跟重要人物站在同一邊，不是抱持著同樣的意見，就是，更糟糕地，對於講出自己的心聲覺得有所顧忌，這種情況最終可能導致相當可怕的後果。不過，隨著全球投資人的影響力與日俱增，這種做法或許很快就會畫下句點。

我曾經聽過一位曾在日本甚具代表性的全球企業擔任外部董事的大學教授的演講。

針對「你認為找來公司外的人擔任董事，對公司的經營有何好處？」這樣的質問，這位教授提出了「當公司總裁說明事情狀況試圖求取董事會的認可時，這些董事對於屬於自己人（自己的部屬），總會覺得『嗯，他很清楚狀況』，但是只靠這樣傳統的內部邏輯，是無法讓事情有所突破、進展的」這樣的面向做為回答。

也就是說，公司總裁為了讓外部董事了解狀況，在「以門外漢的大學教授也能聽懂的、平易近人又邏輯清晰的話來努力解說經營管理上的重要事項」的同時，還必須「希望對方盡量針對覺得奇怪的部分提出質疑」。這位教授以犀利的眼光檢視公司總裁對事情的說明是否有不合理之處、其邏輯是否有破綻，並針對不清楚的部分立即提出質問，嚴肅地與之挑戰、對峙。董事會本該是這樣的議論場所。

全都由自己人出席的形式化董事會，很難對新的觀點及經營管理應有的態度產生積極的討論。若在該場子裡對董事會主席或總裁「有意見」，便可能在下次重選董事時被排除在外。要高層在握有「生殺大權」的同時又擁有「什麼都可以說，大家盡量討論」的胸襟，實在是「說起來簡單，做起來難」。

只有自己人的時候，決策速度可能很快，過程很和諧，但今後的經營管理者則勢必得擁有「積極接納異議分子」的勇氣與度量。

最近，由股東代表提出的訴訟（股東要求董事、監察人等負責賠償公司的損害）震撼了企業的董事、監察團隊，不過代表股東權益並處理公司經營事務的董事們，本來就該繃緊神經、負起責任才對。

一如以往，企業醜聞依舊層出不窮，我認為其原因不外乎「內部邏輯優先」、「決策不透明」、「相互勾結的企業文化」、「稽核制度不全」、「缺乏企業倫理」等。

而建立能充分發揮「股東」、「董事會」、「經理人」等不同角色功能的公司治理系統並使之妥善運作，才是 21 世紀正常企業應有的樣貌。

企業屬於股東？還是屬於員工？

　　有一些管理學者主張「企業不屬於出錢的股東，企業是員工的智慧與能力的根源，故員工應享有公司主權。」這是相對於「資本主義」的「人本主義」思想。身為一橋大學名譽教授、現任東京理科大學綜合科學技術經營研究系教授的伊丹敬之先生，就是支持此理論的代表性人物之一。

　　根據該教授在網路上發表的「日本企業的人本主義經營」一文所述，「人本主義」是指「確實建立並且重視人與人之間連結的原理」。該文還提出「這是一種讓基層大眾能參與經濟活動的經營原則，故經濟理性很高」的論點。在現在這樣的數位時代，更需要重視人際網路、強調共同體意識，換言之，相較於資本，人才才是真正的關鍵所在。

　　此外，《最值得珍視的日本公司》系列書籍的作者亦是法政大學研究所教授的坂本光司也採取「人本主義」思想。根據朝日新聞（2012 年 3 月 31 日）的報導指出，該教授實際訪問了 6,600 家中小企業，其中有一成的公司不論景不景氣，都能維持良好業績，而這些公司的共通之處就在於貫徹了重視員工的「人本主義」。該教授更提出，所謂的「正確的經營管理」應是以「員工及其家屬、協力廠商、顧客、在地社區、股東」這樣的優先順序來運作才對，也才有意義。

　　以員工為競爭優勢來源的想法，在印度的 IT 代表企業 HCL Technologies 裡也看得到。該公司不論在內部還是外部，都提倡且實行 "Employees First, Customers Second" 的觀念。（其細節內容請見哈佛商學院的個案分析，在此不多做贅述。）想不到相距遙遠的日本和印度竟能出現類似構想，這點實在是非常有趣。

　　觀察其他成長迅速的印度 IT 企業，也會發現類似 MindTree 公司等具有知識管理、社區共同體、強烈的企業文化與價值觀等特色的案例。我認為，成功印度企業的優勢之一就是這種重視人、社群、學習的獨特文化與人事制度。

　　哈佛大學曾針對競爭對手公司的模仿速度這點進行研究，結果發現從最容易模仿到最難模仿的順序是（括弧內為成功模仿所需之時間）：價格（不到 60 天）、廣告（不到 1 年）、創新（不到 2 年）、生產製造（不到 3 年）、物流（不到 4 年）、人才（超過 7 年）。由此可見，擁有強大人才的公司，便具有壓倒性的優勢。

（藤井）

Leadership
in the 21st Century
21 世紀的領導力

阿宏與昆恩在外做了一次非正式的會面，
兩人談了一下彼此公司的近況。
阿宏的公司營運順利，昆恩所任職的，
亦即阿宏的原公司，則似乎情況不太理想。
針對此狀況，經營團隊及昆恩本身
打算採取什麼樣的策略呢？

CASE 20 Leadership in the 21st Century

MP3 58

Mr. Quinn and Hiro meet outside for an informal get-together.

Quinn: How is it going, Hiro? It's been a while since we last met.

Hiro: Things are under control, Mr. Quinn. We are expanding very rapidly, you know.

Quinn: That's very good. But are you making money yet, Hiro?

Hiro: Yes, we are. In fact, the way things are going, our return on equity will exceed yours shortly.

Quinn: (Shaken) Really? Well, congratulations are in order, I guess.

Hiro: How is your company doing?

Quinn: Oh, we are doing OK considering the status of our industry. But both our sales and profits are down. And to make matters worse, we are losing market share.

(Continued on page 338)

✖ Key Words

☐ **get-together** 聚會

☐ **How is it going?** 情況怎麼樣？最近如何？（也可用 How are things going? 或 How goes it? 等來表達）

☐ **under control** 在掌握之中

　　eg. The public relations department managed to have the situation under control.
　　公關部設法讓局面保持在掌握之中。

☐ **make money** 賺錢

昆恩先生和阿宏在外面的一次非正式聚會中見了面。

昆恩：最近怎麼樣，阿宏？我們上次見面到現在有一陣子了。

阿宏：事情都在掌握之中，昆恩先生。您知道的，我們擴展得非常快。

昆恩：那非常好。但是你們賺錢了沒，阿宏？

阿宏：賺了，我們賺了。事實上，依照事情的發展，我們的權益報酬率馬上就要超過你們了。

昆恩：（語帶震驚）真的嗎？嗯，我想該恭喜你。

阿宏：貴公司的情況怎麼樣？

昆恩：噢，要是考慮到產業的狀態，我們還可以。但是我們的業績和利潤都有下滑。而且雪上加霜的是，我們的市占率正在流失。

（下接第 339 頁）

✂ Key Words

☐ **the way things are going** 依照事情的發展

   cf. The way I heard it, the company is going bankrupt soon.
     依照我所聽聞，公司很快就要破產了。

☐ **return on equity** 權益報酬率

☐ **in order** 適宜的

   eg. We strongly feel that an apology is in order. 我們強烈覺得要道歉才對。

☐ **considering ...** [kən`sɪdərɪŋ] *prep.* 要是考慮到⋯⋯

☐ **to make matters worse** 雪上加霜的是

Chapter

5

願
景

(Continued from page 336)

Hiro: Why do you think that is?

Quinn: To be honest, I don't know. Some customers simply stopped doing business with us. They said they could get better deals with companies who have more Internet capabilities. I am still not convinced yet that e-commerce could change the way we do business in any fundamental way. Others say we may be falling behind the times.

Hiro: What is management doing about this?

Quinn: Oh, not much, I suppose. They seem to think that the Internet is a wonderful innovation but with serious limitations. I tend to agree and think there is plenty of room in the market for good old-fashioned bricks-and-mortar businesses.

Hiro: What are YOU doing about it, Mr. Quinn?

Quinn: Me? What can I do? I'm just an old dog. I only hope that the company will survive this "digital revolution" and I'll get to keep my job.

Hiro: Mr. Quinn. I am afraid that is wishful thinking on your part. You have to do something. Revolutions tend to change the status quo.

Quinn: (Puzzled) Hmmm ...

（續第 337 頁）

阿宏：您覺得為什麼會這樣？

昆恩：老實說，我不曉得。有些顧客就是不跟我們做生意了。他們說跟使用較多網路功能的公司做生意可以得到比較多的好處。我還是不認為電子商務能從任何根本的層面上改變我們做生意的方式。有些人說我們可能跟不上時代了。

阿宏：管理階層在這方面做了什麼？

昆恩：噢，我想做得並不多。他們似乎認為網路是美好的創新，但有太多限制。我傾向同意並認為傳統有實體店面的公司在市場上還是有很大的空間。

阿宏：那「您」做了什麼呢，昆恩先生？

昆恩：我？我能做什麼？我只是個老傢伙罷了。我只希望公司能熬過這場「數位革命」而我也能保住我的工作。

阿宏：昆恩先生，恐怕這是您一廂情願的想法。您必須有所作為才行。革命通常會改變現狀。

昆恩：（一臉困惑）嗯……

Key Words

- ☐ **to be honest** 老實說
- ☐ **simply** [`sɪmplɪ] *adv.* 就是
- ☐ **deal** [dil] *n.* 買賣；交易
- ☐ **capability** [ˌkepə`bɪlətɪ] *n.* 功能；能力
- ☐ **fall behind** 跟不上、延誤

  eg. The job was too demanding for him, and he soon fell behind his colleagues.
  這份工作對他太難了，他很快就跟不上同事了。

  cf. We fell behind in our payments, and the suppliers stopped doing business with us.
  我們在付款上有所延誤，供應商不跟我們做生意了。

- ☐ **bricks-and-mortar businesses** 有實體店面的公司
- ☐ **wishful thinking** 一廂情願的想法
- ☐ **status quo** 現狀

Chapter

5

願景

MP3 **59**

What is it going to take to be successful in the 21st century? Is being big an advantage or disadvantage? How can companies continue to challenge and motivate their workers? And finally, what is the difference between managers and leaders? These questions and more will be addressed in this lecture. Stay tuned.

Companies in the 21st Century

For many years, people have equated large, powerful companies with success. It always seemed like "the bigger, the better. " Companies often prided themselves on their rising employee counts, or their number of global offices, or on their ranking in the Fortune 500. They continuously gobbled up other companies to secure their place in the industry, hoping that through sheer size alone they could overwhelm the competition. But guess what? The rules have all changed. Bigger is no longer necessarily better. In fact, in many instances, bigger may be worse. Blame it all on the growing clout of technology-based industries that place a premium on speed and flexibility, two ingredients sorely lacking in most big companies with multiple management layers and an entrenched bureaucracy. In today's business environment, the real industry "leaders" are those companies which can quickly identify new opportunities and develop innovative products and services, as well as have the flexibility to adapt business strategies to meet rapidly changing market conditions.

(Continued on page 342)

✂ Key Words

- ☐ **address** [əˋdrɛs] *v.* 針對某議題做談論
- ☐ **stay tuned** 別轉台
- ☐ **equate** [ɪˋkwet] *v.* 畫上等號
- ☐ **pride oneself on ...** 以⋯⋯自豪

　　在 21 世紀要怎麼樣才能成功？規模大是優勢還是劣勢？企業要怎麼做才能持續挑戰和激勵員工？最後，經理人和領導人有什麼不同？這堂課就要來談這些和更多的問題。別轉台。

21 世紀的企業

　　多年以來，大家都把強勢的大企業跟成功畫上等號。一直以來似乎都是「愈大愈好」。企業經常很自豪的是，員工人數或全球辦事處的數量不斷增加，或是名列財星五百大企業。它們不斷併吞其他公司來保住在產業中的地位，希望純粹靠規模就能壓倒競爭對手。但你猜怎麼著？如今規則全變了。愈大再也不一定就是愈好。事實上，在許多情況下，愈大可能會愈糟。一切都要怪科技型產業的勢力愈來愈大，它們所注重的是速度和彈性，而大部分有多重階層及高度官僚化的大企業則嚴重缺乏這兩個競爭要件。在現今的經營環境中，能夠迅速發掘新機會、開發創新的產品與服務，又具有彈性能調整營業策略以迅速因應變動市場概況的公司，才是真正的產業「領導者」。

（下接第 343 頁）

🔧 Key Words

- ☐ **count** [kaʊnt] *n.* 數目
- ☐ **Fortune 500** 財星五百大企業（每年由美國 Fortune 雜誌所發表的前 500 家世界一流企業）
- ☐ **gobble up** 狼吞虎嚥地吃完
- ☐ **secure** [sɪˋkjʊr] *v.* 確保
- ☐ **sheer** [ʃɪr] *adj.* 純粹的
- ☐ **overwhelm** [ˌovɚˋhwɛlm] *v.* 壓倒；征服
- ☐ **Guess what?** 你猜怎麼著？
- ☐ **instance** [ˋɪnstəns] *n.* 事例
- ☐ **clout** [klaʊt] *n.* 勢力；影響力
- ☐ **place a premium on ...** 注重……
- ☐ **sorely** [sorlɪ] *adv.* 猛烈地；厲害地
- ☐ **entrenched** [ɪnˋtrɛntʃt] *adj.* 深根的

Chapter

5

願
景

(Continued from page 340)

Employment Conditions in the 21ˢᵗ Century

Lifetime employment is soon to be a thing of the past. Compensation will become more performance-driven with profit-sharing and stock options used to motivate and reward high achievers. Frequent "job hopping" will become more common as people seek out new and better employment opportunities. Flexible work environments will become more prevalent to reflect the changing lifestyles of people and to contain costs. More and more workers will become "hired guns," contracting out their services for a defined period of time to the "highest bidder. " Outsourcing services to other companies and offshoring production to other countries will continue to play a key role, although companies may begin to rethink the long-term costs of both.

Leadership in the 21ˢᵗ Century

Does effective leadership equal effective management? The answer is no. Managers do things right, whereas leaders do the right thing. Or, to look at it another way, managers can lead you through the forest, whereas leaders climb the highest tree and tell you you're in the wrong forest. Unfortunately, most companies have too many managers and not enough leaders. Effective leadership in the 21ˢᵗ century will demand someone who is entrepreneurial, a risk-taker who is willing to take the road less traveled, as well as someone who can inspire others to do the same. It will require someone with business knowledge covering a variety of disciplines (marketing, accounting, finance, HR, strategy, etc.), as well as someone who can focus on the "big picture." And, most importantly, it will necessitate a person of vision, someone who can look beyond the next quarter or fiscal year, someone who can peer into the future and see all the possibilities. That someone could be you!

(Sheehan)

（續第 341 頁）

21 世紀的雇用情況

　　終身雇用制很快就會成為過去式。薪酬將變得更加側重績效，並用分紅和股票選擇權來激勵和獎賞成就不凡的人。隨著人們尋找新的、更好的就業機會，經常「換工作」將變得更加司空見慣。彈性的工作環境將變得更加盛行，以反應民眾生活方式的改變並控管成本。有愈來愈多的勞工將成為「傭兵」，在固定的期間內以簽約的方式為「出價最高的人」提供服務。把服務外包給別的公司以及把生產外移到別的國家將持續扮演要角，儘管企業可能會開始重新考量兩者的長期成本。

21 世紀的領導

　　有效的領導是否就等於有效的管理？答案是否定的。經理人是要把事情做對，領導人則是要做對的事。或者如果換個角度來看，經理人可以帶你穿越森林，領導人則會爬到最高的樹上，並告訴你跑錯了森林。令人遺憾的是，大多數的公司都是經理人太多，領導人不夠。21 世紀的有效領導所需要的人必須具備創業精神、冒險精神，願意走人煙稀少的路，並能鼓舞他人做相同的事。這個人需要具備涵蓋各個學門的商業知識（行銷、會計、財務、人資、策略等），並能夠有「大格局」。最重要的是，這個人必須要有遠見，能看到下一季或下一個會計年度以後，能放眼未來，並洞悉所有的可能性。這個人或許就是你！

🔧 Key Words

☐ **profit-sharing** 分紅制（依據公司的業績狀況，並按照原資金分配及職務、年齡等來統一分配獎金）

☐ **stock option** 股票選擇權（賦予員工可用某固定價格購買自己公司股票之權利，由於若將來公司的股價上漲便可獲利，故能激勵員工努力工作）

☐ **seek out** 尋找

☐ **hired gun** 傭兵

☐ **necessitate** [nɪ`sɛsəˌtet] v. 使成為必需

☐ **prevalent** [`prɛvələnt] adj. 盛行的

☐ **contract out** 以簽約的方式提供

☐ **discipline** [`dɪsəplɪn] n. 學門

Chapter

5

願
景

要達成願景就不能沒有策略

❑ 近來有不少跨國的大型企業購併 (M&A) 消息傳出。其中不乏因處於少子高齡化社會，無法期待需求大幅成長而轉進海外市場的企業。此外像是醫藥等產業為了能持續提供資金給大型的研究開發工作，而以單一企業能力有限為由收購其他公司的例子也不少。或許還有一些公司圖的是在購併之後，靠著伴隨裁員的組織重整來掙扎求生的。

❑ 那麼，公司是「大就一定好」嗎？

❑ 這問題沒有固定答案。若這個「大」具有策略上的意義，那就可說是件「好事」。反之，如果能因為小而經營得敏捷靈活，能夠及早因應變化而取得策略上的優勢，那麼這樣的「小」就可成為一件「好事」。以敏捷的策略改革了資訊業巨人 IBM 的前總裁路易斯・葛斯納 (Louis Gerstner) 有一本著作的書名便叫做 *Who Says Elephants Can't Dance?*（Harper Business，2002 ／羅耀宗譯《誰說大象不會跳舞？》時報出版，2003），意指即使是巨大的企業也能變得敏捷靈活。而被認為是超級優良企業的奇異公司 (General Electric = GE)，更是個在全世界擁有近 30 萬名員工的巨大企業。也就是說大小其實並不重要，重要的是企業規模在策略上的合理性與行動速度。

❑ 最近有些合併案看來只是「因為規模小實在很難生存，所以選擇結合」，但這樣只是把弱者聚在一起，表面上看似變大了，所產生的卻不過是個更孱弱而且向心力不足的組織罷了。因此，終究還是必須要有明確的願景以及達成該願景所需之具體且可實行的策略才行。

❑ 最後再根據 MBA Lecture 部分的內容，將理想的 21 世紀企業與領導形象整理如下。

● **21 世紀的企業：大不一定好。**

- 領先企業的四個條件：
① 速度
② 靈活性
③ 有能夠看出市場機會的眼光
④ 創造性

- **21 世紀的雇用環境**：
① 轉換工作
② 成果連結型的薪資制度
③ 可彈性變通的工作環境
④ 雇用在特定期間內服務的「傭兵」

- **21 世紀的領導力**：
① 管理者以正確的方式做事，而領導者則做正確的事 (Managers do things right, whereas leaders do the right thing)
② 創業家精神 (Entrepreneurship)
③ 風險承擔 (Risk-taking)
④ 賦權 (Empowerment)
⑤ 廣泛的商業知識 (Wide business knowledge)
⑥ 大格局 (Big picture)
⑦ 洞察未來與可能性的遠見 (Vision)

☐ 在每天的工作與努力之中面對著不斷出現的困難與挑戰，當你覺得就快要迷失自我時，建議各位務必記得回歸到這些基礎 (back to the basics) 才好。

（藤井）

CASE 20 Leadership in the 21st Century

🎧 MP3 **60**

Mr. Quinn brings Hiro into Mr. Yamamoto's room.

Quinn:	I brought along an old colleague of ours. You remember Hiro, Mr. Yamamoto?
Yamamoto:	Yes, indeed. You were that aggressive guy who bought out our spin-off e-commerce venture. How is it going?
Hiro:	Things are moving along fine, Mr. Yamamoto. Thank you.
Quinn:	He says his ROE may be higher than ours next year.
Yamamoto:	Wow, that's great. (Turning to Quinn) Maybe we should have kept our stake in the company. Anyway, what can I do for you today?
Hiro:	I am here today to see how things are going with you.
Yamamoto:	Us? Oh, we are still doing all right. The banks are getting a little nervous since our borrowings are comparably larger than our earnings. But things have always been like that given the cyclical nature of our business.
Hiro:	I see. So you haven't really changed your basic business model, have you?

(Continued on page 348)

昆恩先生把阿宏帶到了山本先生的辦公室。

昆恩：我帶了位老同事來。您記得阿宏吧，山本先生？

山本：當然記得。你就是買斷了我們分離出去的電子商務事業那個很有雄心的人。做得怎麼樣了？

阿宏：事情進展得很順利，山本先生。謝謝您。

昆恩：他說他明年的權益報酬率可能比我們還高。

山本：哇，那太好了。（轉頭面向昆恩）也許我們當初應該保留那家公司的股份。不管怎樣，今天有什麼是我可以幫上忙的？

阿宏：我今天來這裡是要看看你們的情況怎麼樣。

山本：我們？噢，我們還過得去。銀行有點緊張，因為我們的借款相較之下比盈餘要多。但是就我們事業的週期特性而言，情況向來就是如此。

阿宏：我明白。所以你們並沒有真的去改變基本的經營模式，對吧？

（下接第 349 頁）

⚒ Key Words

- [ ] **colleague** [ˋkɑlig] *n.* 同事
- [ ] **indeed** [ɪnˋdid] *adv.* 的確
- [ ] **aggressive** [əˋgrɛsɪv] *adj.* 侵略性的；有進取精神的
- [ ] **buy out** 買斷
- [ ] **spin-off** [ˋspɪnˏɔf] *n.* 由某組織分離出去的獨立組織
- [ ] **stake** [stek] *n.* 股份
- [ ] **anyway** [ˋɛnɪˏwe] *adv.* 不管怎樣
- [ ] **comparably** [ˋkɑmpərəblɪ] *adv.* 相較之下地
- [ ] **earning** [ˋɝnɪŋ] *n.* 盈餘
- [ ] **given ...** [gɪvən] *prep.* 考慮到……
- [ ] **cyclical** [ˋsaɪklɪkl̩] *adj.* 週期的

Chapter

5

願
景

(Continued from page 346)

Quinn: (Quickly interrupting) How can we? We have huge investments and our revenues are not growing as fast as we would like! Ours is a tough, traditional business, you know.

Hiro: Are you doing anything to change the status quo?

Yamamoto: (Disturbed) Status quo? We are always trying new things! What exactly are you saying, Hiro?

Hiro: I am saying maybe I can help.

Quinn: But your track record is with a small start-up. We are a large, established company.

Hiro: That may be true. But the new on-line system I created fits perfectly well with your kind of business as well. I think I owe that much to my former company who made me what I am today.

Yamamoto: (Smiling) So we'll see if we can work together as equal business partners now, right? Fine! Let's talk.

（續第 347 頁）

昆恩：（立刻插話）我們哪有辦法？我們的投資龐大，營收成長又沒有我們所想的快！你知道的，我們做的是個艱難的傳統事業。

阿宏：你們有做什麼來改變現狀嗎？

山本：（語帶不悅）現狀？我們一直在嘗試新東西！你到底想說什麼，阿宏？

阿宏：我是說，也許我可以幫上忙。

昆恩：可是你做出來的成績來自小型的新創公司。我們可是老牌的大公司。

阿宏：這麼說或許沒錯，但是我所打造的新線上系統絕對也適合你們這種事業。我想我對前公司有所虧欠，我能有今天都是拜它所賜。

山本：（微笑）那我們就得看看作為平等事業夥伴的我們現在能否合作了，對吧？好！咱們來談談。

Chapter

5

願
景

⚒ **Key Words**

☐ **revenue** [ˈrɛvəˌnju] *n.* 營收
☐ **track record** 業績
☐ **start-up** [ˈstɑrtˌʌp] *n.* 新創公司
☐ **owe** [o] *v.* 虧欠

Sheehan 觀點

Final Words

I would like to say a few words to the many people who have faithfully been reading this book.

First of all, I hope in some small way we have been able to increase your knowledge and, more importantly, your appreciation of business. We have covered a lot of material from marketing and accounting to HR and strategy. Sometimes you may have felt a bit overwhelmed, but you hung in there and stuck to it. And for that, I am very thankful. Hopefully, in some small way, we have enriched your lives and motivated you to learn more about business. Again, I want to thank you, our readers, without whom none of this would have been possible.

翻譯

結語

　　我想要對這麼多一直忠實閱讀本書的讀者說幾句話。

　　首先，我希望我們已稍稍增進了各位的知識，更重要的是，增進了各位對商業的了解。我們納入了許多素材，從行銷與會計到人資與策略。有時候各位可能會覺得有點吃重，但還是不離不棄。對於這點，我非常感謝。希望我們已稍稍豐富了各位的生活，並激勵了各位去學習更多商業知識。我要再次謝謝各位讀者，沒有你們，這一切都不可能實現。

　　本章 Dialogue 部分所提出的是個年輕企業領導者計畫利用資訊技術開發新事業模式，成功地從企業獨立出來並創立了新公司的故事。這個故事只是個瘋狂的白日夢嗎？

　　我可不這麼想。

　　在日本也存在著許多從貿易公司獨立出來，創立為資訊類公司，並成功實現「擁有生產設施之經營方式」的例子。另外，還有不少身為貿易公司的資訊類子公司，其獲利率卻超越母公司的例子。

　　在這些成功故事的背後，一定都存在著擁有卓越願景及領導能力的企業領導者。而這些領導者能不受傳統企業既有框框的束縛，積極發揮經營管理者的作用並做出成果來，真的非常令人欽佩。

　　曾經有人說過，MBA 教育的最主要目的就是要培育出優秀的綜合型經理人。要能夠經營公司，就必須具備本書所介紹的「行銷」、「會計與財務」、「人力資源與組織」和「策略」等一連串經營管理基礎知識，以及運用這些知識的能力。

　　而筆者認為，要將各類知識整合並活用於實際商業活動的關鍵則在於願景、策略和領導力。

　　所謂願景是對「這家公司或此事業未來應有的樣貌」的想像。

　　所謂策略可說是「為了達成願景所提出的具體方法」。

　　領導者則應是「握有明確的願景與策略，能激勵、培育屬下，並帶領大家的人」。但優秀的經理人不見得就能成為優秀的領導者。優秀的經理人應能成為優秀經營者的邏輯是以傳統的日本企業為前提，而從最近許多企業的經營不振與醜聞看來，顯然這前提早已搖搖欲墜。

　　能夠清楚描繪企業的未來樣貌並採取積極的行動以達成該願景，同時還能適度賦權 (empower)、激勵並引導他人的人，才是 21 世紀真正的商業領袖。

NOTES

Global Manager's Handbook

全球經理人手冊

本附錄要為「今後將派駐海外」，
或「想在國外一展抱負」的讀者們介紹：
BRICs 的情況、商務慣例，
以及與當地人相處的方式等資訊。
只要讀過這些，即使明天就得外派也毋須擔心！

總結本書內容，MBA 的思考方式就是要「綜觀大局 (Look at the big picture)」。而領導者的角色是要「做正確的事 (Do the right things)」、「應付變化 (Deal with changes)」；管理者的角色則是要「以正確的方式做事 (Do things right)」、「處理複雜的事 (Deal with complexities)」。

　　各位讀者今後都很有機會在全球的商業舞台上發光發熱，而這舞台可說是眾多優秀人才激烈廝殺的殘酷戰場。就像是從地區性的比賽跨入由世界各地卓越球員相互競爭的「美國職棒大聯盟」、「網球四大公開賽」，甚至是全球最大的體育盛會「奧林匹克」般。

　　此「全球經理人手冊」便要為即將站上世界舞台的各位介紹在全球化市場中，尤其是成長幅度特別顯著的新興金磚四國 (BRICs = Brazil、Russia、India、China) 市場中，做為一位領導者、一位經營管理者在積極地大展身手時應掌握的一些要點。而此手冊在撰寫時，又特別以初次派駐海外的人及立志活躍於全球舞台的社會人士及學生為主要對象。

　　以下會先針對領導者該掌握的「大局」做些概略說明，也就是，先提出在新興國家勝出的基本策略。這個題目的範圍非常大，大到足以寫成一本書，因此我將採取推薦相關知名著作，並將這些著作所提及之策略與我本人實際在印度處理合資企業時的經驗相互比對來做解說。

　　接著再以「從今天、明天開始，該如何進行每天的工作」，尤其是「如何與當地的 Host Country Staff 相處」等主題為焦點，為實際派任於全球市場的管理者們分別介紹巴西、俄羅斯、印度及中國等國家的相關資訊，而這部分就是此「全球經理人手冊」的主要內容。在實際曾派駐至金磚四國的前外派管理者們協助下，我希望這一附錄能成為非常實用、對實務工作有所助益的入門手冊。誠心期盼能對各位將來的海外派駐工作有所幫助。

（藤井）

在新興市場勝出的基本策略

從領導者、管理者的角度出發

　　正在進軍新興市場 (emerging markets)，或考慮要進軍新興市場的企業想必很多。面對高齡少子化的社會，考慮將注意力從持續萎縮的市場移往新興市場，並試圖藉此提高企業存在感可說是極其自然的趨勢。在本節中，我們就要試著以綜觀大局的角度來分析，身為領導者、管理者該如何制定策略才能從新興市場中勝出。

🌐 何謂新興市場

　　到底什麼樣的市場才叫做新興市場？一般來說，用來定義新興市場的標準包括有貧窮 (poverty)、資本市場 (capital markets) 以及成長潛力 (growth potential) 等 (Standard & Poor's; International Finance Corporation；Trade Association for the Emerging Markets)。

　　新興市場的典型代表就是大家熟悉的金磚四國。而這個詞彙是從 2003 年高盛集團所提出的「到 21 世紀中期左右，以美元計算，金磚四國的經濟應會超越 G6（美國、日本、英國、德國、法國、義大利）的經濟總量」這項預測開始，變得廣為人知。而高盛預估，2011 年至 2020 年先進國家的平均年成長率為 2%，金磚四國等新興市場則可達到約 7% 的平均年成長率。

　　即使統稱為金磚四國，但各位一定都知道這些國家的實際狀況大不相同。光就土地面積、人口數、GDP、人均國內生產毛額來看（如下表所列）便可看出各國間的差異甚大（為了方便比較新興市場與先進市場的差異，本書將美國、日本、台灣的資料一併列入）。當然這些國家在歷史、政治、經濟、文化等方面也都很不一樣。

	巴西	俄羅斯	印度	中國	美國	日本	台灣
土地面積 (1,000km^2)	8,514 (第 5)	17,098 (第 1)	3,287 (第 7)	9,597 (第 4)	9,629 (第 3)	378 (第 60)	36 (第 137)
人口數 (100 萬人)	194 (第 5)	145 (第 9)	1,210 (第 2)	1,354 (第 1)	315 (第 3)	128 (第 10)	23 (第 50)
GDP (10 億美元)	2,396 (第 7)	2,022 (第 8)	1,825 (第 10)	8,227 (第 2)	15,685 (第 1)	5,964 (第 3)	466 (第 26)
人均國內生產毛額（美元）	12,079 (第 53)	14,247 (第 51)	1,492 (第 138)	6,076 (第 87)	49,922 (第 15)	46,736 (第 18)	20,328 (第 37)

（根據 2013 年版維基百科、世界銀行網頁、IMF 網頁資料所製作，僅供參考。）

🌐 建構在新興市場中的經營策略——從領導者的角度出發

那麼，是否可能存在著某種經營策略是可「同時適用」於這些具極大成長潛力的金磚四國呢？

針對此問題，哈佛商學院的塔倫‧卡納 (Tarun Khanna) 教授與克里希納‧帕雷普 (Krishna Palepu) 教授提出了相當棒的解答。在此就簡單介紹一下這兩位合著的 *Winning in Emerging Markets* (→ P.300) 一書之內容。

1. 首先，新興市場缺乏在先進市場中某個程度上被視為理所當然的多種促進交易用之制度。這現象稱為 "Institutional Voids"（可譯為「制度缺失」，也有人翻成「體制不完備」）。

2. 接著為了分別從宏觀背景 (Macro Context)、人力 (Labor)、產品 (Product)、資金 (Capital) 等四個面向找出 Institutional Voids，作者提出了共 60 個問題。

3. 最後，除了具體列出 Institutional Voids 外，作者還舉出了如下的四種策略選擇。

　① 複製或適應？ (Replicate or adapt?)

　② 獨自競爭或協同合作？ (Compete alone or collaborate?)

　③ 接受或試圖改變市場環境？ (Accept or attempt to change market context?)

　④ 進入、等待，或者撤退？ (Enter, wait, or exit?)

1990 年代後半，我曾以第一批日本外派人員的身分到印度經營冷凍、冷藏倉庫的合資企業。此企業有多個不同利益方共同參與，是個以先鋒之姿進軍印度全國各地發展事業的日本公司案例，而我認為這是個很不錯的例子，故接著就以此例來進行分析。

首先分別看看各個利益方的情況。

A 印度的漁業產品出口商

與印度漁業產品出口事業關係密切的創業者為了彌補不穩定的出口業務，打算發展國內業務。隨著印度的生活水準提高，以往只能在五星級飯店吃到的蝦子等漁業產品，將逐漸成為富裕階層甚至是一般消費者所需求的產品，因此該創業者便創立了提供必要基礎設施的冷凍 ＋ 冷藏庫獨立事業。

B 印度的冷凍甜品製造商

以市占率第一為目標，在印度享有冰淇淋生產第二大地位的製造商，為了取得

對達成其目標來說必不可少的策略性基礎設施而參與了這項事業計畫。

C 日本公司

以在印度全面發展事業為目標，預見其周邊潛力，帶來倉庫營運及現代化管理的最新專業知識並負責主導此項事業的經營。

對照前述兩位教授所提出的模型，可知此日本公司所採取的策略如下。

① 把在先進市場（日本）成功的事業模型引進印度。(Replicated)
② 與多個夥伴協同合作。(Collaborated)
③ 試圖改變市場環境。(Attempted to change market context)
④ 進入市場。(Entered)

誠如以上分析，我曾經手的事業完全符合此架構。由大量具體案例歸納而成的架構，越是優秀的，其應用範圍就越廣。

想確認特定事業的策略時，只要檢查該策略是否符合此架構，即可判斷出其「本質的良莠」。若不符合該架構，就要思考不符合的原因，藉此追求事業在邏輯上的一致性。學習眾多案例並推導出精髓，進而統整出架構，便能鍛鍊所謂的「概念化能力」。若以數學來譬喻，這就像是「積分」，而判別各個案例之優劣時，就等於是將架構「微分」。請各位務必充分活用此架構，好在新興國家成功開拓您的事業。

在此不會介紹用以鑑定 Institutional Voids 的 60 個問題，不過該書也介紹了不少在金磚四國的相關成功案例，對於負責制定新興市場經營策略的人來說應是不可多得的好書，故誠心建議您仔細閱讀。

而在新興市場上的日本企業成功案例並不算多。在 2012 年 5 月號的 Harvard Business Review（哈佛商業評論）雜誌中有一篇標題為 "How to Win in Emerging Markets: Lessons from Japan" 的文章，其內容是由波士頓顧問集團的三大顧問（Shigeki Ichii、Susumu Hattori 與 David Michael）詳述日本企業在新興市場之策略。

該文章以汽車 (Automobiles)、電視 (TVs)、家電產品 (Home Appliances)、衛生保健相關產品 (Retail Hygiene)、美容及個人護理 (Beauty & Personal Care)、飲料 (Beverages)、包裝食品 (Packaged Food) 等 7 個領域為範圍，調查並列出成為市場領導者的到底是多國企業 (MNC = Multi-National Corporations)、本土企業 (Local Companies) 還是日本企業 (Japanese Companies)。

日本企業即使在印尼亦十分活躍，汽車領域的豐田、家電類的夏普、衛生保健

相關產品的 Unicharm 在市場上都居於領導者地位，但在金磚四國，卻只有鈴木汽車一家在汽車業界揚眉吐氣。而依據該篇文章的分析，造成這情況的理由主要有以下四點：

① 厭惡中低階市場 (Distaste for the middle and low-end segments)
② 討厭併購 (Aversion to M&A)
③ 缺乏承諾 (Lack of commitment)
④ 缺乏人才 (Lack of talent)

第 ① 點所說的「中低階市場」就是指中低價格領域。例如在印度，Sony、Panasonic、東芝這日本三大勢力特地避開市占率高達 70% 的低價映像管電視機市場，而將重點放在較高價的平面電視上，結果相對於 LG 與三星各擁 25%（印度的 Videocon 占有 19%），日本三大勢力的市占率合計卻只有 13%（2009 年）。（其他詳細資訊請參考該篇文章。）另外，第 ④ 點提到的「缺乏人才」也很值得注意。文中指出，與在新興市場大獲成功的韓國企業相比，日本企業的本土化速度很慢，對外派人員 (expatriates) 的倚賴度仍相當高。

那麼，為了在實際派駐新興市場時能成為一位成功的外派人員，你該具備哪些知識和技術呢？這正是本節的核心主題。

🌐 在新興市場獲得成功的條件──從管理者的角度出發

令我想到要撰寫此手冊的契機來自從 2004 年起、於過去近 10 年內讓我演講了近 50 場的 Human Link（由三菱商事出資的一間小型人力資源公司）所主辦的外派人員研討會。由於該研討會事先對參加者做了問卷調查，故我得以了解外派人員所焦慮、關切的主題為何。

具體來說，在 2012 年 5 月時預定將派駐海外者最關切的三大主題如下（問卷採複選）：

- 與當地員工的溝通　　　　169 人
- 管理風格　　　　　　　　119 人
- 商業禮儀　　　　　　　　95 人

亦即，最多人擔心的是與當地員工的溝通問題，其次是管理風格，再其次則是該國的商業禮儀。

接下來本手冊便會針對這些主題做回應。而回應者（撰稿者）包括了負責巴西部分的實踐學園執行董事兼全球教育總管的內藤彰信先生，以及實際於上述研討會回答了參加者疑問、熟知各國事務的我的前同事們。他們都是過去曾經實際派駐金磚四國的三菱商事員工或前員工，也是由我主持的全球管理研究會成員。由於這些成員不是曾兩度派駐於其中一國，就是曾被外派至其中多國，故能提供許多一般書籍無法提供的當地資訊和寶貴建議。本手冊就是在這些人的協助之下匯總而成。

🌐 依國別分節敘述

我開發了一種叫「5C」的全新範本，然後請每位回應者依據該範本中的項目自由回答。若能藉此讓各位讀者感受到在當地工作的「氣息」，那就太好了。

🌐 外派人員應注意的 5 個 C

不論是派駐到哪個國家，都一定要掌握以下的 5 個 C：

1 Context（背景）

① 該國的政治、經濟、社會等整體狀況
② 該國特有的文化、習慣、民族性、宗教、禁忌
③ 該國特有的經商氣氛

2 Companies（公司）

① 所派駐地點之公司的企業文化、公司狀態
② 派駐地公司與總公司的關係
③ 自己在該公司中的角色

3 Competencies（能力）

① 與同事、上司、下屬的相處方法
② 下指令的方式、對考核的回饋意見、溝通方式
③ 雇用、解雇的做法

4 Compliance（合規）

① 倫理道德
② 擔負 CSR（企業社會責任）的方式
③ 遵守法律

5 Community（社會）

① 與當地社群的相處方法
② 回饋利益的方式
③ 與其他公司外派人員的相處方式

　　這世上存在著許多國家，住著擁有各種不同歷史、政治、經濟、宗教背景的人們。當各位以全球經理人的身分實際置身於其中，到底該有什麼樣的心理準備才好呢？——這想必是許多有機會掌管全球商務的人最迫切關心的問題。在此衷心期盼各位讀者能夠熟讀本手冊，並充分活用「MBA 基礎知識」，然後以優秀的全球經理人之姿，在自己的工作崗位上大放異彩！

（藤井）

Global Manager's Handbook

Brazil 巴西

🌏 Context（背景）

1 巴西的政治、經濟、社會等整體狀況

首先來描繪一下巴西的整體形象。巴西的土地面積為世界第五大，其南北向與東西向的距離只差了約 4 公里，幾乎是個正方形。而其最北與最南端的距離，就緯度來看，基本上等於從日本東京到印尼雅加達。

巴西有 93% 的土地屬於熱帶區域，但整體看來其實變化相當豐富。位於南部的聖卡塔琳娜州與南里奧格蘭德州等地是會下雪的。而位於亞馬遜河口的貝倫市差不多就位於赤道上，街上幾乎隨時都能買到以亞馬遜地區所產水果為基底製作而成的百餘種冰沙飲料。

巴西的人口數居世界第五，不過是由多元種族構成，一般來說沒有種族歧視的問題。其政治體制採取以總統為元首的聯邦共和制。在 1964 至 1985 年的東西冷戰期間，巴西曾經歷軍事統治，但從當時到現在，官僚及政治家、警察的貪污腐敗問題一直未能解決。

巴西長期苦於通貨膨脹和大量的累積債務，但經過四次的幣值改革，使克魯塞羅幣 (cruzeiro) 貶值，讓新的貨幣里奧 (real) 緊盯美元匯率，終於使惡性通貨膨脹開始走向緩和。1999 年因貨幣危機而瀕臨崩潰的巴西，在獲得 IMF 和美國的緊急貸款後也還是勉強度過了難關。2003 年，路易斯 • 伊納西奧 • 盧拉 • 達席爾瓦就任總統，經濟逐步復甦，2007 年則還清對 IMF 的債務，轉為債權國。至此，巴西的經濟終於進入穩定成長的軌道。2010 年 10 月的總統選舉，由當時執政的工人黨的內閣祕書長迪爾瑪 • 羅塞夫當選，而她以巴西第一位女性總統的身分執政至今（2013 年 11 月）。

在前總統盧拉執政時，巴西取得了 2014 年 FIFA 世界杯以及 2016 年里約熱內盧奧運會這兩項大型活動的主辦權，民間充滿了國力增長、國家發展的熱烈氣氛。

在經濟方面，由於不斷發現新的海底油田，生物乙醇產量增加，巴西因而成為能源淨出口國。另，其鐵礦的出口量增加、鈾的儲藏量為世界第六，大豆的產量與美國相當，咖啡的出口量則高居世界第一。糧食與能源都十分豐富，整體看來就是

個資源充裕的大國。

② 巴西特有的文化、習慣、民族性、宗教、禁忌

首先提出巴西在這方面的兩大特色。一是種族多元但種族衝突卻不多，例如猶太人與阿拉伯人彼此和平相處。另一項特色則是巴西人都很愛國，這點非常重要。反之，有不少派駐巴西的人無論如何就是沒辦法喜歡巴西，因此才到任沒多久就想回國。但就我所知，這些人沒一個能真正成功。

最近來自台灣的移民漸增，且聽說他們都非常優秀。來自日本的移民則引進農業相關技術及資本，而且特別熱衷於子女的教育，在各領域都有人才輩出，甚獲好評。移民已進入第五、第六代的日本後裔據說已超過 160 萬人。這些日裔居民由於已徹底融入當地社會，故向他們打聽各種事情會是個不錯的選擇。此外，巴西約有73% 的國民為天主教徒，總數超過一億四千萬人，此規模堪稱是世界最大。

巴西就像是一幅由世界各國移民所帶來的不同習慣、文化不斷混合交融、編織而成的馬賽克拼貼。你最好從各種面向，在當地自行感受、體會，千萬別囫圇吞棗地直接接受旅遊書等媒體的介紹。

③ 巴西特有的經商氣氛

在這方面有兩點一定要先提醒大家。

首先是一項鮮為人知的優點，亦即巴西是世上罕見、自然災害很少的國家。各位可自行詢問全世界各地的保險公司，舉凡地震、颱風、海嘯、大雪、大洪水等自然災害，巴西幾乎沒有。

另一點或許在進行風險分析時也很有幫助，那就是與金磚四國的其他三國相比，巴西在政治上的風險較低。

巴西本身已具備技術能力，工業水準也很高，因此像日本對東南亞各國那樣單純從日本引進產品的經商方式是很難行得通的。請記住，在巴西做生意，想進入其國內市場，若無法徹底掌握巴西市場的需求，並針對該需求提出真正在技術及成本上有競爭力的東西，是不會有人把你放在眼裡的。依據種族及出身國的不同，在當地遇到令人驚訝的想法或不可思議事情的機會並不算低。就經驗上來說，若硬要舉出一個巴西人的共通點，那大概就是巴西人的直覺很準，因此要是太馬虎輕率地應付，他們可是不會相信你的。

另外再提供一個不同的觀點給各位。就我所知，巴西大企業的高層管理人員多是來自歐洲的白人，這點應該很值得參考。

🌐 **Companies**（公司）

1 巴西公司的企業文化、公司狀態

在各企業的文化特性方面，大致可分為歷史悠久、具有根深蒂固之傳統理念的大公司，以及歷史較短且經常更換老闆的組織這兩種。以後者（包括大型企業的分公司及獨立公司）來說，一位執行長或分公司經理的想法、態度，對公司整體文化就會有很大的影響。

若各位是以組織之首的身分赴任，就必須堅定地貫徹自己的想法及意見，也就是說只要秉持你的信念來管理就可以了。而若是以業務負責人的身分赴任，則必須認知到公司並不屬於組織之首，當你發現老闆的錯誤或剛愎自用時，就該努力提出諫言、力圖修正。這乍看之下或許相當矛盾，但一家公司要能夠長久經營、充滿活力，這兩種功能就一定得緊密結合並保持適度的平衡。反之，總是難以有所突破、進展的公司，肯定是偏向了其中一種功能。

若希望業務負責人的立場獲得重視，就要結合公司內志同道合的夥伴，一同合作，以提高影響力。此外，派駐海外時也別忘了要強化與總公司之間的溝通聯繫，這麼做的目的不在於越過所屬組織的上級，而是基於組織本來的特性，因此建議你最好能積極地實踐這一點。

若企業文化有好壞可言，那麼每天朝好的方向努力便能培養出好的文化，反之要是輕忽怠惰，那就免不了會造成壞的文化了。

2 派駐地公司與總公司的關係

派駐地公司與總公司之間有持續的業務聯繫，或是兩者間以命令指示系統相連結，又或是派駐地公司獨立出來自行發展等，各情況的處理方式都不同。尤其是後者，若該公司為總公司的投資事業，那就更需要運用智慧來經營，應徹底認知最重要的就是必須在獲利面上做出成績來。但當然不能因此就採取不正當的手段、做出違反義理的行為。若無法嚴以律己，就不該擔負這項責任。

另外，判斷該事業到底該撤退還是繼續亦是當地派駐人員的重要職責之一。這部分若是交給總公司的管理部門決定，往往會拖拖拉拉地造成虧損不斷持續，不但賠了夫人又折兵，還會弄得一發不可收拾卻還搞不清楚問題何在。

3 自己在該公司中的角色

自己應扮演的角色和自己的立場不可混淆。前者為實質內在部分，可能會有改

變；後者則不過像是掛在家門口的姓名牌。環境可能經常變化，人心亦難保長久不變。也就是說，不僅公司的經營環境會變，該事業本身的立場也可能改變。若內在外表都不能隨之調整，就會無法適應。而這便是「了解自身角色」本來的意義。

🌐 Competencies（能力）

1 與同事、上司、下屬的相處方法

假設各位是被派往總公司所投資的巴西公司擔任課長一職，那麼有可能你的上司是義大利裔的巴西人，三位下屬則分別是葡萄牙裔、中國裔與俄羅斯裔，而副總裁是盎格魯阿根廷 (Anglo Argentine)，總裁又是黎巴嫩裔的法國人。到底該如何與他們相處呢？請記住這種狀況在巴西可算是常態。

又假設各位是被任命為該公司的總裁，那麼擔任總裁時的因應方式和擔任課長的狀況是否不同？很可惜，在此我無法提供對各位有所幫助的答案，只能提醒大家務必要三思而後行。

2 下指令的方式、對考核的回饋意見、溝通方式

下指令時一定要簡潔明確，而且要講明時間。至於考核，可採取一般的基本模式，然後配合所屬公司的實際狀況做修改。但千萬別忘了，這不是絕對、唯一的做法。接著就為各位介紹一般的基本模式。

① 與員工面對面，透過直接討論的方式來設定其職務內容 (job description)。越基層的人員其職責越具體。然後再協議、設定彼此都認同的具體努力目標。

② 實現目標的期間若為一年，就要於一年後讓員工做自我評價，同時也由身為主管的各位對他做出評價。雙方的評價若有差距，便須溝通討論直到雙方都能接受為止，然後交出雙方所協議的成績，最後再依據該成績來決定獎賞。

③ 以 ② 的評價為基礎或參考，繼續討論並具體設定出下一年的目標。

④ 每年（每期）反覆進行此程序。要注意的是，若因設定了對該員工來說過高的目標，以至於無法達成，那就要評價其實踐過程。反之，若是因目標較低而輕鬆達成，那麼隔年就必須設定較高的目標。

另外關於 ② 的部分，若能做到 360 度的全面性評價，亦即將上司、下屬、同事的評價都考慮進來，甚至把公司外的評價也一併納入以比對其實際工作狀況並加以檢討，那是最理想不過的了。而其實最重要的是要透過考核來進行溝通，並提高其

素質，故若你認為還有其他更具效果、更有效率的做法，那麼就請採取該做法。

3 雇用、解雇的做法

在這方面最重要的就是平日便要從其他公司（也包括不同產業）的人才中鎖定令人想與之一同工作的人物。即使那個人並不具備相關專業知識也沒關係。各位或許會覺得奇怪，為什麼要找外行人？這是因為若不這麼做，便等於一開始就把範圍給縮小了。一開始就限縮範圍，怎能匯集人才？尤其是職位越高的人，更應該把眼光拉高、放遠。

刊登報紙分類廣告或徵才訊息等都只是退而求其次的選項，請盡量避免。還有，拉丁美洲國家的勞工相關法規有必要多加留意，最好事先確認過比較保險，比如有些國家會規定即使是民營企業也必須注重機會均等原則。依廣泛提供就業機會之宗旨而公開招聘當然沒問題，但若是企業早已內定好要雇用的人，卻只為了表面形式而公開招募，之後就可能成為問題。我並不是說這樣做一定會出問題，只是即使規定只有一個，卻可能因為時代潮流及環境變化等各式各樣的因素而有多種解釋方式。

另外請注意，在單方面解雇的部分，被解雇的員工是有可能控告公司的。巴西是對勞工相當寬厚的國家，這類訴訟費用一概由公會或政府負擔，因此由解雇引發的勞資訴訟相當常見。不過這並不代表解雇一定難如登天。法律確實保障公司可依據其經營狀況解雇員工，只是資方有義務要多支付雇用期間之退休金 (FGTS) 儲備金額的 40% 的費用。而被解雇者除了能拿到這筆多出來的費用外，還能將獨立存放的儲備金全部領出來兌現。簡單來說，就是用錢就能解決。在當地最好也參考一下專業律師等的意見，不過最後還是要由你自己判斷就是了。

🌐 Compliance（合規）

1 倫理道德

任何的組織營運都是透過構成該組織的全體員工（也包含公司之首）來執行。一般所謂的企業集團，很多都秉持有高道德標準及原則，並以社訓的形式徹底加以傳播。但越是遠離母公司，社訓意識就越容易變得薄弱。

在當地的合資企業裡，或是身處於企業文化截然不同的公司內時，絕不可讓自身原則有所動搖。會隨著環境及協商事項而改變的就不能稱為倫理道德了。一旦感到猶豫迷惘，只要回歸基本原則來思考即可。

另外，請千萬別做政治上的妥協。只要做了政治上的妥協，之後就必須付出很大的代價。什麼「不同意但可接受」(I do not agree, but I accept.) 這種講法根本毫無

道理可言，因為本來就不該有不必要的堅持。若是無法判別事情的大小輕重則另當別論，但請記住倫理道德所考驗、發揮的，應是更高層次的判斷能力。

2 擔負 CSR（企業社會責任）的方式

企業是社會的一部分，若不負擔社會責任，在經營上便會產生重大問題，甚至可能會被迫退出市場。如果做出汙染等破壞環境的行為，便會失去一般大眾及地方社群的信賴，將遭受社會譴責與經濟上的損失。尤其員工的 working morale（工作士氣）更會因此低落，造成組織喪失活力。

至於騷擾問題，重點在於對方的感受。除了自己本身要充分理解相關的基本知識外，還要多用腦，不論在公司內還是公司外，都要小心行動才好。而把企業和個人分割開來的想法是錯誤的。要知道，社會對企業和個人雙方都有各式各樣的責任與要求。

在巴西有反托拉斯 (Anti Trust) 法，相當於公平交易法（反壟斷法）。若違反該法律，那麼不只是法人（公司）要受罰，負責執行的個人也將一併受罰。故很多企業在這方面都非常小心。請務必先好好地、仔細地研究此法，之後再前往當地任職。

3 遵守法律

這問題比較麻煩，因此要說明得稍微詳細些。

如果確實違法，那麼要計算在法律、社會層面上必須付出的賠償並不困難，但其實還有其他必須考量的部分。我們就以環境問題方面的土壤汙染為例。可能該所謂的汙染物在汙染時並未被認定為有害物質，且仍低於容許標準，但經過一段時間後政府開始實施新的法律，於是該物質便被認定為有害，而容許標準也變得更嚴格。像這類狀況還算是比較簡單易懂的。

有時即使遵守法律也可能出問題，而不遵守法律也可能不會出問題。若能單純將之視為一種事業風險，那也就無從事先應對，不過前者通常會隨時間過去變得越來越明顯，而後者則終究會被視為一種應對手法。

法律條文一旦決定就不會輕易更改，會改變的是法律條文的解釋方式。同樣的法律規定會隨著時代及環境、社會觀念的變化而改變，甚至影響到有罪、無罪的判斷標準。在不改變法律的前提下，可用不同的操作方式應對，但在變化大且快的社會中，這樣的應對手法或許效果有限。那麼到底該由誰來判斷才好？很多企業都是由總裁兼任合規委員會主席，而最後的判斷是不能靠合議制或多數決來決定的。

🌐 Community（社會）

　　首先，到巴西一定要學會葡萄牙語。派駐至當地的前半年不工作也沒關係，只要認真學習，一開始的六個月就能快速進步。在養成實力之後，只要持平別退步就夠了。請記住，帶著口譯拜訪顧客是很糟糕的。此外，每天若有空看從本國送來的報紙的話，請一定要把當地報紙也讀過一遍。

　　另外就要積極參與當地人的社群。若能和來到巴西的其他國人之社群有所交流，應該會很不錯。

1 與當地社群的相處方法

　　對應位於大都市的大企業分公司或當地企業與對應位於地方或較郊區的投資企業的方式當然是不一樣的。必須特別留意與所在地周圍社群的相處。依據情況不同，有些事不需要想太多，有些事則有必要多花些腦筋。這基本上要靠各位自行思考判斷，而在此舉幾個例子供大家參考。

① 勞力型的兼職工作可找周圍學校的學生來打工，讓他們貼補一點學費。尤其是在學校放假期間，可盡量找些事（像是工廠的清潔打掃或整理庭院等）給他們做，藉此幫助家境不那麼寬裕的孩子們。但要注意不可雇用童工，必須遵循當地的勞工相關法規。

② 就算知道上網找其他地方的大型旅行社會更省錢，但還是請當地的供應商來處理機票、車票比較好。

③ 每年 1~2 次，邀請周圍居民到公園等處享受巴西窯烤，好加深與地方居民的友好關係。

④ 製造業就算不至於達到汙染的程度，但工廠在生產過程中難免還是會產生臭味、噪音等大小問題。因此基於想定期聽取地方居民意見的理由，最好能設置一個集會地點以供使用。

⑤ 協助環境保護事務。巴西是個綠意盎然的地方，故請務必協助處理垃圾、打掃環境。

⑥ 多花些心思安排一些細節，例如積極參與足球等國民運動的發展與推廣，或是在舉辦全巴西相關的大型足球賽時提供休假等。

2 回饋利益的方式

　　在這方面有兩種思考方式。一種是決定要將公司收益的多少百分比拿來回饋。

另一種則是不論公司賺不賺錢，都一定付出固定金額做為回饋。至於該選哪一種方式好，我認為最好能在公司內部加以討論。要回饋給誰都沒關係，要以什麼方法、什麼理由回饋也都可自由決定。

　　在此舉個實例。做為企業社會責任 (CSR) 的一環，有某家公司透過基金會的形式持續協助巴西東北部的消除貧窮運動──提供培育職業技能的教育機會。另外還有一家公司，我不確定他們在會計上是如何處理的，不過該公司是以匿名的方式資助這類教育事業。

③ 與其他公司外派人員的相處方式

　　與相同國籍人士之間的交流大致可分為三種模式。

① 因子女的交友關係而擴展成雙親的交流
② 與其他同業公司之間的交流（也包括商會等）
③ 透過高爾夫球、足球等運動所進行的交流

　　交流、相處的方式有很多種，若覺得沒必要，那麼不論有無上述的各種機會，就別去交流就是了。實際上有不少人真的都不做運動，也不和其他行業的人交際，假日就只待在家裡做家事或看書。當然也有人一整年都忙著接待從自己國家來的訪客，更有人優先選擇與當地的外國人交流而非與同國籍的人士交流。我想基本上應該不會有被迫與其他外派人員交際的狀況，故這方面只要依據自己的想法來行動即可。

Russia 俄羅斯

🌐 Context（背景）

1 俄羅斯的政治、經濟、社會等整體狀況

2012 年普丁總理再次當選並就任為總統，而此可視為政治安定的象徵。在總統大選前，各地雖曾出現反對普丁的示威遊行，但由於缺乏統一的理念，最後俄羅斯國民仍做出了期望安定勝於變化的結論。俄羅斯是個不平等的社會，但人均國內生產毛額也已超過一萬美元，亦即已達到一定的富裕度，一般庶民不再為每天的生活費煩惱。由於土地遼闊，一般庶民也能擁有叫做 Dacha 的、附有菜園的鄉間別墅，而且俄羅斯人的週末過得比一般想像中的豪華許多。此外，年輕族群對未來並不會充滿不安全感，反而是懷抱希望，覺得只要拚命努力工作就能獲得相對的回報。

另外，在俄羅斯有提倡排外主義的光頭黨（把頭髮剃光的極右派）在活動，走在街道上時必須小心別成為其目標。

2 俄羅斯特有的文化、習慣、民族性、宗教、禁忌

俄羅斯是由屬於希臘東正教分支的俄羅斯東正教所主導的國家，戒律不很嚴格。據說在 1917 年俄羅斯革命前，很多資本主義階層奉行的是戒律嚴謹的俄羅斯東正教舊禮儀派，但現在該派系已成少數。不過有些當時所留下的商務禮儀最好還是要遵守，例如別做代表告別之意的「跨門檻握手」和「主動向女性伸手請求握手」等動作。

另外，同事和客戶的生日都要記住，若能不忘貼心地送上生日賀詞或禮物，就能逐漸培養出互信關係。而每年的 3 月 8 日為國際婦女節，必須送禮給女性客戶。一般還習慣於年底準備「新年賀禮」給客戶。俄羅斯的聖誕節是以舊俄曆為準，在 1月 7 日，因此新年賀禮也帶有聖誕節禮物之意。

在都市地區狂飲伏特加的機會越來越少，但某些鄉村地區仍保留著傳統的飲酒習慣。所謂的傳統飲酒習慣，就是不照自己的速度喝，而是要與同桌的人同步喝，有時甚至必須一飲而盡，徹底乾杯。聽說是留在玻璃杯裡的酒不吉利，故有些人討厭喝酒不乾杯。而把空酒瓶放在桌上也不吉利，所以每喝完一瓶，有的人就會把瓶子移到地上去。此外，乾杯時的發言非常重要，因此平常就要有準備，好讓自己在

醉醺醺的時候仍能說出一番體面的話。

3 俄羅斯特有的經商氣氛

在缺乏信用調查等客觀信用資訊的背景下，「要看清一個人」的習慣在俄羅斯可說是根深蒂固。功能及獲利能力當然很受重視，但在俄羅斯，有時連人格也會被嚴格檢視。你必須消除對方可能產生的疑慮，例如「會不會藏有什麼詭計？」、「搞不好出問題時就推諉搪塞，逃之夭夭？」等。除了由功能和獲利能力構成的理性層面外，像這樣取得對方的信賴，對於業務的順利推行來說也非常重要。若能拿到生意，與客戶的關係就會越來越好。而若能進入雙方家庭成員相互交流的層次，就可說是已培養出充足的互信關係了。

另外，俄語的母音多、詞彙多、不規則變化也多是俄語的麻煩之處，但由於不做語尾變化對方也能聽得懂，故只要記得勇敢地把話說出來就行了。一旦具備一定程度的日常會話能力，不僅能拓展在當地的生活範圍，也能輕鬆進入商務會話階段。談生意時，即使程度不好也要盡量講俄語，這樣通常都能給俄羅斯的客戶留下良好印象。

🌍 Companies（公司）

1 俄羅斯公司的企業文化、公司狀態

以下說明以在總公司的聯絡辦事處 (liaison office) 工作為前提。在這種情況下，其企業文化應是以總公司的企業文化為基礎。我想這適用於全世界任一地點，而既是代表總公司，就要依照總公司的企業文化、倫理，大方有自信地努力對外行動。

2 派駐地公司與總公司的關係

不論是擴大業務還是成立新事業，都必須由總公司領頭並提供協助。而為了獲得總公司的主動協助，你就必須徹底掌握市場環境及當地情勢，在整體策略中為新目標（生意、事業）做出明確定位，並展示其優勢。而新生意、新事業一旦開跑，就該直奔顧客的懷抱，必須將搖擺的程度盡量降至最低。

前面已談過有關與俄羅斯客戶培養互信關係的部分，而與總公司培養互信關係也同樣重要。若少了互信，任何事情都無法有所進展。具體來說，除了多多請求總公司派人來出差外，自己最好能每季出差至總公司一次，不只要拜訪部門經理、專案負責人、本國客戶，最好也要與總經理及集團老闆寒暄問候、開會討論、磨合意見、整合方向。

③ 自己在該公司中的角色

由於是以總公司集團代表的身分被派駐於當地工作，故所代表的不只是自己的部門，也包含其他部門和集團整體。因此派駐至當地後，除了要繼續維持已在進行中的交易、事業外，更要慢慢深入了解哪個部門（的誰）、在哪裡、負責處理怎樣的事務等資訊。同時還要將俄羅斯市場中競爭對手的樣貌、事業內容都放進腦袋裡，然後不斷預約會談、交換資訊，才能發現新的事業和生意機會。

俄羅斯市場相當廣大，要掌握其全貌並不容易，不過只要一步步穩定前進，便有機會在總公司和俄羅斯分公司的溝通過程中，靈光一閃地迸現出新事業的形貌。而我想這個瞬間，就是商業人士最光榮幸福的一刻吧！

🌐 Competencies（能力）

① 與同事、上司、下屬的相處方法

外面的分公司通常都比總公司要小很多，若要做個比喻，或許就像是飛出地球的太空船吧。而聽說要成為 NASA 太空人的條件之一就是要具備冷靜、不易與人爭執的性格。我想外派至分公司應該也是一樣的道理。吵鬧爭執不會有什麼好處，只會降低生產力。努力達成良好的溝通真是非常重要。

平常就必須與當地員工好好溝通。若時間允許，最好每天都能分別與每個人開個簡單的會，以進行業務方針的整合等各項溝通。

② 下指令的方式、對考核的回饋意見、溝通方式

在俄羅斯會用到的語言應該是俄語和英語，而用俄語稱呼對方時別用「你(Ты)」，從頭到尾都用「您(Вы)」會比較好。若使用「你」，氣氛就會變得像在好友俱樂部般太過輕鬆。使用「您」，並以溫和適當的態度應對，對當地員工來說或許也較容易接受、理解。

至於考核部分，在每天的溝通過程中就要避免歧見擴大。現在仍有些員工會抱持著「先給報酬再談績效」的想法，這時就必須找機會事先說明自家公司的既定方針為「先有績效再給報酬」。不論如何，最重要的還是需在平日的溝通過程中就將歧見逐步縮小。

3 雇用、解雇的做法

在雇用方面，我會建議盡量從多方面來評估。具體來說，你可向其前公司查核資歷，而面試時不只是上司，也可適度地讓一些當地相關員工參與。此外面試時若能同時以英語、俄語（依狀況需要還可使用你自己的本國語言）進行，會更容易看出應徵者的個性、能力。

在俄羅斯要解雇員工並不容易，你必須遵守當地的勞工相關法規並小心處理。若員工有違反公司規定的情形，則每犯一次就要發出一次警告文件，務必留下書面證據。

🌐 Compliance（合規）

1 倫理道德

我們自己有倫理道德並不代表客戶也一定會有倫理道德。在此免不了要重提前述的「檢視人格」原則，在開始交易前，請務必徹底摸清對方的經營團隊到底是抱持著怎樣的理念。

2 擔負 CSR（企業社會責任）的方式

若把範圍擴張得太大，很容易會引來各種亂七八糟的機關團體請求資助，結果往往搞得難以收拾，因此這方面必須要謹慎推展。

3 遵守法律

就算我們自己很守法，客戶也可能對法律毫不在意。因此誠如前述，在開始交易前應向對方明白表示：「我們公司永遠以合規為優先前提，不會和採取違法行為的公司交易」。只要事先說清楚了，那麼就算碰上意外狀況也比較容易應付對方。而在俄羅斯，你最好多注意一下對方於進口報關手續及商品認證 (GOST) 的取得方面是否有任何違規行為。

🌐 Community（社會）

1 與當地社群的相處方法

只要以日本／台商會或外貿協會的成員身分與當地社群交流就可以了。

② 回饋利益的方式

可透過各種值得信賴的組織、基金會來進行 CSR（企業社會責任）相關活動，藉此回饋利益。例如，很多俄羅斯公司都會針對全國各地的孤兒院舉辦慈善活動。

③ 與其他公司外派人員的相處方式

不少人被派駐於莫斯科時，由於和認識的其他公司外派人員及其家人住在同一公寓中，自然產生出團結情感，結果回國後仍持續有連繫。我想只要是適度的交流、交際，應該都沒什麼問題。

至於與同業中其他公司外派人員之間的相處，即使只是單純的友善交誼也一定要小心，別讓人懷疑你們是要相互勾結來違反反壟斷法。此外，俄羅斯也有很多歐美企業在發展業務，所以千萬別忘了，不只是俄羅斯的反壟斷法，你也有可能會觸犯到歐美的反壟斷法。

India 印度

🌐 Context（背景）

1 印度的政治、經濟、社會等整體狀況

　　印度目前擁有 12 億人口，預計過了 2030 年，其人口數便會超越中國，達到 14 億以上。25 歲以下的年輕勞動力占了總人口的一半以上、GDP 以每年 6 ～ 8% 的速度成長、中產階級未來將增加至 4~5 億人，再加上今後生活水準的提升及個人所得的增長等因素，印度要成為僅次於美國、中國的世界第三經濟大國只是時間上的問題而已。很明顯地這是個未來充滿希望、可預見其持續成長的巨大市場。

　　但在另一方面，多達約四億的低收入貧民人口、缺乏充足的道路及港灣鐵路等社會基礎設施、複雜的稅制、牛步化的許可核發制度、超過 10% 的高利率，以及必須與好辯難纏的印度人談生意、收購土地時持有人的含糊不清等問題，也確實都是阻礙投資交易進行的障礙。

　　至 1990 年左右為止，印度一直都採取近似蘇聯的、以自給自足為原則的社會主義經濟，但在 1991 年的金融危機後改走自由開放路線。現在除了農業、軍事、博奕、香菸、多品牌零售等部分行業外，其他產業已有 26~100% 的外資進駐。

　　已進軍印度的主要日本企業從鈴木、本田、豐田、日產等汽車製造商，到 Panasonic、Sony、日立、東芝、三菱重工等家電及電力能源製造商，還有三菱化學、第一三共製藥、DoCoMo、新日鐵、普利司通、日清食品、養樂多等等，目前約有 800 家，有超過四千名日本人被派駐於當地。

　　而在已進軍印度的台商部分，新德里地區之台商以市場開發、行銷及服務業為主，如：中華航空、中國信託銀行、聯發科、BENQ、Viewsonic、誠研科技、大陸工程、中鼎工程等。在孟買地區之台商則服務業、製造業、市場行銷皆有之，如：長榮海運、陽明海運、萬海航運、華碩電腦、三陽機車、光群雷射、農友種苗等。在清奈地區之台商，以從事製造業為大宗，如：鴻海富士康、勝華科技、萬邦鞋業、豐泰製鞋等。據駐印度代表處經濟組統計，迄 2012 年 4 月，廣義台商投資印度達 90 餘家。（台商統計資料引自：經濟部全球台商服務網 http://twbusiness.nat.gov.tw/countryPage.do?id=11&country=IN）

2 印度特有的文化、習慣、民族性、宗教、禁忌

印度的每個省分各自擁有不同的語言及民族、習慣、歷史、文化，若將地域性和民族性也考慮在內，實在很難用一句話來表達印度。我認為，對於印度你別無選擇，就只能接受其多樣性。該國有八成的人口信仰印度教、一成為回教徒，其餘則分屬佛教、拜火教、基督教、耆那教及錫克教等多種少數宗教。

而其國民相當重視與家族、親戚等具血緣、地緣以及屬於相同種姓職業的人之間的關係。大部分人每天都祈禱、夢想著自己或家人能夠成功，且多是日以繼夜努力工作的老實人。

印度教徒忌諱用左手，他們不用左手拿東西吃。另外，除非是非常親近的人，否則最好避免談論政治或男女戀愛等話題。

3 印度特有的經商氣氛

印度的公司大部分都由老闆直接負責經營管理，不論什麼事都採取由上而下的決策方式，不太習慣由大家一起討論協商的合議制。因此必須注意，重要事項若未直接與經營者確認，就有可能會突然變卦。此外，印度人不擅長依據目標日期倒回來推算的時間管理方式，在施工及專案的時程管理上不是那麼仔細，故經常會拖延進度。在辦公室的工作還好，對於需要在工地現場揮汗進行的工作，即使只是視察，很多人也不太願意去。據說連經營管理者本身都不願意去工地，很多都是坐在都市裡有冷氣的辦公室中指揮。要教會他們提高產出率及產能、整理環境等製造業的基本動作需要不少時間和耐性，但只要拚命灌輸這些觀念，馬上就會有人辭職。而且許多人辭職時似乎也沒打算好好移交工作，不少都是某天突然就跑來說他不想做了。一般辦公室基本上也都沒有撰寫交接文件的習慣。

印度的官方語言為印地語 (Hindi) 與英語，其中印地語在北部、中部可通用，但在東、西及南部則未必行得通，因此就商務活動而言，會英語就夠了。不過依據你所派駐的都市不同，若能學會日常會話程度的當地語言，那麼在吃飯或買東西時都會變得比較便利。

🌐 **Companies**（公司）

1 印度公司的企業文化、公司狀態

要讓企業文化深入滲透至印度的公司，必須付出相當的努力和耐性，在某個程度上得要秉持入境隨俗的精神來理解當地習慣才行。以筆者自己的經驗來說，設立工廠、促銷產品，甚至是提高當地公司的收益等任務越是艱難、目標越是高遠，就

越會覺得都只有外派來的日本人每天在拚命。當感覺到壓力的時候，便很難與周圍的印度員工溝通相處。日本來的外派人員總是在感嘆印度員工的自覺意識低落、缺乏責任感、做事隨便，結果每天都很惱怒焦慮。因此，一邊對著印度員工大喊大叫一邊工作的場景並不稀奇。另外，因為印度人不像日本人，他們對公司的歸屬感和忠誠度都相當淡薄，所以不厭其煩地反覆說明，讓他們意識到應有的目標與現在該做的事，每天都 Check & Confirm 是非常重要的。

而由於一般人都習慣由上而下的決策方式，很多人都處於等待指令的狀態，因此日本外派人員就必須每天做出明確的指示、確認其執行進度，然後要求成果。

② 派駐地公司與總公司的關係

在印度當地直接感覺到的和在日本總公司聽取從印度來的報告時獲得的間接感覺，自然是有差異的，因此如何能讓總公司的人來印度、了解印度，以獲得總公司的支援這點非常關鍵。此外，不應每次向總公司報告再等著總公司的裁決以執行業務，為了能讓印度當地分公司能全權處理當地事務，就必須事先獲得總公司方面的理解與體制上的配合。有鑑於不時發生在日系企業工廠的罷工事件，從許多案例都可看出，比起和總公司商量的做法，在現場具有應對、判斷及裁決的權限真的是非常重要。

③ 自己在該公司中的角色

印度人即使在業務談判上極為強悍，但一旦下了班，在家族情感上可是有非常纖細敏感的一面的，因此別在辦公室裡當著大家面前劈頭痛罵某位員工，比較好的做法是把他叫進個別房間再懇切地告誡他。另外，一定會有比較能幹的員工脫穎而出，而到底該如何留住並提拔這樣的人才可說是一大重要課題。可以做的包括給予特別的獎勵、出席該員工家族的婚冠喪祭等。最好能在會計、人事總務、業務這三大部門中各安排一位值得信賴的印度籍主管。在工廠或辦公室裡的 sweeper（負責掃廁所的人）、bearer（供應茶水的人、傭人）、piyon（遞送文件的人）、driver（司機）、guard（警衛）等從過去種姓職業留下的複雜分工，以及回教、錫克教等宗教上的習慣差異，或是因出身地區不同而有各式各樣的社群集團等事務，都最好能聽取負責總務工作的印度員工的意見，再加以應對。

🌐 Competencies（能力）

① 與同事、上司、下屬的相處方法

376

其實對印度人並不需要採取什麼特殊的應對方式，大家同為人類，只要依據一般常識與之相處應該就可以了。只不過印度人比較容易在意公司裡的階層及職稱，故即使彼此已相當熟悉，也還是必須注意上下階級關係。此外他們對加薪、升遷等部分相當敏感，往往會要求主管提出有說服力的解釋。除了工作外，印度人很愛電影及板球，對於家族成員的成長及各種節慶活動、婚冠喪祭都很重視。面對工作時，他們會很注意、很計較誰是自己的主管、是誰負責評價自己的績效並決定工資與獎金等，因此在規劃組織結構與目標管理時就必須將此特性納入考量。而印度人一般來說較缺乏時間觀念，在有目標的時程管理方面較為隨便，所以你必須每天盯著他們。整體來說，大部分的印度人都很積極又開朗、樂觀，但在時間觀念及事物的價值觀上並不像日本人那樣以公司為重。

② 下指令的方式、對考核的回饋意見、溝通方式

為了避免「說過了」、「沒聽到」這類各說各話的無意義爭論，下指令時最好用電子郵件或書面文件，同時別忘了要常常確認工作進度。另外在考核的回饋意見方面，有些員工會在意別人獲得的評價，認為自己被不公平地評分，於是會主動投訴，要求改為「公平正確」的評比。正因如此，平常就要把員工的優點、缺點、須改進的部分等一一記下，之後才方便回憶並提出具體的意見，這樣會比較有效。而假使某員工真的被評得很差，除非該員工離職，否則還是要設定下一個新目標，讓他保有工作動力並盡量努力提高其自身水準。

③ 雇用、解雇的做法

在雇用方面必須謹慎小心，應面試相當數量的應徵者，同時聽取印度員工的意見，而且至少要設有半年的試用期。若只因部分意見便輕率雇用，招來的很可能不是你想要的人，之後若想解雇他會有相當的難度。如果是一次能聘用較多的人，那麼就可以在試用期間篩選出較優秀的人才。如此先聘雇多人再詳細觀察判定也不失為一種好辦法。

另外，一旦試用期結束改為正式雇用後，要再解雇就會非常困難。若是在辦公室的白領階級，只要該員工每次失敗、犯錯所造成的公司損失都有留下具體證據，他本人亦簽署同意的話，就能使之離職。但像司機、供應茶水的、遞送文件的、掃地洗廁所等勞動者，基本上是無法讓他自行離職的。除了以優渥的遣散費為條件和對方協商外別無他法。

而即使在解雇員工時把該做的都做了，這個人日後還是有可能回頭控告公司不當解雇。因此在對方離職時一定要取得其簽名，並留下相關文件證明。

對於白領階級員工，事先於工作規章中表明若無故缺勤或造成公司損失三次，公司便可在一個月內要求員工辭職之類的規定，也是一種做法。至於司機等勞動者，有些公司會和服務公司簽約，讓這些人以派遣的方式過來任職，這樣就不必以正職員工的規格來處理了。

最近受到經濟蓬勃發展、薪水增加的影響，有越來越多員工選擇跳槽到其他待遇更好的公司去。在某個層面上，這是經濟成長時無法避免的現象。我想只能透過培訓和人事制度的調整，盡可能讓優秀人才願意留下，藉以提高留任率。

🌐 Compliance（合規）

⒈ 倫理道德

雖然印度也有極為嚴謹、高貴的經營者，但多半還是傾向以個人利益為優先，不太顧慮公司對社會的影響。大部分印度人都覺得，餽贈個人或公務員不是太貴的禮物或飲食，不過是一種潤滑人際關係的方式而已。像這類相關的細微應對不必太過深入研究，在某個程度上交給印度籍的總務人員來判斷會比較好。而由於外商不投資缺乏完整合規制度的企業，因此最近有不少印度企業也開始在公司內設置合規總監等，致力於提高合規意識。印度人的觀念逐漸在改變，只不過對社會及公司的倫理觀、道德觀等，會因教育程度及地區、都市或鄉下、出身種姓等而有所差異。

⒉ 擔負 CSR (企業社會責任) 的方式

在對社會的貢獻方面，有些企業如塔塔集團 (Tata Group) 選擇捐助相當的金額給教育研究機構及醫療機構，有些則選擇編列固定預算，例如將淨利的 1% 捐贈給專門幫助窮人的 NGO（非政府組織）。不過大體而言，民間企業似乎還未形成舉辦大規模 CSR（企業社會責任）活動的風氣。

⒊ 遵守法律

印度社會似乎同時存在著「絕對、一定要遵守法律」的強烈守法精神（官方立場），以及「依據解釋及關係、權力和財力，仍有酌情裁量的餘地」的觀念（內心真正的想法）。因此在警告對方、要對方聽話這層意義上，其守法精神便會強烈地表現出來。（當然外商也一定要遵守一些規定，否則就會被主管機關罰錢。）但另一方面，卻又存在著印度本土公司只要平日與主管機關維持良好關係，一切就都好商量的現象；或採取不同的法律解釋方式，以便能產生裁量空間；有時甚至於根本不講道理，專橫蠻幹。對外商企業來說這些情況都很難令人服氣。

🌐 Community（社會）

1 與當地社群的相處方法

與鄰居、所居住大樓的管理室、地區社群等的交流、溝通，對於生活上的治安、安全管理及當地最新資訊的取得來說，都相當重要。而與由外派人員的夫人們所形成之資訊網、由同校孩子們的家長所形成之資訊網、駐印度大使館、領事館、美國及英國大使館、領事館等這些社群的交流，也很重要。例如發生意外或暴動時一般人並不會知道，但若與這些人有接觸，便可立即獲得這類與治安相關的資訊。

2 回饋利益的方式

在印度，公司若有獲利，除了用在股利分紅及投資設備或結轉至下一財政年度外，做為 CSR（企業社會責任）的一環將獲利捐贈給國家的教育研究設施或弱勢區域、NGO 等的「將利益回饋於社會」之觀念、習慣似乎仍相當低落。

而另一方面，最近有部分歐美企業則開始發展所謂的 BOP（= Base of the Pyramid 收入最低的階層）事業，針對印度低收入者開發出便宜方便的產品來讓他們購買。

3 與其他公司外派人員的相處方式

總是跟自己國家的群體混在一起不太好，但若因此反而不和本國人互動，這樣的生活方式也不太理想，因為這樣不利於地區安全資訊的取得，以及疾病與治安風險的迴避。若是攜家帶眷外派，與住在附近或家庭結構類似的本國人互動可建立出互助關係。而透過高爾夫球、網球、麻將、電影、板球、古蹟巡禮等同好團體的交流，更能有效豐富你的外派生活。對於能有一週左右的特休及完整保健制度的企業外派人員來說，以做健康檢查為由每年回國（或到東南亞或歐洲），順便採買自己國家的食材，應可說是唯一的娛樂、休息。享受美食、觀賞美景、養精蓄銳、兼顧身心正是健康長久地生活在印度的祕訣。

China 中國

不只是派駐中國的人，所有外派人員首先都該重新認識自己。在自己國家的公司裡，即使對身處組織中的自己毫無認識，或許也能順利地被組織賦予任務。然而被外派時，擔任的往往是當地組織之首，由於責任範圍變大，故必須好好思考自己到底能否擔任該職務，而若有不足之處又該如何彌補。

在本國企業中，不太會有每天都得面對價值觀差異的問題。但在國外工作時，你必須跨越價值觀上的差異。「我是從總公司派來的主管，你要聽我的」──這種話說起來容易，但對於提高職場士氣毫無助益。一開始你或許會認為，想盡辦法讓觀念不同的人彼此理解、認同並為組織做出最佳選擇的過程非常沒效率，但這對於活化組織來說是有其必要性的。

派駐海外能否成功，外派人員本身的努力固然重要，總公司的支援系統亦不可或缺。「反正中國的業務都已交給 A 先生了」，所以就可放任不管了嗎？或者反之，明明不清楚當地的法律及商業慣例，卻為何總是拿雞毛蒜皮的小事來刁難外派人員？

此外，雖說與前任外派人員的交接相當重要，但之後與該前任人員的相處方式、該前任人員對該組織有多大的影響力等，也都是很重要的關鍵點。到任後漸漸熟悉公司，身為組織之首的你為了使此組織更好，大概免不了會興起著手進行重大改革的想法吧？所謂的重大改革，在當地員工的眼裡看來等於是在否定前任人員的政策，故可能會引起相當大的混亂與騷動。在這種情況下，當地員工若無法接受，當然就可能會直接聯繫前任外派人員。我並不是要勸各位什麼事都延續前一任的做法，一切照舊是無法讓組織進步的。你應該先依據重要性，決定出各項組織事務的輕重緩急，較不重要的事情沿用前任人員的做法即可。而將來你自己也會成為所謂的前任主管，因此有哪些來自前任人員的建議讓你覺得很受用、有哪些讓你覺得很困擾，都要好好記下來，別讓你的繼任者再重新經歷一次。

🌐 Context（背景）

1 中國的政治、經濟、社會等整體狀況

不說大家也知道，中國是全世界人口最多的國家，在經濟上亦排名世界第二，而其經濟力量何時會超越美國，一直是眾所關注的焦點。中國雖因改革開放政策而引進了市場經濟，但在政治、社會層面上依舊屬於社會主義國家，這一點千萬要特別注意。此外中國與東南亞在商業上確實有「華僑」這項共通要素存在，但中國絕不等同於東南亞，反之東南亞也絕對不是中國的延伸區域。

2 中國特有的文化、習慣、民族性、宗教、禁忌

中國經常發生看法隨情境改變的現象。在日本，一個人的某種看法往往在職場、家庭、朋友圈中都是一致的，但在中國，大家卻會依據當時的情境、氣氛而提出不同的看法。因此，當地員工在一對一的情況下告訴你的話不見得可以在工作會議中提出。「私底下只有一對一時才能說的話，怎麼能拿到大家面前說，丟臉死了」——這也不無道理。外派人員不見得能掌握當地員工的所有人際關係，若自以為無關緊要就直接在會議上引用員工的事例，被引用的本人確實有可能會非常困擾。

3 中國特有的經商氣氛

在日本，員工要外出談生意之前，一定會先在公司內進行一些準備工作，不斷討論磋商，直到在公司內部達成共識為止；但在中國，有些公司則會讓員工先逕自對外交涉，公司內部的共識則是之後的事。

在雙方交涉的最初階段，日方由於需與總公司討論，故總是會花很多時間。中方的專案負責人便會覺得：「你該不會沒權限吧？這種事為什麼需要一一向東京確認？」但到了交涉快結束時，反而可能因中方公司內部未能達成共識，使得談判基礎瓦解，結果造成交涉終止。這時日方便會覺得：「至此為止都過了這麼久了，怎麼會連公司內部的共識都還沒達成？」對中方的專案負責人來說，交涉的初期階段一切仍含混不明，還不需要由高層做判斷，自己來處理即可。而到了交涉快結束時卻發生談判基礎瓦解的情形，日方便不得不懷疑對方到底有無誠意、甚至懷疑起負責交涉的外派人員的能力。其實日方也應該要不受公司內部共識的束縛，一直到交涉的最後階段都持續地努力提出對己方最有利的條件才對。

另外，經常有人說在中國資訊取得不易，但我覺得根本沒這種事。只是絕大部分的資訊都是中文，所以看不懂中文就無法取得資訊。要針對中國市場進行調查研究的人，肯定要會中文才行。但要注意的是，雖然語言能力是必要條件，但卻不是在商業上成功的充分條件。

🌐 **Companies**（公司）

1 中國公司的企業文化、公司狀態

　　首先你必須認知到，你要被派往的目的地公司和總公司是不同的兩家公司。企業的目標及策略或許是共通的，但企業文化可不一樣。你所任職的總公司也許在日本是大家都知道的公司，有其獨特的企業文化。然而這知名企業在中國的生產公司到底在當地有沒有名氣，那又是另一回事了。因總公司確實是很了不起的企業而日以繼夜地勤奮工作的員工相當多。不過像這樣優秀的員工也有不少在總公司的培訓及開會過程中，因為發現自己印象中的總公司和真實的總公司差距甚大而感到失望，於是在完成於日本的培訓課程後就離職了。

2 派駐地公司與總公司的關係

　　該如何平衡派駐地公司與總公司之間的關係，恐怕是外派人員最大的課題了。若總是站在總公司的立場，明明人在中國卻老打電話跟總公司的人商量，這樣是很難獲得當地員工的信賴的。反之，和總公司協商時若總是過度偏袒當地員工的利益，從總公司的角度來看，就會覺得當初不應該把你派過去。事實上，在中國的確很容易出現這兩種極端狀況。或許不太有時差也是原因之一吧。有不少外派人員明明沒什麼事，卻一直打電話給總公司的相關人員；另外也有很多外派人員在面對總公司時，總會站在中國的立場說話。

3 自己在該公司中的角色

　　很多外派人員在自己國家負責的都是具專業性的職務，例如，會計人員專門處理會計核算、業務人員專門負責行銷業務等。可是在中國的外派人員卻必須處理各式各樣五花八門的事務。比方像許多中國的日系食品企業經營者，他們往往一邊擔心著大客戶還未付款，一邊煩惱著上週才被市政府警告廢水的排放超標必須改正，又想到費心培育的業務經理最近被挖角的事，還有後天該去哪兒和從東京總公司來的常務董事們吃晚飯，而在惦記著這些事情的同時又得動手簽下支票……。像這類狀況可說是家常便飯。自認為是會計專業所以不懂人事事務這樣的思維是解決不了問題的。既然不懂，就該好好思考怎樣才能負起責任、完成任務。請求總公司支援也是個辦法，而適度授權給當地的主管級員工當然也很重要。但別忘了即使權力下放，亦須時時檢查、確認。

🌐 Competencies（能力）

1 與同事、上司、下屬的相處方法

　　最好能盡量和當地員工建立密切的人際關係以培養信任感，這點無庸置疑。不過在此希望各位停下來思考的是，接任你工作的人是否也能同樣做到這點。你本身能和當地員工建立良好的人際關係當然很好，但若接任的人無法做到，當地員工對接任者的不信任感就會提高。也就是說，建立良好的人際關係固然重要，但若無法維持，對組織來說可能反而有害，這點也必須納入考量才行。此外，在中國的大都市裡，一般人是不會每天都和同事出去喝酒的。

2 下指令的方式、對考核的回饋意見、溝通方式

　　若下屬用日語回答：「はい、できます（是的，我能做到）」，大概有 90% 機率能達成任務。而依據我的經驗，若是以英語回答「Yes, I can」，那麼成功率約為75% 到 80%。但中文的「可以」，依我個人觀察，最好將其達成率預估為 60% 左右就好。這絕不代表中國人回答時總是很隨便、不負責任，也不是因為他們業務能力低下，而是因為「可以」一詞本來就只代表了「或許做得到」這種程度的意義。然而若連續三個人都說「可以」，那麼其準確度又會下降。請記得重要資訊還是必須直接從源頭取得才行。

3 雇用、解雇的做法

　　在人事方面的主要問題應該就是好不容易才培育出來的員工竟然很快就辭職走人了。但在中國，幾乎沒人是從大學畢業後到退休為止都在同一間公司工作的。一旦有機會，為了能提升自己的職業生涯而跳槽到其他公司的趨勢似乎相當強烈。中國有很多優秀的人才，我認為對於想辭職的人不必過度壓制，有時稍微促進一下新陳代謝對組織來說也是好事。畢竟在中國，將來還是有很多機會可能與和平離職的人合作。而為了避免發生必須解雇員工的狀況，在員工試用期間以真正客觀的角度觀察並做出判斷是非常重要的。

🌐 Compliance（合規）

1 倫理道德

首先，若你被派駐的公司有其公司規章，那麼一定要徹底詳讀。若覺得有某些規定很奇怪，多半都是因為當地法規有所要求的關係，你得自己去弄清楚。若你是該組織之首，接著就要確認組織內的工作是否有任何違反公司規章的狀況。若有違規情形，就必須與當地員工討論以找出原因。像這類的違規事項往往就是許多問題的根源。而若是沒有公司規章，那麼就該趁著就任時趕快制定。對當地員工來說，由於公司規章明白規定了什麼可以做什麼不能做，故工作起來也會變得輕鬆很多。制定公司規章時應配合公司的實際狀況，若是過度偏離實際狀況，便會無法發揮規章的作用。當然，改善實際狀況並使公司規章隨之進化的觀念可說是最為正確的。

2 擔負 CSR（企業社會責任）的方式

在中國，在與公司的利益相關者之中，你必須重視的是員工、當地居民與當地政府。除了大都市以外，你的員工幾乎就等於當地居民。經營事業時必須同時與所有的利益相關者維持良好且健全的關係，這點的重要性應該是再怎麼強調也不為過的。

3 遵守法律

大概沒有哪個國家像中國這樣能輕易地取得法律相關書籍。只要去新華書店，就能以極為低廉的價格買到各種法律書籍。法律這種東西寫的是原則，實際的執行方式多半交由政府機構決定，不過我們還是應該要先了解法律才行。而關於法律的實際執行方面會因政府當時的政策而鬆緊不同，因此多留意社會情勢的變化也很重要。至於該如何了解社會情勢變化，只要看看當地報紙大概就差不多了。

🌐 Community（社會）

1 與當地社群的相處方法

工廠是否有噪音及臭味等問題與只有單純的辦公室故無此類問題的情況大不相同。而由於在中國，工廠幾乎都設在開發區或工業園區等區域，與一般居民居住的區域有段距離，所以通常較不會產生這方面的問題。

2 回饋利益的方式

由各企業單獨進行利益回饋活動並無不可，但也可透過商會等組織，由本國企業全體一起捐助需要幫忙的小學。

3 與其他公司外派人員的相處方式

我想舉家外派與單獨外派的情況應該是很不一樣的。若是攜家帶眷地派駐於當地，你很自然便會透過所居住的社區組織及孩子的學校而與其他外派人員有所交流。像我本身現在都還和好幾個家庭保持聯繫。

在中國時不太會有身處外國的壓力，當地員工也都很優秀，不過有時又不禁懷疑真的有這麼好的外派地點嗎？其實訣竅就在於，只要讓優秀的當地員工抬著你前進就好了。

中國的經濟正處於成長階段，在這種商業環境中若能好好地磨練優秀員工，就可能建立出世界最強大的商業集團。若是一直以來都只做業務工作，那麼可趁此機會學習人事和會計，以及如何與價值觀不同的下屬溝通等。事實上，值得學習的事務相當多。到底你會成為坐在轎子上的「穿著新衣的國王」，還是最強大商業集團的領袖？決定結果的不是當地員工，而是你自己。

Appendix 附錄 2

為了能飛得更高更遠

對於想成為 21 世紀商界領袖的人而言，
除了熟習本書提供的 MBA 基礎知識之外，
究竟還必須具備哪些特質及認知？
且聽藤井先生娓娓道來他的個人經驗……

發現並解決問題的能力

遇到未知的問題時，我們是否會動腦筋來思考答案呢？我們一直很習慣針對別人丟出來的問題拚命尋找正確解答，但卻很缺乏自行發現並自行解決問題的能力，例如問自己「此現象所呈現的是什麼樣的問題？」、「其解決辦法又為何？」等。

透過訓練來培養「解決問題的能力」

有位顧問曾表示，若要培養解決問題的能力，就不能被專業知識及經驗、常識等制約，而要訓練「堅持原創的能力」和「看清事物本質的能力」。

「知識」是「被儲存起來的特定具體資料」，「有利於在特定環境中執行定型化的工作」，而相對於此，「智慧」則是「在環境等條件急遽變化的情況下，可順應該環境變化，迅速且精準地改變自己以適應環境的能力」，亦即「能主動判別環境狀況進而適應環境的能力」。這對於煩惱自己缺乏「知識」的人可說是一大福音。重點在於用自己的頭腦思考，所以靠的是「訓練」。也就是說，不論面對什麼事，都要很有自信地面對並處理即可。

把喜歡的事做到最好

該名顧問還說：「為了培養解決問題的能力，因此必須在你喜歡的領域中拚命努力」。也就是，要建立一項最厲害、屬於自己的終極「擅長領域」，然後再一一增加自己所擅長的領域。這樣不僅能增加自信，更能鍛鍊頭腦，可說是一石二鳥。

而另一位顧問則認為，若要培養解決問題的能力，平常就要養成不斷思考「為何如此？為什麼？」的習慣。在社會及公司的各種制約下工作，往往就變得只會思考特定的事情，無法有「突破性」的想法。所以要暫時徹底拋開這些既定思想，隨心所欲地自由思考。

在問題發生之前

在商業世界中，往前跨一步就是未知的領域。你無法預測問題何時會發生，也沒有人能告訴你答案，一切都要自己解決。但這時「問題」又來了。做生意講求速度，出了問題才來找答案，往往為時已晚。因此不能只是 reactive，必須要proactive 才行。在問題發生前，就要做好 preemptive attack（先發制人）的準備。換句話說，「發現問題的能力」與「解決問題的能力」必須組合起來，才能成為有用的武器。

🌐 MBA 與 AMP

MBA 課程通常為兩年，較短的只需一年時間便可取得學位。以兩年的課程來說，基本上第一年為基礎課程，第二年則為專業課程。基礎課程通常都包括「行銷」、「會計與財務」、「人事與組織」、「策略」、「願景」等科目。而第二年便會依據你將來的職涯目標，分別進入「創業」、「財務」、「行銷」等專業課程。

最近或許是因為就業狀況不穩定的關係，很流行取得證照、資格，而在商界人士中又以 MBA 資格最受歡迎。

誠如前述，我個人是獲得了參加「哈佛商學院高級管理課程」(Advanced Management Program = AMP) 的機會。所謂的 AMP 是個以企業的主管階級員工為對象的高級管理學課程。我對於該課程的感想只有「太棒了！」三個字可表達。

以下就為各位簡介一下該課程。

世界第一

來自全世界 30 個國家共 140 位的經營管理人員齊聚一堂的場面實在壯觀。在為期十週的上課期間大家一同用餐、一同就寢，從早到晚拚命用功。不僅有不少 MBA、CPA（執業會計師）及律師來上課，更驚人的是許多已是外派企業最高主管，或有望成為最高主管的優秀實務人才都集合在一起，他們的實務經驗與成熟的觀點真的是非常傲人。

整個課程花在 MBA 基礎知識上的時間並不多，很快就進入了全面性的討論。而為了確認大家都具備基礎知識，教授們會事先提出課題，在已充分理解基礎知識的前提下，課程便以驚人的速度飛快進行。

AMP 的主要科目包括「會計」、「財務」、「行銷」、「服務管理」、「國際經濟」、「競爭策略」、「資訊／組織／管理」與「組織行為」等。然後再加上麥可‧波特 (Michael Porter)、約翰‧科特 (John Kotter)、傅高義 (Ezra Feivel Vogel) 等知名教授的講座。另外還有「CEO 研究」、「網路市場」、「新績效考核系統」、「民營化、管制寬鬆化」、「倫理道德」、「創業投資與創業家精神」、「個性化企業」、「協商談判」等選修科目。還會於所謂的「CEO 日」請著名企業的最高主管來演講。

總之其內容實在是太棒了。每天光是學習主要科目就要從早忙到晚，若想把選修科目也徹底學好，大概最多只能選兩、三個科目。而為了能於課後繼續研究，下了課我會把所有科目的案例資料和講義筆記都帶回去，也會與其他同學針對課程內容交換資訊。

我認為 AMP 可說是世界第一的管理教育課程。其教授陣容不只是優秀的研究人

員，更重要的是這些人都具有教育家的熱忱。在七十五分鐘的上課時間裡，我從不曾感到無聊。這些教授能持續引發學生們的興致，你會感覺到他們對教學的熱情在課堂上不斷地傾洩而出。

「MBA」是必要條件嗎？

大家都知道，在美國有實力的企業中很多人都擁有 MBA 學歷。那麼 MBA 就是企業管理的「妙方」嗎？

首先要澄清一下，「必要」是我個人的結論。我認為 MBA 的各個主要科目都是商務的基本語言。實力派商務人士就是用這些基本語言來一一完成各種跨國的大型專案。若無法使用基本語言，就根本不具參與資格。

有一位日本的 MBA 畢業生是這麼說的：「我在哈佛商學院充分體會到管理學並非關在象牙塔裡研究的『學問』，而是為了能在競爭激烈的商業前線存活下來的『武器』。不僅如此，這『武器』更已系統化、條理分明。拚命學習的不是學者而是真正的商務人士這點讓我倍感震撼。面對著擁有這些商務人士的國家我能否好好地正面迎戰？甚至光想到這點就令人感到一陣恐懼。」

用自己的頭腦來充分發揮 MBA 課程的知識

「把 MBA 課程學好是否就能成為商界的專業？」也許很多人都有這樣的疑問。在此我想提醒各位，MBA 課程是經營管理的必要條件，但不是充分條件。

MBA 所教授的技巧及架構都很有效，可做為思考時的理想輔助工具。但重點仍在於「要用自己的腦袋想出來」。別忘了決勝關鍵還是你自己的頭腦。

此外，有人會覺得 MBA 是天資聰穎、環境優渥的人才可能獲得的「精英」教育，但針對這一點我想提出反駁。最近市面上已出現各式各樣的 MBA 相關書籍，提供 MBA 課程的大學及民間教育機構也越來越多，甚至還能在網路上學習。重點是要學習 MBA 基礎課程的基本思考方式，取得「MBA 資格」，亦即擠進所謂的精英行列，並不是經營管理的「終極目標」。

🌐 個案教學法的效果

哈佛商學院最著名的個案教學法是利用真實案例來模擬經營管理體驗，藉此進行管理決策訓練。這是一種非常有效的教育手法。但撇開英語能力的問題不說，許多東方人仍相當不適應這種個案教學法。這是因為我們已習慣接收系統化的單向式講課。

在強調實務的美國商學院中，據說也有像芝加哥商學院之類重視講課的學校存在。而哈佛商學院雖然也有講課的部分，不過主要還是以個案教學為重心，並以此領域之佼佼者而聞名。上課多半以討論的方式進行，最後再由教授匯總做結。

個案分析不會只有一個「標準答案」，因此很多習慣了東方教育方式的人便會陷入恐慌。對於採取此種教學法的教授，我最常聽到的批評就是：「這個老師什麼都不教，根本就只是在當主持人嘛。」做此批評的人就是因為不了解個案教學法的本質，所以才會產生這樣的誤解。換言之也就是他們根本沒抓到重點。

個案教學法的目的是透過模擬管理決策過程，讓學生一邊尋找難找的答案，一邊步上沒有前人走過的無路之路，這對解決問題來說是一種非常好的頭腦訓練方法。不過為了能發揮個案教學法的效果，教課的人與被教的人雙方都必須事先做好充分準備才行。

🌐 英語是全球化商務的基礎語言

只要談到「溝通能力」，就不得不提及做為全球化商務基礎語言的英語。

很不幸地，在我所參加的 AMP 課程裡，亞洲人大多都讀得非常辛苦。大部分亞洲人都很認真，所以會拚命地閱讀案例。但由於閱讀速度及閱讀理解能力較低落，所花的時間當然就比以英語為母語的人要長。於是便犧牲吃飯和睡眠時間來讀書。每天都過著這樣的生活免不了會過度疲勞，有些人甚至因此就在重要的課堂上打起了瞌睡。這些人也極少在課堂上發言，就連能否 100% 聽懂教授說的話或與同學間的辯論這點都很值得懷疑。若有人抱怨這些亞洲人對於課堂及小組討論的貢獻度很低，那可是一點兒也不奇怪。參加 AMP 課程的畢竟都是成熟的大人，大家不會把話說得那麼露骨，但若是以二十幾接近三十歲的學生為主的 MBA 課程，或許就不是這樣了。

終極的英語運用能力

在此以商務環境中的活動來說明我所認為的終極英語運用能力。

① 能夠進行買賣及收購、出售企業等商業談判。
② 能夠向員工表明公司願景、發揮領導能力。
③ 能夠擔任股東大會及董事會的主席，並引導會議的進行、討論。
④ 能夠與律師及執業會計師等專業人士進行實務會議。
⑤ 能夠在國際會議上發表演說並回答問題。
⑥ 被捲入訴訟等麻煩時也能應對處理。

這是相當高的目標，但若想在海外順利溝通以成為真正的經營管理者，就至少要具備這種程度的英語能力。不必太拘泥於發音及文法，或許訓練、培養出靈活的運用能力才是王道。

🌐 學習英語

有許多人現在對英語似乎仍抱著相當扭曲的情緒。「會英語的人根本不會做生意」這種評論就是典型代表之一。但懂英語、能使用英語這點，對於可望活躍於全球舞台的商務人士來說已是理所當然，根本無庸置疑。像日本的樂天集團之所以決定以英語為公司內部官方語言，應該就是因為其社長所感覺到的、已無時間可浪費的危機感使然吧。

此外像「英語能力測驗的分數在幾分以下的話就不能派駐海外」這類目光短淺的想法也是錯把方法當成目標的例子，實在令人非常憂心。「將英語列為官方語言到底是好還是不好」、「小學是否該引進英語教育」等討論也不乏有人提出，但我個人認為，要是有空討論這種事，倒不如趕快去學英文比較實在。要達到能應付全球化商務的英語水準絕不是件容易的事。學習英語就像以竹籃汲水，若不每天持續，英語的水瓶很快就會變得空蕩蕩，因此必須不斷地努力才可以。

接著就來介紹使用本書學習英語的具體方法，以供各位參考。

跟讀法 (Shadowing)

一邊聽 MP3，一邊「如影 (Shadow) 隨形」地將聽到的發音隨後跟著念出來。是能同時鍛鍊聽力及口說力的有效學習方法。這種方法也被應用於同步口譯的訓練中。

在通勤移動時進行聽力、跟讀練習

這是有效利用時間的好辦法。例如自己一個人開車時做跟讀練習，就完全不會對周圍的人造成困擾。

睡眠學習法

在一天即將結束之際，什麼事都不想做的時候播放 MP3，便能在不知不覺中記住英語的發音和內容，這也是很有效的辦法。就算聽到一半睡著也完全無所謂，半夜醒來時也可以聽聽 MP3。與其因睡不著而煩悶，還不如利用時間來學習。

現在已不是討論英語的重要性的時候了。依據我的觀察，一般來說，負責全球化商務工作的中國人、韓國人，都很認真地學習英語、都很想努力培養出高度的英

語使用能力。少了英語能力，就不可能和這些人同場競技。因此請各位務必好好地學習本書，期盼各位能及早擁有可實際應用的真正英語實力。

🌐 對不同文化的適應能力 (Cultural Intelligence Quotient)

要成為全球化的領導者，當然沒有神奇的萬靈丹。以下要介紹我個人認為全球化領導者最好能具備的能力，那就是「對不同文化的適應能力 (Cultural Intelligence Quotient = CQ)」與「真正的領導力 (Authentic Leadership)」。

CQ 是由倫敦大學、密西根州立大學、科羅拉多大學、新加坡南洋理工大學等校一同促進之「歐、美、亞洲共同專案」的研究成果，由全球化的研究體制所孕育而成，為針對多元文化適應力而設計的全新方法。將 CQ 引進至企業、公家機關及教育機構等的計畫也正迅速推行中。CQ 研討會事先於網路上向參與者提出各式各樣的問題並收集大家的答案，然後將收集到的資料與資料庫中全世界超過兩萬人的資料做比對，並取得回饋意見。

何謂 CQ

CQ 乃可超越國家、種族、組織文化而有效運作的能力，是針對文化敏感性、種族主義、在國際化場合中之效果等長久以來的各項議題所設計之全新方法。任何人都能夠培養出此種能力。

CQ 的必要性

來自全世界 68 國的經營管理者中，有 90% 都將在多元文化中的領導力視為管理上的最大課題。而在另一方面，據說外派人員第一年平均要花掉公司七十萬美元的費用，但很多外派人員卻無法做出成果，使得外派計畫常以失敗告終。

CQ 的特性

1 **為智力的一種形式：**
　　① 進行研究時並非聚焦於每個人與生俱來的個性，而是聚焦於人人皆可透過經驗與學習培養出來的能力。
　　② 整合了與個人天生個性相關的心理學層面，以及社會文化背景這兩方面。
　　③ 不只是單純地學習文化及其規範，更著重看待自己與他人的全新角度以及可能的適應行為。
　　④ 能夠結合 IQ 及 EQ 等其他能力。

能夠適應各種文化背景：

① 多元化的推廣

② 國際經營管理

③ 組織文化

④ 次文化（世代、性別、專業、宗教等）

3 **由四種能力構成：**

① 動因（動機）：對於適應不同文化的興趣、動因、動機的高低程度

② 知識（認知）：對於文化的類似或差異的理解程度

③ 策略（後設認知〔對於自身心理過程的認知、認識〕）：自覺程度以及一邊比對本身的文化理解一邊建立行動計畫的能力

④ 行動（行為）：處理與不同文化有關之工作時的適應程度

4 **可以訓練：**

任何人都能夠改善 CQ。

5 **以證據 (Evidence) 為基礎的手法：**

① CQ 量表（Cultural Intelligence Scale ／代表個人的 CQ 程度的尺標）評估個體在 3 所述的四種能力上的競爭力。

② 目前已知，CQ 量表可預測個體在適應不同文化及多元文化的情況下，是否能達成較優秀的業務執行等多項重要結果。依據研究，高 CQ 能帶來以下各項好處：

- 全球化的領導能力
- 信任
- 創新
- 社會資本
- 適應不同文化
- 顧客滿足
- 跨文化協商
- 薪資與福利

6 **另外附帶補充一下，在已被認定為可有效測定個人意向的「文化價值取向」七大項目上，也可獲得一些回饋資訊。**

① Individualism－Collectivism（個人主義——集團主義）

② Power Distance（權力距離）

③ Uncertainty Avoidance（不確定性規避）

④ Cooperative－Competitive（合作的——競爭的）

⑤ Time Orientation（時間取向）

⑥ Context（環境背景）

⑦ Being－Doing Orientation（存在──行動取向）

CQ 的研究日益發展變化，目標領域也越來越廣泛，故需要不斷地持續學習。而在 CQ 的相關書籍中寫得最淺顯易懂就屬 David Livermore 博士的以下這兩本著作：

① *Leading with Cultural Intelligence: the New Secret to Success* (Amacom Books, 2011)

② *The Cultural Intelligence Difference: Master the One Skill You Can't Do Without in Today's Global Economy* (Amacom Books, 2011)

🌐 真正的領導 (Authentic Leadership)

　　說領導力是商管相關領域中最受歡迎的主題應該一點兒也不過分。本書已說明過，所謂的領導者是知道該做些什麼、能應付變化的人，而所謂的管理者則是能徹底執行該做的事、能應付複雜事務的人。

　　要培養出領導力就是要成為被譽為二十世紀代表 CEO、超大企業集團 GE 的前總裁傑克‧威爾許 (Jack Welch) 那樣的人嗎？ 還是要像比爾‧蓋茲 (Bill Gates) 或史帝夫‧賈伯斯 (Steve Jobs) 那樣將自己的公司建構成世界數一數二有價值的企業呢？

　　當然，確實有很多人希望能成為這種具非凡魅力的領導者。但哈佛商學院的比爾‧喬治 (Bill George) 教授指出，那終究只是在背離真正的自己、模仿所崇拜的人物而已，稱不上是貨真價實。該教授曾擔任 Medtronic 醫療器材製造商的 CEO 長達十年之久，也就是說，他並非單純的研究員、學者，而是依據長年累積之領導經驗來主張「我們應追求專屬於我們自己的真正領導力 (Authentic Leadership)」。他還告訴我們，每個人都該擁有自己的 True North（絕不動搖的最高目標。→ P.318），而那是經由人生中各式各樣的嚴峻試煉 (crucibles) 所學習來的。

　　比爾‧喬治教授離開商界於瑞士的商學院任教時曾訪問了 125 位領導者，進而歸納出了「世上不存在可普遍適用於任何人的領導風格」、「領導力是專屬於每一個個人的」、「領導力是否貨真價實相當重要」等結論。他在自己的著作中表示，所謂真正的領導力包含以下的五個向度 (dimensions)：

① **Purpose**（目標）

② **Values**（價值觀）

③ **Relationships**（關係）

④ **Self-Discipline**（自律）

⑤ **Heart**（心）

乍看之下，這些項目感覺似乎都很軟性，但其實重點本來就不在於嚴格地檢視自己、自律或是追求個人的財富與成功，能夠為組織及世界付出並帶來影響 (Make a difference in the world) 才是貨真價實的領導力。

我在 2011 年曾參加由該教授之合著者 Nick Craig 先生所主持的 Authentic Leadership Institute 研討會。該研討會事先要求參與者寫出做為一名領導者自己覺得人生中最重要的體驗，以及最成功的領導經驗。接著在研討會中，於講師的指導下，參加者們彼此談論、分享非常深層的個人體驗，藉此重新審視自己的領導能力，並繼續深化。

之後我在哈佛商學院的特別專題講座中，有幸參加了比爾‧喬治教授的講習會，而當時我提出了這樣的問題：「不經過嚴峻試煉 (crucibles) 就無法成為領導者嗎？」對於我的疑問，該教授的回答是「人生中有各式各樣的事件，有苦有甜，而在其中反覆上演自己的人生故事並從中學習，就是在培養真正的領導者。」我當時便覺得他說的一點兒都沒錯。我自己也經歷過許多試煉，而從中學到了什麼、又該如何應用於之後的人生真的非常重要。」

在該教授的諸多著作中，我推薦各位以下這本：

Authentic Leadership—Rediscovering the Secrets to Creating Lasting Value (Jossey-Bass, 2004)《真誠領導》（天下雜誌，2004）

🌐 在會計、財務方面的兩本名著

還記得那是我從美國留學歸來後到貿易公司上班時的事情。當時我和一位堪稱公司第一號外派人員、曾拿到美國哥倫比亞大學商學院 MBA 學位回國來的前輩一起工作。這位前輩個性相當坦率，從公司內的基本禮儀到與女性的共事方式，甚至是日式的處事智慧等，都不吝與我分享。他真的教會了我很多事情。

另外他也很親切仔細地告訴我在商務上數字的重要性，並介紹了一些他學習時用的教科書給我參考。

Essentials of Accounting (by Robert Anthony)

其中一本是由哈佛商學院的羅伯特・安東尼 (Robert Anthony) 教授所寫的 *Essentials of Accounting*（合著）。此書為訓練手冊形式，練習時要把答案填入印在頁面左側的問題空格中，而由於正確答案就印在同頁面的右側，故只要先蓋住解答部分並做答，接著馬上就能對照右側解答來確定答對與否。如此一來便能時時確認自己的理解程度，而在嚐到成就感的同時持續學習。因此該書讀起來令人非常開心。其問題的設計也是從非常簡單的開始，像堆磚頭一樣漸漸堆疊而上，是最適合會計初學者使用的教科書。而據說推薦此書給我的前輩讀了此書好幾遍，每次閱讀、練習時都會計時，並努力縮短每一遍的時間。最後更坐在桌子前一口氣讀完整本。而我自己也用這本書練習了好幾遍。

時光飛逝，1999 年我確定將前往哈佛商學院參加高級管理課程後，該學院便寄來了事先預習用的書籍。沒想到其中一本就是 *Essentials of Accounting* 的摘要精華版－*A Review of Essentials of Accounting*。於是，我又再次對推薦該書給我的前輩道謝。該著作長期以來會一直被當成教科書使用肯定是有其道理。對於今後打算用英文來學習會計基礎的人而言，安東尼教授的這本書可說是第一首選。建議大家務必買來好好研讀。

Analysis For Financial Management (by Robert Higgins)

那麼哈佛寄來的另一本是什麼書呢？那是一本財務的書。這本雖然比較艱澀，但越讀越有意思。哈佛「強烈建議」學生先讀完這本書再去上課，甚至還附上過去曾有學生沒事先讀完就去上課結果課上得非常辛苦的說明文字。都警告到這種程度了，免不了讓人感到恐懼，於是便不得不讀。而在實際開始閱讀後，就會發現其內容其實相當有趣。書中一邊適時舉出大家熟悉的例子，一邊以令人愉快的口吻解說財務上的觀念，實在是一本優秀著作。

我在出發前，以及到達波士頓但還未開始上課的空檔時，各讀了一遍。因此在課程一正式開始，便以已充分理解該書內容為前提快速進行。當時真的覺得「還好有讀！」

我認為在會計、財務部分，選擇自己喜歡的書來認真閱讀是最有效的，而在此僅介紹這兩本已有良好口碑的名著供各位參考。

（以上全文，藤井）

探索下一個可能！

面對全球經濟寒流，企業與就業市場都在尋求出路！

身為企業的領導人，必須以創新及宏觀的思維來帶領企業在逆境中創造優勢；而對一般的上班族而言，雖不至於需要擁有如此崇高的目標，但也必須不斷地精進各方面的智識能力、維持自身的競爭力，才能在殘酷的職場生存戰中脫穎而出。

雖然近年來受經濟等各方面因素影響，台灣前往海外留學的留學生人數普遍呈現下降的趨勢，但仍有許多人對美國的高階商業管理教育深感興趣，攻讀名校MBA 仍是許多學子的夢想。其實，對於無緣赴海外進修者、職場生涯尋求突破者而言，投資自己攻讀國內 EMBA，也不失為一個自我提升及圓夢的好選項！

各位讀者在研讀完本書所嚴選之 MBA 精華理論後，是否也開始有了為自己開啟一道門，探索下一個可能的想法？貝塔編輯部特別彙整下文資訊，希望能為有進修想法的您，提供一些參考及指引。

培養自己成為企業需要的人才

　　台灣每年都有越來越多的上班族，選擇在職專班的回流教育，一方面讓知識得以進階、與時俱進，另一方面也透過師生之間的教學相長及人脈關係的建立，讓競爭力隨時保持在最佳狀態！而在這波在職進修的風潮下，管理研究所在職專班 (EMBA) 可說是眾多研究所中最受囑目，也是最受企業重視的所別。

　　EMBA 在學界及企業界迅速竄起的主要原因有三：其一，台灣欲發展成為亞太營運中心，企業界對高級管理人才需求日殷，不僅是量必須增加，質更是需要提升；其二，就中高級管理者本身來說，面臨企業生態的轉變，必須有提升自我實力的自覺，才能成為優秀的領導者，適時地創造企業契機；其三，EMBA 授予正式碩士學位，讓對自己學歷不甚滿意的人，有一個方便進修與獲得更高學歷憑證的管道，為將來的升遷厚實資本。

　　事實上，早在十多年前政大企家班便是重量級企業人士進修的學園；爾後台大、政大、中興、中山、成大、東海、文化、淡江、輔仁、中原等校也陸續開辦企管碩士學分班；民國 85 年元智大學首開先鋒成立企業經營管理 EMBA，次年更創新設立國內唯一的公共事務 EMBA，以提升行政人員的管理能力，緊接著台大、政大、交大、中央相繼招生，EMBA 的設立成為商管學院最新趨勢。

挑戰在職專班，必勝 6 大祕訣！

　　研究所在職專班的出現，對許多有心再度進修的在職人士而言，確實是超級大利多，但是究竟要如何做好事先準備，才能夠在激烈的競爭當中，順利成為考場的大贏家，讓自己成為人人稱羨的學業 & 工作雙料贏家？

1 了解報考系所，掌握應考資訊

　　「知己知彼，百戰百勝」，所謂「知彼」是指學校系所的招生要求。想了解各系所招生考題題型、方向、書面資料內容要求、口試形式，及他們希望招收的學生……。

① 參加招生說明會：在說明會中，各校會有專人，甚至是所長親自說明與解答考生們各種疑難，絕對是取得招生考試第一手資料的最好管道，而透過招生說明會，考生更可了解自己是不是適合就讀某些系所，以避免所擇非「所」的遺憾。

② 直接打電話詢問：各校對於在職專班都十分重視，因此也都十分樂意回答考生們各項問題以爭取好學生，提高系所素質。

③ 上網查詢：在網路時代，考生當然可以利用各校網路取得在職專班招生及入學考試資訊；另外，許多輔考機構也直接提供最新而詳實的在職專班考情，更是不能錯過！

② 摸清教授專長，洞悉考試方向

有了各校招生資訊，接下來就要開始做考前各項準備。在職專班考試有一項重要特色——筆試部分只考專業科目，而且不超過三科，有些學校系所更只考一科。準備起來似乎比一般研究所輕鬆，但對放下教科書已有一段時間的在職生而言，想得高分也不是一件易事。因此及早接觸、經常複習將是開始準備入學考試時的重要課題。此外各系所教授平常上課講義重點、所寫的書籍主要論點，都是掌握考題的最好方向。而各系所師資陣容，系辦一般都會樂意提供，也可至該系所網站查詢。

③ 先加入學分班，熟悉考試 + 折抵學分

如果能進一步到各系所旁聽，將會是了解各系所教授專長、出題偏好、時事看法的最好方式，而參加各系所教授在外演講，也是了解教授一大絕招，將會增添更多成功機會。

此外，報考系所若開設相關課程學分班，參加學分班（如先參加老字號的政大企家班，再接著進政大 EMBA），更是一舉二得的好方法。不但可以事先了解各系所教授上課方式及課程重點，也能就近取得第一手入學考試資訊，了解入學考試方向，等到考上正式的碩士班後，可以抵免全部或部分學分，一舉多得，何樂而不為？！

4 口試拿高分，勝算再加成

口試占總成績比例很大，是準備入學考試十分重要的一環。一般人會認為口試無法事先準備，事實上並不正確，想要在口試中取得高分，也有方向可循。

① 首先要了解應試所別資訊，如師資、課程及研究方向等，如此一來回答內容才能掌握要旨，得到考試委員青睞。

② 充實專業科目知識、注意時事並思考可能應用到的專業知識，這是一般口試常常會出現的大方向。參考一般研究所口試考古題，將會使考生在答題時更加得心應手。

③ 一定要穿著正式服裝，這不僅是注重口試的誠意表現，也容易使口試委員留下良好的第一印象。

④ 也是最重要的一點，口試時態度一定要誠懇，若口試委員能感受考生進研究所的動機，是為了學習更高深的學識而非文憑，上榜的可能性就會大增。為了在口試時取得好成績，考生不妨在考前預作演練，避免正式口試時因為緊張而表現失常。

5 爭取家人支持，結交戰友一起努力

「獨學無友，則孤陋而寡聞」。準備研究所考試是一條漫漫長路，對任何人來說都不是一件容易的事。下定決心開始準備研究所在職專班入學考試後，漫長準備過程中，一定會遇到各種狀況使得身心俱疲。如果孤單一人準備，可能因為資訊缺乏、不被周遭人理解、自信心不足等負面因素而動搖考試決心，因此一定要取得家人支持，而且最好能夠有一起準備考試的戰友。家人支持不但能使考生免除後顧之憂，並且可以擁有最強大的心理支持力量；而一起準備考試的戰友則可以一起分享考試資訊、互相鼓舞士氣、增加自信。選擇一個好的補習班是結交戰友的最佳方式，補習班中的學員來自各方，雖然是自己的競爭對手，但目標相同也會是最好的戰友，如果能同舟共濟，彼此將成為幫助對方一試高上的貴人！

6 快速通關，你需要單科補強！

脫離學校年久的職場人士，再重拾書本，鐵定不容易進入狀況，再加上白天

還要上班，時間被嚴重壓縮，如何在短時間內獲得最大的效果，比一般在校生更為重要！這時加入輔考成績突出的補習班，將會是邁向成功最容易的方法！其中，最多人選擇特別補強的單科是經濟學與管理個案分析。

此外，不少學校會要求入學時即有相當的英語程度，如：需達到某標準以上，否則不予錄取；採中、英文口試；或是大部分或全部以英文授課；如果至少具全民英檢中高級以上的程度（相當於大學非英語主修系所畢業），則不需因為英文程度不佳而放棄報考的機會，因此對英文的熟悉度，更須提早準備！

資訊提供：高點研究所

更多 EMBA 報考資訊及歷屆考古題請至下列網址查詢：

http://www.get.com.tw/getroot/exam/exam5.htm

關於作者

藤井正嗣 (Fujii Masatsugu)

早稻田大學理工學術院教授。就讀於早稻田大學理工學部時，就已獲得產經新聞
獎學金。之後前往美國加州大學（柏克萊分校）留學，在從數學系畢業後，又完
成了該校的碩士課程。1974 年進入三菱商事就職。1983~1987 年擔任吉隆坡分公
司的食品經理。1991~1995 年被派駐至美國俄勒岡州的子公司，擔任董事長兼總
裁。1995~1999 年擔任人事部副主任，1998~1999 年擔任國際人才開發室室長。
1999 年完成哈佛大學經營管理研究所的高級管理課程 (AMP)。1999~2000 年擔任
印度物流合資公司的 Executive Director。另外還曾經擔任該公司新功能事業集團的
副總職位。著作包括《用英文解讀哈佛 AMP》(DHC)、《用英文學習 MBA 課程》
（中經出版）、《用英語做簡報》（日興企劃，合著）等。

Richard Sheehan

在美國德州大學奧斯汀分校的商學院取得 MBA 學位。曾於德克薩斯商業銀行的審
查部擔任分析師，之後則爲企業及會計師事務所等提供培訓方案。目前在 CICOM
BRAINS 擔任講師職務，負責爲全球化企業的商業領袖們講授策略、財務、邏輯思
考、領導力等課程。

關於審訂者

何明城

【現職】雄獅旅遊集團管理學院特聘講師、銘傳大學教育推廣中心特聘講師、西雅
　　　　圖極品咖啡策略顧問、瑞士 SGS Taiwan 管理訓練講師、海棠文教基金會
　　　　講師兼專案顧問、勞委會職訓局核心職能講師、全國 MBA 校際個案研討
　　　　主持人、高點文教機構 MBA / EMBA 專任講師。
【經歷】何先生於政治大學企研所攻讀碩士學位時，師事個案教學法大師司徒達賢
　　　　教授，深受啓發，因此發願畢生推動、弘揚個案教學法。由於工作緣故，
　　　　二十年來有超過兩萬五千人與他共同修習過管理學，也有許多國內外企業
　　　　的中高階主管參與過他以個案研討的方式所進行的人力資源發展課程。

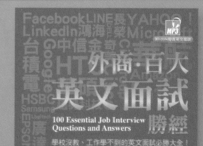

國家圖書館出版品預行編目資料

EMBA 通識英文 / 藤井正嗣, Richard Sheehan 作；
戴至中, 陳亦苓譯. -- 初版. -- 臺北市：貝塔，2014. 01
　　面： 公分

　ISBN: 978-957-729-941-3

　1. 企業管理　　2. 商業英文

494　　　　　　　　　　　　　　　　　　　102021920

EMBA 通識英文

作　　者 / 藤井正嗣、Richard Sheehan
翻　　譯 / 戴至中、陳亦苓
執行編輯 / 朱曉瑩

出　　版 / 貝塔出版有限公司
地　　址 / 台北市 100 中正區館前路 12 號 11 樓
電　　話 / (02)2314-2525
傳　　真 / (02)2312-3535
郵　　撥 / 19493777 貝塔出版有限公司
客服專線 / (02)2314-3535
客服信箱 / btservice@betamedia.com.tw

總 經 銷 / 時報文化出版企業股份有限公司
地　　址 / 桃園縣龜山鄉萬壽路二段 351 號
電　　話 / (02) 2306-6842

出版日期 / 2014 年 1 月初版一刷
定　　價 / 680 元
I S B N / 978-957-729-941-3

NHK CD BOOK EIGO DE MANABU MBA BASICS
ZOHO-KAITEI-BAN by Masatsugu Fujii, Richard Sheehan
Copyright © Masatsugu Fujii, Richard Sheehan, 2012 All rights reserved.
Original Japanese edition published by NHK Publishing, Inc.
This Traditional Chinese edition is published by arrangement with
NHK Publishing, Inc., Tokyo in care of Tuttle-Mori Agency, Inc., Tokyo
through Keio Cultural Enterprise Co., Ltd., New Taipei City, Taiwan.

貝塔網址：www.betamedia.com.tw

喚醒你的英文語感！

對折後釘好，直接寄回即可！

廣　告　回　信
北區郵政管理局登記證
北 台 字 第 1 4 2 5 6 號
免　貼　郵　票

100 台北市中正區館前路12號11樓

 貝塔語言出版 收
Beta Multimedia Publishing

 寄件者住址 □□□

貝塔語言出版
Beta Multimedia Publishing

讀者服務專線（02）2314-3535　　讀者服務傳真（02）2312-3535
客戶服務信箱 btservice@betamedia.com.tw

www.betamedia.com.tw

謝謝您購買本書！！

貝塔語言擁有最優良之英文學習書籍，為提供您最佳的英語學習資訊，您可填妥此表後寄回（免貼郵票）將可不定期收到本公司最新發行書訊及活動訊息！

姓名：_____ 性別：□男 □女 生日：_____年_____月_____日

電話：(公)_____(宅)_____(手機)_____

電子信箱：_____

學歷：□高中職含以下 □專科 □大學 □研究所含以上

職業：□金融 □服務 □傳播 □製造 □資訊 □軍公教 □出版

　　　□自由 □教育 □學生 □其他

職級：□企業負責人 □高階主管 □中階主管 □職員 □專業人士

1.您購買的書籍是？_____

2.您從何處得知本產品？(可複選)

　　　□書店 □網路 □書展 □校園活動 □廣告信函 □他人推薦 □新聞報導 □其他

3.您覺得本產品價格：

　　　□偏高 □合理 □偏低

4.請問目前您每週花了多少時間學英語？

　　　□ 不到十分鐘 □ 十分鐘以上，但不到半小時 □ 半小時以上，但不到一小時

　　　□ 一小時以上，但不到兩小時 □ 兩個小時以上 □ 不一定

5.通常在選擇語言學習書時，哪些因素是您會考慮的？

　　　□ 封面 □ 內容、實用性 □ 品牌 □ 媒體、朋友推薦 □ 價格 □ 其他_____

6.市面上您最需要的語言書種類為？

　　　□ 聽力 □ 閱讀 □ 文法 □ 口說 □ 寫作 □ 其他_____

7.通常您會透過何種方式選購語言學習書籍？

　　　□ 書店門市 □ 網路書店 □ 郵購 □ 直接找出版社 □ 學校或公司團購

　　　□ 其他_____

8.給我們的建議：_____

_____

喚醒你的英文語感！

Get a Feel for English !

喚醒你的英文語感！

Get a Feel for English !